HOW
TECHNOLOGY
WORKS

"万物的运转"百科丛书
精品书目

DK企业运营百科

DK人体科学百科

DK人类食物百科

DK科学知识百科

DK心理生活百科

DK货币金融百科

DK哲学思想百科

DK大脑探索百科

DK科学技术百科

DK企业管理百科

DK创业经营百科

DK宇宙发现百科

DK艺术设计百科

更多精品图书陆续出版，
敬请期待！

"万物的运转"百科丛书

DK科学技术百科

HOW TECHNOLOGY WORKS

英国DK出版社 著

肖 悦 付 斌 译

电子工业出版社

Publishing House of Electronics Industry

北京·BEIJING

Original Title: How Technology Works

Copyright © 2019 Dorling Kindersley Limited

A Penguin Random House Company

本书中文简体版专有出版权由Dorling Kindersley Limited授予电子工业出版社。未经许可，不得以任何方式复制或抄袭本书的任何部分。

版权贸易合同登记号　图字：01-2022-0202

图书在版编目（CIP）数据

DK科学技术百科 / 英国DK出版社著；肖悦，付斌译.—北京：电子工业出版社，2022.4

（"万物的运转"百科丛书）

书名原文：How Technology Works

ISBN 978-7-121-42917-0

Ⅰ.①D… Ⅱ.①英… ②肖… ③付… Ⅲ.①科学技术—普及读物 Ⅳ.①N49

中国版本图书馆CIP数据核字（2022）第025400号

审图号：GS（2022）739号

本书插图系原文插附地图。

责任编辑：郭景瑶

文字编辑：刘　晓

印　　刷：鸿博昊天科技有限公司

装　　订：鸿博昊天科技有限公司

出版发行：电子工业出版社

　　　　　北京市海淀区万寿路173信箱　邮编：100036

开　　本：850×1168　1/16　印张：16　字数：512千字

版　　次：2022年4月第1版

印　　次：2024年7月第2次印刷

定　　价：128.00元

凡所购买电子工业出版社图书有缺损问题，请向购买书店调换。若书店售缺，请与本社发行部联系，联系及邮购电话：（010）88254888，88258888。

质量投诉请发邮件至zlts@phei.com.cn，盗版侵权举报请发邮件至dbqq@phei.com.cn。

本书咨询联系方式：（010）88254210，influence@phei.com.cn，微信号：yingxianglibook。

1

能源技术

功率与能量

从最小的电脉冲到巨大的爆炸，能量推动着世间万事万物的运转。能量的单位是焦耳。功率衡量的是能量从一种形式转换为另一种形式的速率。

功率的测量

用转换的能量除以所耗的时间，便可以计算出功率。在特定的时间内，转换的能量越多，或者说能量转换速度越快，功率就越大。因此，一个1 800瓦的电加热器每秒可转换的热能是600瓦的电加热器每秒可转换热能的3倍。

什么是扭矩？

扭矩是使物体发生转动的一种特殊力矩，它常被用于描述发动机的"牵引力"。

功率的产生和使用

对功率的考虑和衡量主要取决于目标或所执行的任务。对于某些目标而言，功率指的是产生的功率的大小，而对于其他目标而言，则表示消耗的功率的大小。

核电站：1 000MW
跟风力发电机一样，核电站以最大容量运转时产生的电能多少来定义核设施的功率。

微波炉：1 000W
一般根据微波炉消耗的功率（如1 000W）和在一年里消耗的能量（通常为62kW·h）来衡量微波炉的能耗。

使用汽油发动机的超级跑车：1 479hp
汽车发动机的峰值马力指其最大输出功率。例如，布加迪·凯龙这样的超级跑车，其峰值马力可达到1 479hp。

风力发电机：3.5MW
一台海上风力发电机一年的发电总量可高达3.5MW，可以满足大约1 000户家庭的全年用电需求。

液晶电视：60W
尽管液晶电视的额定功率（通常为60W）远低于微波炉，但由于其使用时长远大于微波炉，因此其一年里消耗的能量（约54kW·h）与微波炉相差无几。

新能源电动汽车：147hp
大多数电动汽车的功率比汽油汽车要低得多，但电动汽车的电动机在静止和低速运转时产生的扭矩更大。

能量转换

　　能量守恒定律表明：能量既不会凭空产生，也不会凭空消失，它只会从一种形式转化为另一种形式，或者从一个物体转移到另一个物体，而能量的总量保持不变。电能是一种特别有价值的能源，因为它可以转换成声能、热能、光能，还能在有电动机的情况下转换成动能。

化学能
化学能是物质的化学键内储存的能量，食物、电池、化石燃料等都含有化学能。化学能可以通过化学反应释放出来，这是因为化学反应破坏了原子之间的化学键。例如，燃烧煤可以将储存在煤中的化学能转化为光和热。

动能
动能是物体由于运动而拥有的能量，例如，跑步冲刺的运动员或下坡的滑雪者都具有动能。动能有多种类型，包括转动能和振动能。一个物体具有的动能大小取决于其运动速度和自身质量。

机械能
机械能是物体的动能与势能的总和。势能是物体由于位置或位形而具有的能量，它不做功，但可以转换成其他形式的能量。例如，压缩的弹簧，当弹簧弹回到其原始位置时，会释放出蕴含的势能。

热能
确切地讲，热能的本质是物体内部所有分子的动能之和。热传递指热能从一个地方流到另一个地方的过程，例如，热能从火焰上传递到位于炉子上的炊具上。

损失的能量

　　机器总会浪费一部分能量。灯泡只会将接收到的部分电能转化为光能，而其他的则会转变为热能，从而被浪费掉。一台不能正常工作的机器会浪费更多的能量，例如，冰箱门的密封条坏了，会泄漏冷空气，使冰箱消耗更多能量。

密封不良

冷空气泄漏

太阳能电池板的能量转换
一块太阳能电池板包含一系列光伏电池（见第30页）。这些电池能将太阳光中的辐射能转换成电子流形式的电能。

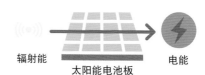

辐射能　　太阳能电池板　　电能

化石燃料

　　古代生物的遗骸产生的燃料能提供全球约三分之二的电能，还可以为十亿多辆汽车和其他机器提供动力。这些化石燃料（石油、煤炭和天然气）是储量有限的不可再生资源。在燃烧时，它们的化学能主要转化为热能，还会排放出大量的温室气体。

中、美两国的温室气体排放量占全球温室气体排放总量的40%以上。

供水系统

许多国家能为人们供应充足且干净的淡水。为适合人们使用，水在到达水龙头之前，需要经过一些处理。

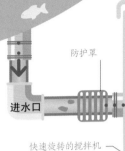

将储罐里的混凝剂释放到下面的水中

为增加絮凝物的大小，水通常会在絮凝池中停留20~60分钟

1 进水口
水流过一系列滤网，以过滤掉鱼类等水生生物，以及像沙砾、垃圾和树叶一类的碎屑，从而阻止它们进入水处理系统。

防护罩

进水口

快速旋转的搅拌机

絮凝物   缓慢转动的桨叶

水的处理过程

淡水从湖泊、河流和地下蓄水层等源头被吸到水库中。在一些缺少淡水的地区，海水淡化厂会除掉海水中的盐分后再加以使用。无论采用何种水源，都必须对水进行净化处理以杀死微生物，这是因为某些微生物可能会导致疾病。此外，净化还可以去除水中有害的化学物质和臭味。在每个阶段都要对水进行检测，以监控其质量。

2 混凝沉淀
将水与混凝剂（如硫酸铝）快速混合，有助于悬浮在水中的颗粒相互碰撞并聚集在一起。

3 絮凝
缓慢转动的桨叶会促使聚集在一起的颗粒（称为"絮凝物"）结合在一起形成更大的沉淀物。这些沉淀物和一些细菌会沉淀在絮凝池的底部，而干净的水则会进入下一阶段，等待进一步处理。

饮用水氟化

人们在一些公共供水系统中添加氟化物，以弥补在蛀牙过程中牙釉质丢失的矿物质。然而，一些人认为，幼儿过度接触氟化物会导致"点蚀"（牙釉质中出现小的凹陷或断层）和牙齿变色。

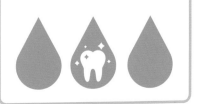

处理废水

生活废水或工业废水经废水管道排入公共污水管道。废水被运输到污水处理厂，通过筛分来过滤掉大的残渣，再进入之后的一些处理程序。这样可以最大限度地减少水中磷和氮的积聚，并且能去除脂肪、废物颗粒和有害微生物。

原始污水过滤

细菌吸收磷   细菌将硝酸盐转化为氮气

生物处理

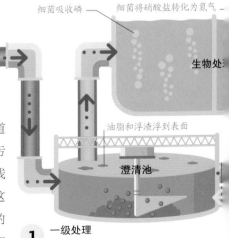

油脂和浮渣浮到表面

澄清池

1 一级处理
诸如人类粪便之类的固体废物在澄清池的底部沉淀后被抽走；撇渣器能去除表面的油脂和浮渣。

8.44亿人口缺乏清洁饮用水。

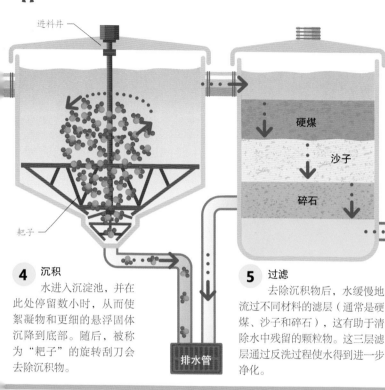

进料井

硬煤

沙子

碎石

耙子

排水管

7 贮藏
水泵将消毒后的水吸到高处，并储存在高架水箱或有盖水库中。抽水站将水输送到配水站。在配水站，抽水机以恒定的速度向用户供水。

纯净水

4 沉积
水进入沉淀池，并在此处停留数小时，从而使絮凝物和更细的悬浮固体沉降到底部。随后，被称为"耙子"的旋转刮刀会去除沉积物。

5 过滤
去除沉积物后，水缓慢地流过不同材料的滤层（通常是硬煤、沙子和碎石），这有助于清除水中残留的颗粒物。这三层滤层通过反洗过程使水得到进一步净化。

6 加氯消毒
过滤后的水进入水箱，在水箱中用氯进行消毒。氯可以杀死致病菌。

水泵

3 二级处理
将水抽入被称为"曝气池"的大型矩形水箱中，同时向里面泵入空气，以帮助细菌繁殖和分解残留在水中的淤泥。

4 三级处理
这级处理涉及多个过程，比如让水流经最终的沉淀池或者芦苇床，以过滤掉更多的颗粒和废物。一些污水处理厂还使用化学物质或紫外线对水进行消毒，然后将其送回大自然中。

回到河流和海洋中

回澄清池

固体废物干燥后可用作肥料

污泥斗

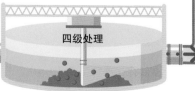
四级处理

2 污泥处理
污泥斗中缓慢旋转的刮刀将固体废物移至水箱底部，以便将其收集和干燥。之后所有水被抽回澄清池。

什么是硬水？
硬水是含有大量可溶性钙镁化合物的水。肥皂很难在硬水中产生泡沫。

石油精炼厂

原油是从地壳中的石油沉积物中提取出来的，是一种具有特殊气味的黏稠性油状液体。原油由多种类型的碳氢化合物组成，它们可以被分离成各种具有不同用途的产品。

分馏

原油中不同的碳氢化合物具有不同的沸点，这意味着可以通过蒸馏的方式，将它们经高温气化分离开来，然后在不同温度下再凝结成不同的产品。蒸馏原油的过程在蒸馏塔里进行，沸点较低的物质在蒸馏塔的较高处凝结，这些被称为"馏分"的物质会被对应高度的塔板收集。

液化石油气
较轻的碳氢化合物，如丙烷和丁烷，在蒸馏塔内一直以蒸汽的形式存在。这些气体将被加工成罐装气体，用于加热和烹饪。

轻质石脑油
这类馏分通常被用来生产乙烯，而乙烯是制造聚乙烯塑料的主要原料。

直馏汽油
这是未经进一步化学处理的汽油。近一半的原油被提炼成汽油，用作汽车燃料。

重质石脑油
这类馏分通常会被进一步加工，如通过裂解（见下文）生产汽油和其他原油产品。

煤油
煤油可用作加热器的燃料，也经过进一步精炼后……

---

5 塔板收集
蒸馏塔的每一层底部会有一部分石油蒸汽冷却并凝结成液体，该液体被收集在塔板上，并通过管道输送出去，然后进行加工和储存。

称为"降液管"的管道将液体从一个塔板输送到另一个塔板。

4 蒸汽上升
沸点低的馏分通过塔板上的孔继续上升，它们比沸点高的馏分上升得更快。

蒸汽穿过塔板上的孔上升

3 蒸馏
在蒸馏塔内的某一高度和温度下，对应的馏分会凝结成液体，与其余继续上升的石油蒸汽继续分离开来。

盖子

塔板

蒸汽

蒸汽不断上升

液槽

溢板

塔板收集

分馏液体

泡罩塔板
蒸馏塔塔板孔上的小浮帽既可以使石油蒸汽通过塔板上升，还能防止液体油回流。

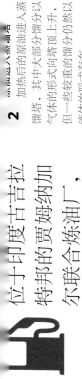

位于印度古吉拉特邦的贾姆纳加尔联合炼油厂，是目前世界上最大的炼油厂，每天的炼油总产能高达124万桶。

1 脱盐原油进入熔炉

在去除盐和其他杂质后，原油被送到熔炉中，与热蒸汽一同被加热到400℃左右。

蒸馏塔

炼油厂的蒸馏塔与地面垂直，它被分成多个部分。各个部分都包含用于收集馏分的塔板。

原油

熔炉

剩余的液体经重新加热后返回蒸馏塔内。

再沸器

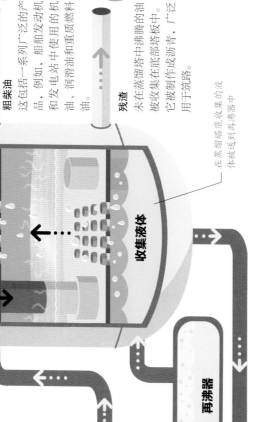

2 原油以蒸汽形式上升

加热后的原油进入蒸馏塔，其中大部分分馏分以气体的形式向塔顶上升。但一些较重的馏分仍然以液体的形式存在。

收集液体

柴油

虽然柴油不如汽油易燃，但它也是一种重要的燃料，可用于发电机发电或成为汽车提供动力。

粗柴油

这包括一系列广泛的产品，例如，船舶发动机和发电站中使用的机油、润滑油和重质燃料油。

残渣

未在蒸馏塔中沸腾的油被收集在塔底部塔板中。它被制作成沥青，广泛用于筑路。

在蒸馏塔底收集的液体被送到再沸器中

加工与处理

沸点较低的原油馏分更易燃，且燃烧时火焰更纯净，因此人们对它们的需求往往高于对沸点较高馏分的需求。为了满足使用需求，人们把一些由长分子链组成的较重馏分通过裂解过程转化为更有价值的产品。

处理石油泄漏

油轮事故和管道泄漏会将原油泄露到自然环境中，对生态系统造成灾难性的破坏。海上的清理方法有：用长吊杆打捞水面上的原油、化学处理等。

把称为"石油分解剂"的化学物质喷洒到水中

石油分解剂穿过浮油表面，融入其内部，使表面活性剂能够作用于原油

表面活性剂降低了原油表面张力，使单个油滴从浮油中脱离出去

一段时间后，分散的油滴会被细菌等微生物降解

发电机

发电机基于电磁感应原理工作。当线圈在磁铁的两极之间旋转时，线圈回路内部会产生流动的感应电流。

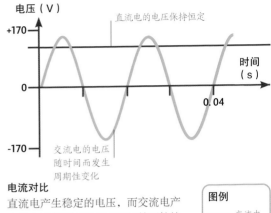

直流电和交流电

发电机能产生交流电（AC）和直流电（DC）。直流电由蓄电池组产生，只沿一个方向流过电路。交流电一秒内会多次转变流动方向，变压器可以显著增加或降低它的电压，使它在远距离的传输中效率更高，这也是我们的电源主要采用交流电的原因。

电流对比
直流电产生稳定的电压，而交流电产生的电压随着方向的不断反转而持续变化。交流电的最大电压必须高于直流电的恒定电压，才能在同一时间段内传导相同的能量。

图例
—— 交流电
—— 直流电

交流发电机

AC发电机也称为"交流发电机"，它的线圈通过旋转滑环和电刷连接到输出电路上。电刷与输出电路持续接触，在旋转滑环与连接在电刷上的固定导线之间传导电流。在线圈完成一次360°旋转的过程中，交流发电机中的感应电流会改变两次方向。

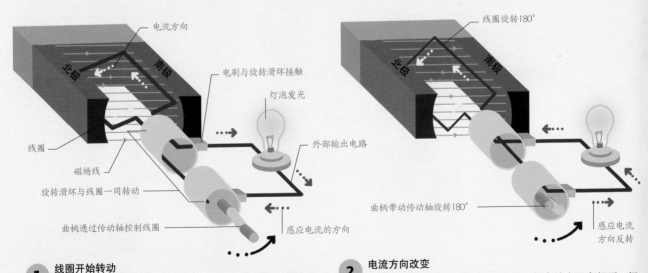

1 **线圈开始转动**
实验中的这种交流发电机的传动轴是依靠转动曲柄传递的机械力来旋转的，该传动轴使线圈能在永磁体南北极产生的磁场中不断转动。线圈切割磁场时，会产生向一个方向流动的电流，当线圈水平通过磁场时，产生的电流大小达到峰值。

2 **电流方向改变**
当线圈在磁场中旋转180°时，最初朝上的点现在朝下，相对于线圈南北极的位置发生改变，其磁极极性随之发生改变，因此感应电流的方向发生反转。电流每半圈反向一次，流向旋转滑环和电刷，然后进入外部输出电路。

自行车发电机

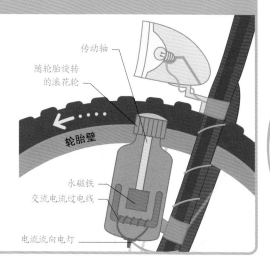

自行车发电机通过旋转的滚花轮来驱动车头灯，而滚花轮能转动是由于它与不断滚动的轮胎壁相连。因此，旋转的轮胎摩擦着永磁体的传动轴。随着磁铁的旋转，其磁场不断发生变化，从而在发电机电磁铁的线圈中产生感应电流。

传动轴
随轮胎旋转的滚花轮
轮胎壁
永磁铁
交流电流过电线
电流流向电灯

交流电的频率是什么?

交流电的频率即为交流电单位时间内周期性变化的次数，以赫兹（Hz）为单位。1 Hz代表每秒变化一次。美国交流电的频率为60 Hz，欧洲的通常是50 Hz。

直流发电机

直流发电机使用一种称为"换向器"的装置将交流电转化为直流电。换向器由彼此绝缘的两部分构成，它们之间没有电流流动。换向器在交流信号反转方向的同时切换极性，使电流始终沿一个方向流向输出电路。

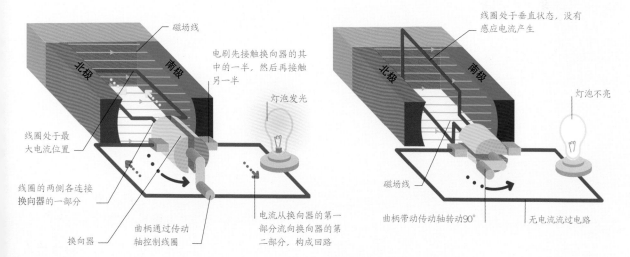

磁场线
北极
南极
电刷先接触换向器的其中一半，然后再接触另一半
灯泡发光
线圈处于最大电流位置
线圈的两侧各连接换向器的一部分
曲柄通过传动轴控制线圈
换向器
电流从换向器的第一部分流向换向器的第二部分，构成回路

线圈处于垂直状态，没有感应电流产生
北极
南极
灯泡不亮
磁场线
曲柄带动传动轴转动90°
无电流流过电路

1 反向连接
在峰值位置，电流流向换向器的一部分，再通过电路流向另一部分，随后进入线圈，构成回路。当线圈旋转180°时，电刷与第一部分断开接触，与第二部分接触，与之前电路相反。在旋转的第一个180°和第二个180°内，电流流向都相同。

2 非恒定电流
当线圈处于垂直状态且不做切割水平磁场线运动时，线圈中不会产生电流。这意味着直流电是以脉冲的形式产生的，它并不是一个稳态流。实际中，大多数直流发电机通过采用多个线圈（当其他线圈处于不太理想的位置时，总会有一个线圈处于水平位置）和额外的换向器来解决这个问题。

通用电动机

在通用电动机中，永磁体由有电流通过的线圈构成的电磁铁代替，这样就产生了磁场，被称为"电枢"的线圈在磁场中旋转。因为电枢和周围的定子绕组是串联的，因此它们都接收相同大小的电流。这意味着通用电动机既可以用直流电供电，也可以用交流电供电。

电钻内部

许多电钻装有通用电动机，这可以为电钻提供较大的转动力（扭矩），用户还可以根据特定的用途选择最佳转动速度。

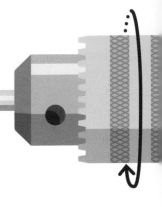

电动机

电动机利用电流和磁场之间的吸引力和排斥力进行转动。电动机的大小各不相同，小到电子产品内部的微型驱动器，大到推动大型船舶的巨型电动机。

大约45%的电力用于驱动电动机。

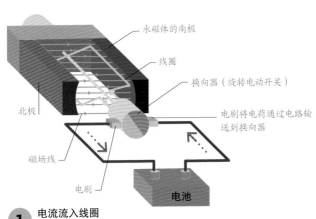

永磁体的南极
线圈
换向器（旋转电动开关）
电刷将电荷通过电路输送到换向器
北极
磁场线
电刷
电池

电机转动传动轴
线圈因被磁铁排斥而转动
换向器随线圈旋转
电池

1 电流流入线圈
电流流入位于永磁体两极之间的线圈，从而形成电磁铁。

2 线圈转动
由于被同性磁极排斥，线圈发生转动。经过四分之一的旋转后，异性磁极相互吸引，迫使线圈继续旋转半圈。

电动机的工作原理

在许多电动机中，线圈在固定磁铁产生的磁场中运动。当电流流过线圈时，线圈自身就变成了具有南北磁极的电磁铁。线圈旋转以使其磁极与永磁体的磁极对齐。换向器每半圈反转线圈的电流，以切换线圈的两极，并保持它在相同的方向上旋转。线圈与传动轴相连，传动轴将电动机的转动力传递给车轮等部件。

直流电动机旋转速度有多快呢？

直流电动机的平均转速为25 000转/分，但也有一些直流电动机，如真空吸尘器的电动机的转速可达到125 000转/分。

4 传动轴转动
转动的电枢使传动轴转动。变速箱降低了速度，但增大了扭矩，能产生足够大的力来穿透预置的材料。

3 换向器
换向器改变磁场的极性，使电枢被交替地排斥和吸引，以实现旋转。

2 磁荷
电流到达定子绕组和电枢，并产生磁场。因为两者是串联的，所以二者接收的电流相同。

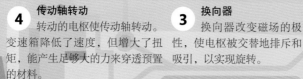

变速箱

轴承支撑轴的末端

风扇　　电枢　　换向器

变速箱增大扭矩

风扇冷却电动机

定子绕组，由铜线制成

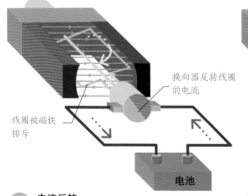

线圈被磁铁排斥

换向器反转线圈的电流

电池

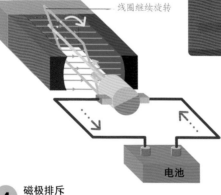

线圈继续旋转

电池

开关总成

1 供电
市电通过电缆进入钻头开关总成。只有当触发开关被按下，回路导通时，电流才会流向通用电动机。一些电钻是由可充电电池供电的。

3 电流反转
换向器反转电流的方向。这改变了线圈磁场的极性，所以它的磁极再次被排斥。

4 磁极排斥
线圈继续旋转，电流不断反转，线圈被永磁体不断排斥、吸引。

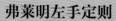

弗莱明左手定则

这是判断电动机线圈转动方向的一种简单方法。伸出你的左手拇指、食指和中指，使其在空间内相互垂直。食指指向磁场方向，中指代表电流方向，拇指表示线圈转动方向。

线圈转动方向

磁场方向

电流方向

供电

发电站

电能是一种用途极其广泛的能源，可以被远距离传输且具有数之不尽的应用领域。大量的电力是由发电站产生的，大部分发电站燃烧煤炭等化石燃料进行发电。

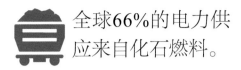

全球66%的电力供应来自化石燃料。

发电站的工作原理

传统的燃煤发电站通过锅炉加热水来产生热蒸汽，热蒸汽驱动涡轮机转动，进而为发电机提供动力。一座大型发电站可以产生2 000兆瓦的电力，这足以为100多万户家庭供电。发电过程中使用过的蒸汽冷凝成水后可重复使用；废气得到处理和净化；而炉灰通常被加工成煤渣块。

我们对煤炭的依赖减少了吗？

恰恰相反，近几十年来，煤炭的使用量一直在飙升。20世纪70年代以来，煤炭的年消耗量增长了200%以上。

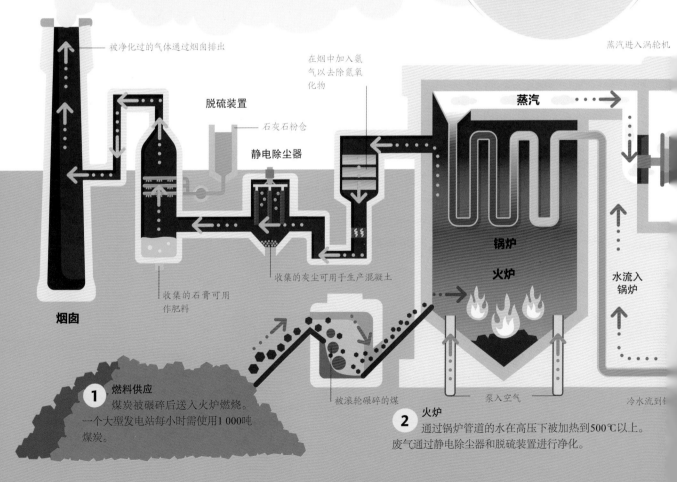

被净化过的气体通过烟囱排出

蒸汽进入涡轮机

在烟中加入氨气以去除氮氧化物

脱硫装置

石灰石粉仓

蒸汽

静电除尘器

锅炉

火炉

水流入锅炉

收集的灰尘可用于生产混凝土

烟囱

收集的石膏可用作肥料

被滚轮碾碎的煤

泵入空气

冷水流到

1 燃料供应
煤炭被碾碎后送入火炉燃烧。一个大型发电站每小时需使用1 000吨煤炭。

2 火炉
通过锅炉管道的水在高压下被加热到500℃以上。废气通过静电除尘器和脱硫装置进行净化。

净化排放物

废气在排放前要去除其中含有的有害污染物。除尘器使用电荷去除微粒，而烟气脱硫系统则能去除95%以上的硫（见第20页）。但是，仍然有有害气体被排放到大气中。美国燃煤发电站每年排放约100万吨二氧化硫。

除尘器

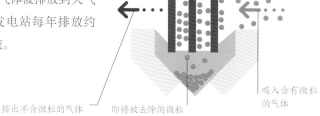

金属板

带负电的微粒被吸引到带正电的金属板上

吸入含有微粒的气体

排出不含微粒的气体

即将被去除的微粒

能量效率

燃料中只有大约三分之一的能量能被传输给用户，而发电站会损失60%以上的能量。

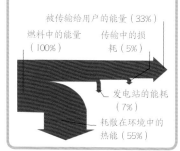

被传输给用户的能量（33%）

燃料中的能量（100%）

传输中的损耗（5%）

发电站的能耗（7%）

耗散在环境中的热能（55%）

---

3 涡轮机
高压蒸汽以巨大的力量和速度带动涡轮机的风扇转动。这种旋转运动通过传动轴传送给发电机。

5 电力供应
升压变压器能大大提高输电电压，这能提高传输的效率。

6 冷却塔
蒸汽在冷凝器中得到冷却，然后喷射到冷却塔中，其中大部分的水被冷却，并通过管道返回以重复使用，部分蒸汽逸出导致热能流失。

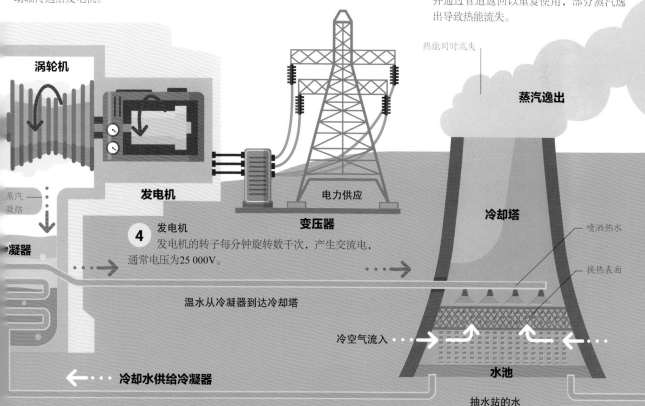

涡轮机

发电机

变压器

电力供应

蒸汽凝结

凝器

4 发电机
发电机的转子每分钟旋转数千次，产生交流电，通常电压为25 000V。

温水从冷凝器到达冷却塔

冷却水供给冷凝器

热能同时流失

蒸汽逸出

冷却塔

喷洒热水

换热表面

冷空气流入

水池

抽水站的水

电力供应

大部分电力是在大型发电站中产生的（见第20～21页），之后电力会被输送给遥远的用户，例如，工厂和家庭。这个输电过程涉及一个庞大而复杂的、含有电缆和各种设施的网络系统，我们将其统称为"电网"。

电力传输

工厂、企业和家庭所需的大量电力必须被精确地分配到需要的地方。地上和地下的电线用于传输电力，而变压器（其中一些位于变电站中）则用来调整电压。传感器网络可以确保这些重要设备都处在最佳工作状态。

电塔

电塔，或称"输电塔"，通常是用钢和铝制成的高塔，具有晶格或管状框架。它们在远离地面的安全高度承载电线，并采用绝缘子将高压电缆与接地塔隔开。

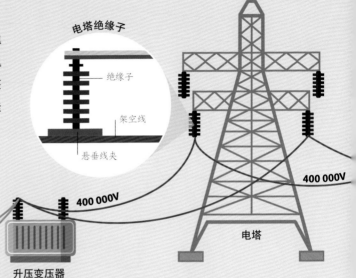

电塔绝缘子
- 绝缘子
- 架空线
- 悬垂线夹

25 000V

400 000V

400 000V

发电机

升压变压器

电塔

1 发电站
位于发电站的发电机将动能转化为电能，从而产生交流电（见第16页），交流电的电压通常为25 000V。

2 电网变电站
电网变电站使用升压变压器来增加电压，通常会将电压增加到400 000V。电压越高，电力沿着电线传输时由于电阻而产生的热能损失就越少。

3 高压塔线
电塔通常由钢和铝建造而成。玻璃或陶瓷绝缘子被安装在塔架和电线之间，以防止电流沿电塔传输到地面。

变压器

变压器通过电磁感应过程改变电压。首先，交流电流过绕在铁芯周围的变压器初级线圈，这会产生一个不断变化的磁场，从而在次级线圈中产生电压。如果次级线圈包含的线圈数目比初级线圈的多，则电压升高；若次级线圈包含的线圈数目比初级线圈的少，则电压降低。

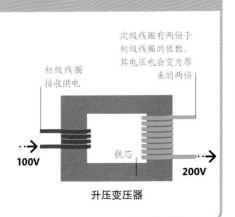

次级线圈有两倍于初级线圈的匝数，其电压也会变为原来的两倍

初级线圈接收供电

100V

铁芯

200V

升压变压器

鸟类如何栖息在电线上？

电流总会沿着阻力最小的路径流动。鸟类的导电性不好，所以当它们栖息在电线上时，电流会绕过它们继续沿着电线传输。

世界上最高的电塔位于中国，
高380米。

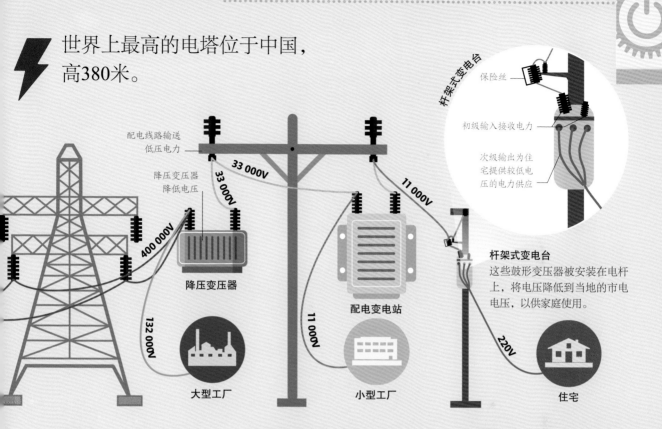

配电线路输送低压电力

33 000V

降压变压器降低电压

33 000V

400 000V

降压变压器

132 000V

大型工厂

11 000V

配电变电站

11 000V

小型工厂

杆架式变电台

保险丝

初级输入接收电力

次级输出为住宅提供较低电压的电力供应

杆架式变电台
这些鼓形变压器被安装在电杆上，将电压降低到当地的市电电压，以供家庭使用。

220V

住宅

4 **工业直供电**
一些用电要求高的大型工厂可能会直接从高压线上取电。其他工厂则需要通过降压变压器将电压降至132 000V左右后再使用。

5 **配电变电站**
在配电变电站，高压电通常被几个降压变压器降低至更低的电压，之后供应给小型工厂。

6 **家庭供电**
配电线路网络向住宅供电。在电力进入家庭的保险丝盒之前，杆架式变电台会将电压降低至可用电压。

地下电缆

为了减少成排的塔架带来的密集视觉冲击，同时也为了提高土地利用率，许多供电电缆被埋在地下。这些电缆需要多层保护，它们被放置在沟槽中，个别电缆可长达1千米，针对电缆连接点的沟槽，需要进行额外的加固。电缆有混凝土保护层保护，以防止其被意外切断。

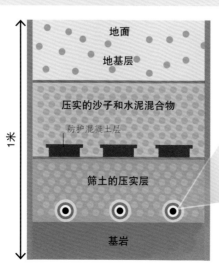

地面
地基层

压实的沙子和水泥混合物

防护混凝土层

1米

筛土的压实层

基岩

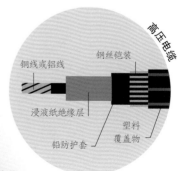

高压电缆

铜线或铝线

钢丝铠装

浸液纸绝缘层

塑料覆盖物

铅防护套

直埋电缆
直埋电缆是一种为了适应地下土壤和潮湿环境而专门设计的特殊电缆。这些高导电性电线外部有四层保护，被埋在深1米左右的沟槽中。

核能

原子核在分裂（核裂变）或聚合（核聚变）时，会释放出核能。核电站利用核裂变释放的能量发电。

核裂变

核电站以铀等放射性元素为燃料。当作为燃料的原子分裂时，大量的能量以热能的形式释放出来。这些热能推动以蒸汽驱动的涡轮机旋转，从而带动发电机转子旋转以产生电能。核裂变使用极少量的燃料，温室气体排放量远低于化石燃料。

反应堆内部
核裂变发生在一个反应堆中，该反应堆被包裹在一个坚固的钢筋混凝土穹顶中，以封锁核裂变产生的辐射。

4 产生蒸汽
在反应堆堆芯的加热下，水流入热交换器中，其能量被传递给输送冷水的二级封闭管道系统。在高压下，冷水变成热蒸汽。

3 控制棒
控制棒能控制链式反应的速度。当把控制棒插入燃料棒中时，它能吸收许多自由中子来减缓反应发生的速度。

升起控制棒加速链式反应

热交换器

控制棒

反应堆外壳

降低控制棒以吸收中子，进而减缓链式反应发生的速度。

铀燃料棒

反应堆堆芯中的水

1 铀燃料棒
数百根含有少量铀燃料的金属棒集成一捆，然后被放入反应堆的堆芯中。

水泵保持水的流动

反应堆堆芯

水泵

原子分裂

释放热能

铀原子核

释放中子

原子核分裂

2 链式反应
不稳定的铀原子核分裂，释放出热能和中子。这些中子再与其他原子核发生碰撞（使其分裂），从而形成一种能释放大量能量的链式反应。

5 转动涡轮机
涡轮机放置在风机大厅中，来自热交换器的热蒸汽使其风扇叶片转动。涡轮机通常以1 800～3 600转/分的速度旋转。

6 供电
发电机由涡轮机的传动轴驱动。变压器可以提高电压，从而使电力可以在当地电网或区域电网低损耗传输。

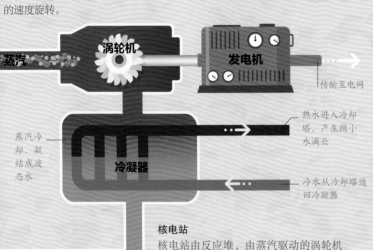

蒸汽

涡轮机

发电机

传输至电网

蒸汽冷却、凝结成液态水

冷凝器

热水进入冷却塔，产生微小水滴云

冷水从冷却塔返回冷凝器

核电站
核电站由反应堆、由蒸汽驱动的涡轮机和发电机组成，它们通过许多控制和安全系统连接。

核泄漏

反应堆冷却剂系统出现故障，会导致燃料棒中积聚过多的热能。在极端情况下，燃料棒会熔化并燃烧掉反应堆外壳。这会释放大量可能污染环境的放射性物质。2011年，在地震和海啸袭击之后，日本福岛第一核电站的三个反应堆就发生了部分熔毁。

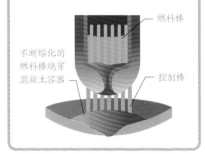

燃料棒

不断熔化的燃料棒烧穿混凝土容器

控制棒

1 燃料棒束
释放出高热能的燃料棒在废弃后需要几年时间冷却。

单个燃料棒

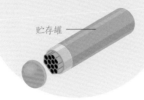

2 贮存罐
将放射性废物与惰性熔融玻璃混合实现玻璃化，混合物会在贮存罐内凝固。

贮存罐

3 用黏土密封
用一层厚厚的防渗黏土将放射性废物贮存罐包裹起来，作为额外的保护屏障。

黏土层

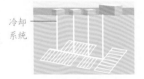

4 埋葬地点
密封后的贮存罐被掩埋在地球表面以下500～1 000米的安全掩埋场，并接受持续监测和维护。

冷却系统

放射性废物处理

每隔2～5年就需从反应堆中取出用过的燃料棒，但之后它们仍会继续释放数十年的热能，甚至会在更长的时间内继续释放强烈的有害辐射。大多数废弃燃料棒会先被放入很深的冷水贮存池中若干年，然后进行再加工或者被放置在混凝土围住的桶中。一些国家提出了将放射性废物深埋地下的计划，但目前还没有任何一个地点投入使用。

地质贮存库计划
人们提出了一种放射性废物处理方案：采用已有的玻璃化技术处理废物，然后将其埋在温度可调节的深孔中。

一座1 000兆瓦的核电站每年产生约27吨放射性废物。

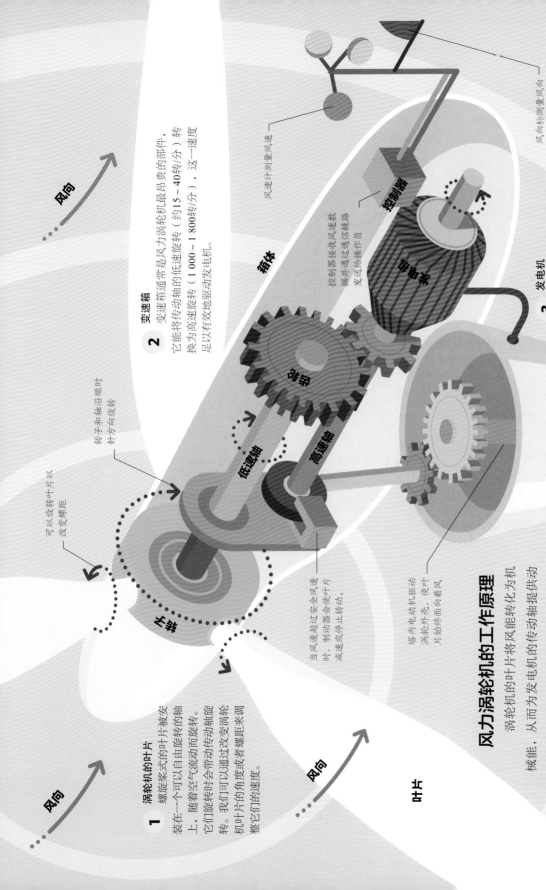

风向

风向

1 涡轮机的叶片

螺旋桨式的叶片被安装在一个可以自由旋转的轴上，随着空气流动而旋转。它们旋转时会带动传动轴旋转。我们可以通过改变涡轮机叶片的角度或者螺距来调整它们旋转的速度。

可以旋转叶片以改变螺距

转子和轴沿顺时针方向旋转

塔架

当风速超过安全风速时，制动器会使叶片减速或停止转动。

塔内电动机驱动涡轮外壳，使叶片始终面向着风。

风力涡轮机的工作原理

涡轮机的叶片将风能转化为机械能，从而为发电机的传动轴提供动力。发电机和变速箱被安装在涡轮机的内部。虽然涡轮机依赖定期的风力供应，但它可以日夜运转，并且发电时不会排放有害物质。涡轮机通常被放置在陆地或海上的"风电场"中，并且与电力传输网络相连。

叶片

风向

2 变速箱

变速箱通常是风力涡轮机最昂贵的部件，它能将传动轴的低速旋转（约15～40转/分）转换为高速旋转（1 000～1 800转/分），这一速度足以有效地驱动发电机。

箱体

控制器

控制器接收风速读数并通过通信线路发送给操作员

小齿轮

大齿轮

低速轴

高速轴

3 发电机

发电机位于变速箱后面，它从传动轴的旋转中获取机械能，并将其转化为电能。

风速计测量风速

风向标测量风向

风力发电

几个世纪以来，人们一直利用风力来驱动帆船和风车。现代风力涡轮机提供了一种可再生能源，它将风力的动能转化为电能，且不消耗化石燃料，也不排放温室气体。

一台普通的风力涡轮机可以产生足够1000户家庭使用的电力。

微型发电

小型可再生能源系统使用独立式或屋顶安装式风力涡轮机发电，通常与其他可再生能源相结合，如集热式太阳能热水器和光伏电池。它们的使用能减少人类对大型集中发电厂的依赖，而这些发电厂通常燃烧化石燃料并排放有害物质。

自给自足

风力发电机可以满足家庭用电需求。多余的电力被供应给电网。智能电表能对应能进行双向计量。

逆变器将从风力涡轮机获得的直流电转换为交流电（见第16页），以供家庭使用

智能电表计算产生的电力

保险丝控制和分配电力

通过智能电表过剩电力

通过智能电表向电网提供过剩电力

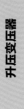

4　电流

发电机产生的电流通过一个或多个电缆从涡轮桅杆内部流过。

5　升高电压

升压变压器能大大提高发电机的输出电压，以供当地使用或通过电缆传输到电网。

升压变压器

电力电缆

桅杆

风力涡轮机和野生动物

风力涡轮机的建造可能会扰乱海洋和陆地上的生态系统，对鸟类和蝙蝠构成直接的威胁。一个解决方案是："风电场"的选址尽可能远离候鸟筑巢地和迁徙路线。另一个潜在方案是建造"声学灯塔"，将其安置在风力涡轮机附近，其发出的响亮声音可以警告鸟类。

水能和地热能

水流中的能量和地壳中的热能可以用来发电。两者都能提供清洁、可持续的能源，但都需要大量的基础设施投资。

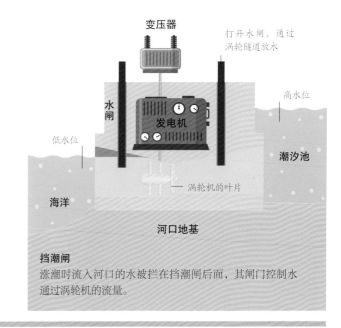

潮汐能

潮汐能是海水涨落及潮水流动所产生的能量，它可以用来带动涡轮机为发电机提供动力。一些系统使用类似于风力涡轮机的独立涡轮机，而潮汐堰坝则在巨大的水坝中采用多个涡轮机发电，它们通常建造在海湾或河口处。

变压器

打开水闸，通过涡轮隧道放水

高水位

水闸

发电机

低水位

潮汐池

海洋

涡轮机的叶片

河口地基

挡潮闸
涨潮时流入河口的水被拦在挡潮闸后面，其闸门控制水通过涡轮机的流量。

水力发电

水力发电（HEP）利用下降或快速流动的水来推动涡轮机，从而驱动发电机工作。最常见的情况是，水被收集在处于较高海拔的大坝后面，然后流经涡轮机向下输送。

2 发电
水高速流过涡轮机，以相当大的力量带动其叶片转动。涡轮机驱动发电机，使其产生电流。

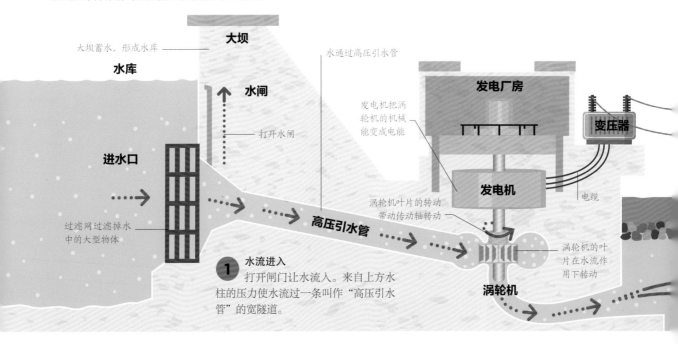

大坝蓄水，形成水库

大坝

水通过高压引水管

水库

水闸

打开水闸

发电厂房

发电机把涡轮机的机械能变成电能

进水口

过滤网过滤掉水中的大型物体

高压引水管

涡轮机叶片的转动带动传动轴转动

变压器

发电机

电缆

涡轮机的叶片在水流作用下转动

1 水流进入
打开闸门让水流入。来自上方水柱的压力使水流过一条叫作"高压引水管"的宽隧道。

涡轮机

钻探的危险

在增强型地热系统（EGS）中，人们在高压下注入流体使岩石产生裂缝，这样流体便能够穿过更大的区域并获得更多的热能。有证据表明，这种压裂可能造成无法控制的地震活动。2006年，瑞士巴塞尔的一家地热工厂被认为是诱发当地3.4级地震的罪魁祸首。11年后，韩国浦项发生5.4级地震，造成近120人受伤。初步研究显示，当地的一座地热发电站可能是始作俑者。

巴拉圭与巴西边界上的伊泰普水电站可满足巴拉圭近80%的用电需求。

渠水

水力发电需要持续的强水流来提供动力。人们提出了抽水蓄能水力发电系统，即在电力需求较低的时候，利用剩余电力将流出的水泵回水库。

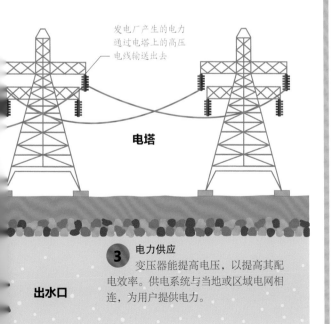

发电厂产生的电力通过电塔上的高压电线输送出去

电塔

出水口

3 **电力供应**
变压器能提高电压，以提高其配电效率。供电系统与当地或区域电网相连，为用户提供电力。

地热能

来自地下灼热岩石的热能可以被以不同的方式利用。地下水可以直接开采，也可以通过地热区抽水来获得用于发电的热能。地热发电站产生的有害排放只占燃煤发电站有害排放的一小部分。

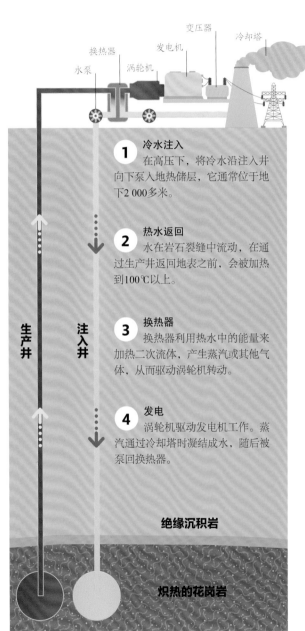

换热器　发电机　变压器　冷却塔
水泵　涡轮机

生产井　注入井

1 **冷水注入**
在高压下，将冷水沿注入井向下泵入地热储层，它通常位于地下2 000多米。

2 **热水返回**
水在岩石裂缝中流动，在通过生产井返回地表之前，会被加热到100℃以上。

3 **换热器**
换热器利用热水中的能量来加热二次流体，产生蒸汽或其他气体，从而驱动涡轮机转动。

4 **发电**
涡轮机驱动发电机工作。蒸汽通过冷却塔时凝结成水，随后被泵回换热器。

绝缘沉积岩

炽热的花岗岩

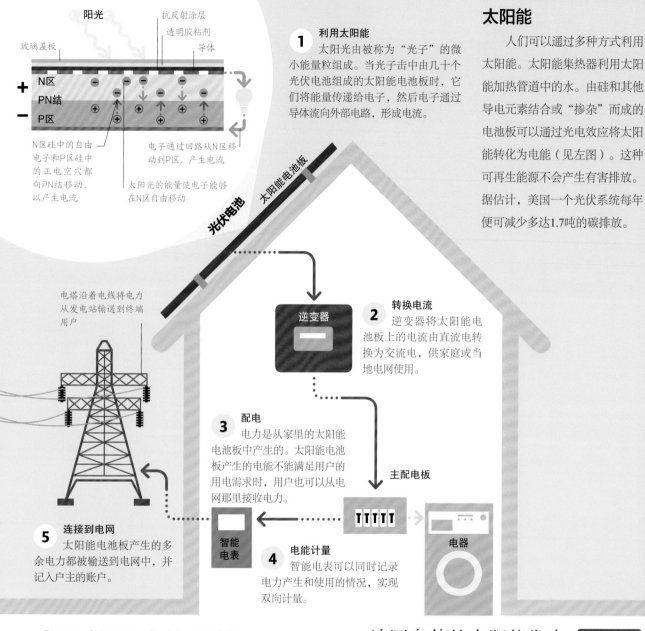

阳光 抗反射涂层 透明胶粘剂 导体

玻璃盖板

N区
PN结
P区

+
−

N区硅中的自由电子和P区硅中的正电空穴都向PN结移动，以产生电流

电子通过回路从N区移动到P区，产生电流

太阳光的能量使电子能够在N区自由移动

太阳能

人们可以通过多种方式利用太阳能。太阳能集热器利用太阳能加热管道中的水。由硅和其他导电元素结合或"掺杂"而成的电池板可以通过光电效应将太阳能转化为电能（见左图）。这种可再生能源不会产生有害排放。据估计，美国一个光伏系统每年便可减少多达1.7吨的碳排放。

1 利用太阳能
太阳光由被称为"光子"的微小能量粒组成。当光子击中由几十个光伏电池组成的太阳能电池板时，它们将能量传递给电子，然后电子通过导体流向外部电路，形成电流。

光伏电池　太阳能电池板

电塔沿着电线将电力从发电站输送到终端用户

逆变器

2 转换电流
逆变器将太阳能电池板上的电流由直流电转换为交流电，供家庭或当地电网使用。

3 配电
电力是从家里的太阳能电池板中产生的。太阳能电池板产生的电能不能满足用户的用电需求时，用户也可以从电网那里接收电力。

主配电板

5 连接到电网
太阳能电池板产生的多余电力都被输送到电网中，并记入户主的账户。

智能电表

4 电能计量
智能电表可以同时记录电力产生和使用的情况，实现双向计量。

电器

太阳能和生物质能

人们可以在不同程度上使用太阳能，或者直接用它来加热水，或者利用光伏电池来产生大量电力。生物质是通过光合作用形成的各种有机体，包括所有动植物和微生物。生物质能是以化学能形式贮存在生物质体内的太阳能，它也是一种宝贵的能源。

法国奥德约太阳能发电站是世界上第一个实现太阳能发电的太阳能发电站。虽然当时它的发电功率只有64千瓦，但它为后来的太阳能发电站的研究与设计奠定了基础。

污水

污水处理产生的污泥被消化池中的厌氧性细菌分解，产生甲烷和其他气体，这些气体被净化后可作为燃料燃烧。

工业废渣

工业生产过程中遗留下来的某些废渣，特别是木浆和造纸生产中的黑液，含有丰富的有机物，这些有机物可作为燃料燃烧，为发电机提供动力。

生物质能

发电站通过燃烧生物质获得生物质能。生物质能被认为是一种可再生能源，因为收获的作物和树木等生物质可以循环再生。然而，扩大生物质能的规模存在一定问题，因为它需要占用生产粮食的可耕地。

农业

种植油菜籽、甘蔗和甜菜等作物是为了将它们加工成生物燃料。非粮能源作物一般种植在没有农业价值的土地上。

林业

木材是最古老的燃料。几千年来，人们通过燃烧木材取暖、照明。原木、木屑、木丸和锯末占所有生物质能的三分之一以上。

家畜粪便

动物遗骸可以作为生物质燃烧，同时，包括奶牛在内的家畜产生的粪便经过处理后，可以产生富含甲烷且可以燃烧的沼气。

城市固体废物

大量固体废物中的一部分被焚烧，用以产生热能和电能。这也减少了垃圾填埋场所需的空间。

生物燃料乙醇

生物燃料乙醇是一种"生长出来的绿色能源"，可以用含淀粉、纤维素或糖的原料经发酵蒸馏制成。在世界上最大的生物燃料乙醇生产国——巴西，80%以上的新车和近一半的摩托车使用乙醇或汽油-乙醇混合物作为燃料。

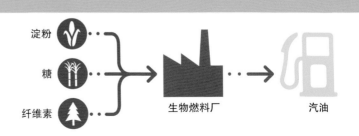

淀粉

糖

纤维素

生物燃料厂

汽油

电池

电池是一种便携式化学能存储设备，它可以将储存的化学能转换成电能。电池分为两大类：一次电池（一次性使用）和二次电池（可充电）。

回收的电池中含有锌和锰等微量营养素，可以帮助玉米生长。

电池的工作原理

电池中发生的化学反应使电子从金属原子中释放出来，并通过电解质从阴极流向阳极。当电路连接电池阴极和阳极两端时，电子通过外部电线以电流的形式流回阴极。这种将化学能转化为电能的过程被称为"放电"。

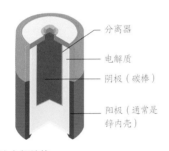

电池内部结构

电池由阴极（正极）和阳极（负极）组成，它们被一种叫作"电解质"的导电物质隔开。

- 分离器
- 电解质
- 阴极（碳棒）
- 阳极（通常是锌内壳）

4 进入的电子

电子通过阴极重新进入电池中。这种流动一直持续到储存的化学物质耗尽。

3 迁移电子

连接阳极和阴极的外部电路提供了电子流动的路径，从而产生了电流。该过程产生的电流可以用来驱动电子设备。

由电流点亮的灯泡

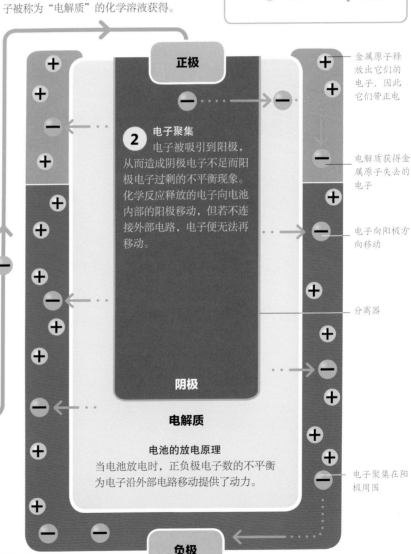

1 化学反应

当电池连接到电路上时，其中发生的化学反应会使金属原子失去电子，电子被称为"电解质"的化学溶液获得。

2 电子聚集

电子被吸引到阳极，从而造成阴极电子不足而阳极电子过剩的不平衡现象。化学反应释放的电子向电池内部的阳极移动，但若不连接外部电路，电子便无法再移动。

正极

阴极

电解质

电池的放电原理

当电池放电时，正负极电子数的不平衡为电子沿外部电路移动提供了动力。

负极

图例
- 电子
- 正电荷
- 导线
- 电流方向

金属原子释放出它们的电子，因此它们带正电

电解质获得金属原子失去的电子

电子向阳极方向移动

分离器

电子聚集在阳极周围

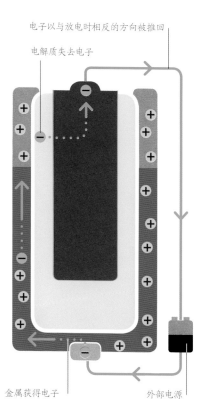

电池的充电原理
当电池插入充电器中时，电流以与电池放电时相反的方向流动。这使得电子回到它们开始的地方，这就是给电池充电的原理。

电子以与放电时相反的方向被推回

电解质失去电子

金属获得电子

外部电源

世界上最大的电池是什么？
特斯拉在南澳大利亚的巨型锂离子电池占地10 000平方米，能提供129MW·h的电力（见第10页）。

锂离子电池

电动汽车、智能手机，以及许多其他设备与机器中都使用了锂离子电池，锂离子电池使用高活性金属锂中的大量能量。锂的重量轻，但能量密度高，有着良好的功率重量比，可承受数百次放电和充电循环。

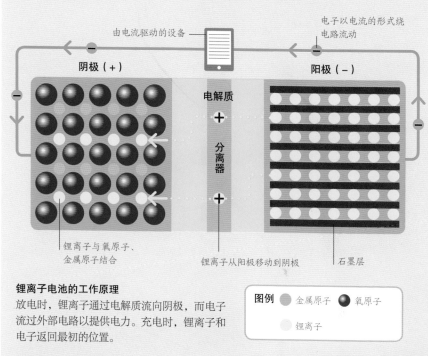

由电流驱动的设备

电子以电流的形式绕电路流动

阴极（+）

阳极（−）

电解质

分离器

锂离子与氧原子、金属原子结合

锂离子从阳极移动到阴极

石墨层

图例 ● 金属原子　● 氧原子　● 锂离子

锂离子电池的工作原理
放电时，锂离子通过电解质流向阴极，而电子流过外部电路以提供电力。充电时，锂离子和电子返回最初的位置。

未来的电池

在电池的开发方面，人们做了大量的研究。一项关于在锂离子电池中使用固态碱金属作为电解质的创新技术，可能会帮助人们生产出充电更快速、续航更持久的电池。此外，使用超级电容器的柔性电池可以在几秒钟内完成充电，这可能会给可穿戴技术和便携式技术带来革命性的改变。

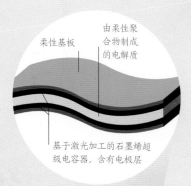

柔性基板

由柔性聚合物制成的电解质

基于激光加工的石墨烯超级电容器，含有电极层

便携式智能手机

超级电容器
电荷以离子涂层的形式储存在超级电容器的电极层上，电极层被用由柔性聚合物制成的电解质隔开。

燃料电池

　　燃料电池通过燃料与氧气混合而产生的化学反应来发电。燃料电池有多种类型，但在汽车和电子设备中使用越来越多的是氢燃料电池。

燃料电池的工作原理

　　燃料电池是一种能产生电流的电化学电池，它可以驱动电动机或其他电子设备。氢燃料电池不需要燃烧就可以发电，并且产生的副产品只有水。燃料电池工作时，从空气中获取氧气，从内部油箱中获取氢气。氢动力汽车通常可以续航大约480千米。

氢动力汽车
氢燃料电池通常是成排部署的，它们提供的电流经升压转换器增大后供电动机使用。

氢燃料电池内部
氢燃料电池在结构上与其他电池相似（见第32～33页）。氢燃料电池产生电子流，从阳极流出，再流至阴极。

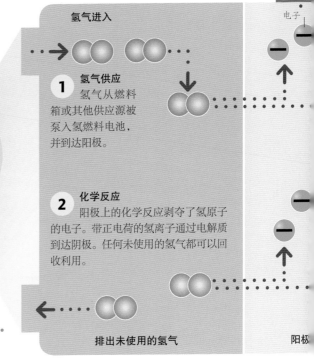

氢气进入

1　氢气供应
氢气从燃料箱或其他供应源被泵入氢燃料电池，并到达阳极。

2　化学反应
阳极上的化学反应剥夺了氢原子的电子。带正电荷的氢离子通过电解质到达阴极。任何未使用的氢气都可以回收利用。

排出未使用的氢气

电子

阳极

单个电池

燃料电池堆

动力控制单元从氢燃料电池堆中获取电力并将其送至电动机

水排出

氢燃料电池

氢气罐

升压转换器

电动机

空气进入

氢的来源

　　大部分氢是由天然气等化石燃料产生的。蒸汽甲烷重整是生产氢最常用的方法，该过程会排放一些二氧化碳。其他方法（如水电解）在获得氢气的同时，不会产生有害排放物，但该过程会消耗大量能源。

蒸汽甲烷重整
甲烷和蒸汽发生反应生成混合气体，这些气体被送到变换反应器中，并在那里产生更多的氢气和二氧化碳。经纯化阶段，便可得到纯氢。

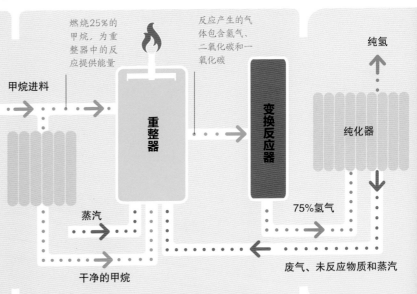

燃烧25%的甲烷，为重整器中的反应提供能量

反应产生的气体包含氢气、二氧化碳和一氧化碳

纯氢

甲烷进料

重整器

变换反应器

纯化器

蒸汽

75%氢气

干净的甲烷

废气、未反应物质和蒸汽

电流

3 外部电路
分离的电子沿着外部电路移动到阴极，在移动时产生电流。

与汽油发动机相比，氢燃料电池可节省50%的燃料。

带正电荷的氢离子

5 空气供应
空气中的氧气进入氢燃料电池中并到达阴极。

空气进入

氧气

水分子

4 氢离子的再结合
当氢离子到达阴极时，它们与电子重新结合，并与空气中的氧气发生反应生成水。

6 废水
水作为副产品被氢燃料电池释放出来。一辆由氢燃料电池驱动的汽车以每千米100毫升的速度排出水。

电解质　　　阴极　　　排出水

燃料电池的用途

虽然燃料电池仍然是一项新兴技术，但其具有体积小、便捷、无废气排放等优势，因此有着广泛的潜在应用价值。

车辆
越来越多的叉车、零排放公交车、城市有轨电车和部分汽车开始使用燃料电池。

军队
小型电池可以为士兵的电子设备供电，而较大的电池可以让无人机在空中长时间飞行。

便携式电子设备
微型燃料电池正在被研发，以用于为智能手机、平板电脑和其他移动设备充电。

太空
燃料电池是航天器中常见的电源。载人飞船还能利用燃料电池产生的淡水。

飞机
现已存在试验性的燃料电池飞机，但是客机大多将它们作为备用电源。

太空燃料电池

燃料电池首次进入太空是在1961—1966年美国航空航天局的"双子星座"计划中。服务舱中的三个氢燃料电池堆也为阿波罗计划（1961—1972年）提供了电力。每个燃料电池堆包含31个串联的独立电池。事实证明，阿波罗计划使用的燃料电池是非常成功的，产生的功率高达2300瓦，而且体积比其他电池小，效率比太阳能电池板的高。

燃料电池堆被放置在服务舱中

"阿波罗号"飞船的指挥舱和服务舱

氢燃料电池安全吗？

因为氢气极其易燃，人们对其安全性的担忧一直存在，但是，氢燃料电池是在严格的安全保障下制造的，车辆中的氢气罐非常坚固、耐用。

2

运输技术

移动的机器

商业、工业、休闲和旅游业依赖快速、长距离的货物和人员运输。运输技术依赖能量的使用和许多可产生运动的不同的力的应用。

轮子

轮子是世界上最重要的发明之一。轮子和轮轴如同旋转的杠杆，它沿圆周方向传递力。转动轮轴可以使轮缘以较小的力移动较长的距离。转动轮缘会使轮轴产生较大的力。

轮缘比轮轴移动得更远、更快

轮子绕轮轴转动

轮轴

合力

物体（如车辆）在受到一个或多个力的作用时就会运动。当施加一个力时，能量发生转移，要么使车辆运动，要么改变其速度和方向。通常会有几个力同时作用在车辆上。有些力可能会叠加在一起，而另一些力则会相互抗衡。这几个力的综合效应便形成一个单一的力，称为"合力"。

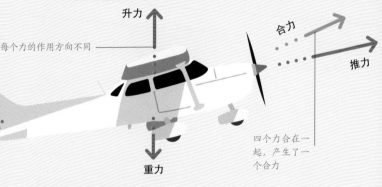

升力

每个力的作用方向不同

合力

推力

阻力

重力

四个力合在一起，产生了一个合力

飞行的力
飞机飞行时有四种力在起作用。它被重力向下拉，被机翼的升力向上推，被旋转的螺旋桨的推力向前推，被阻力向后拉。飞机在加速爬升时，便会产生一个向上、向前的合力。

摩擦力

两个相互接触并挤压的物体发生相对运动或具有相对运动趋势时，就会在接触面上产生阻碍相对运动或相对运动趋势的力，这种力就被称为"摩擦力"。一些摩擦力的存在是必要的，如橡胶轮胎依靠摩擦力来抓地。然而，摩擦也会导致磨损并产生热量。这两种影响都会对带有运动部件的机器造成损害。摩擦程度取决于接触面的粗糙度和将它们挤压在一起的力的大小。添加润滑剂可以减小摩擦力，因为它会在两个物体的表面之间形成一层薄膜，使它们分离。

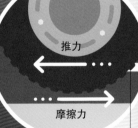

推力

摩擦力

粗糙意味着两个物体的表面不能轻易地互相移动

世界上有超过10亿辆自行车，且每年增加1亿多辆。

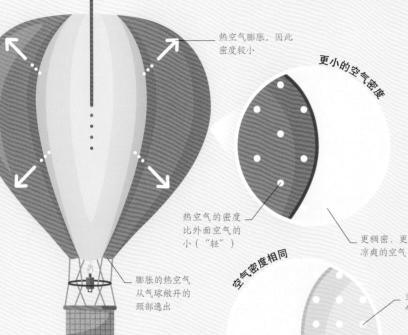

升力

热空气膨胀，因此密度较小

更小的空气密度

热空气的密度比外面空气的小（"轻"）

更稠密、更凉爽的空气

膨胀的热空气从气球敞开的颈部逸出

空气密度相同

当内外空气密度相同时，气球不会再上升

冷空气密度变大

重力

哪架飞机是世界上最受欢迎的客机？

1967年首次制造的波音737是最受欢迎的客机。到现在已生产了10 000多架波音737。

燃气动力

大多数运输技术依赖一个简单的科学原理，即气体受热时会膨胀。汽油发动机、柴油发动机、涡轮机和火箭发动机都是由膨胀的气体带动的。当气体在发动机内膨胀时，它产生的巨大力量可以转动轮子或螺旋桨，或者产生强大的喷气。最常见的气体是空气。燃烧燃料通常能提供热能使空气膨胀，但有时也使用其他能源。一些军舰、潜艇和破冰船是以核能为动力的。它们利用铀等放射性元素产生的热能来使气体膨胀，从而为螺旋桨提供动力。

使热做功

热气球利用膨胀的空气产生升力。加热气球内的空气使其膨胀，这样气球内空气的密度变小（"更轻"），便会产生更大的浮力，使气球上升。当内部空气的密度与周围空气的密度相同时，热气球便不再上升。

燃烧器开始加热气球内的空气

自行车

自行车的发明是个人交通方面最大的进步。自行车还是最节能的交通工具之一。

传输动力

自行车骑手的肌肉力量通过链条传递给后轮，链条又通过被称为"曲柄"的杠杆连接到踏板上。骑手只能在有限的速度范围内有效地踩踏板。在相同的蹬踩速度下，通过更快或更慢地转动后轮，挡位便可使骑手保持在这个速度范围内前进。

低速挡

大齿轮以速度为代价产生更多的动力

踏板旋转

更大的动力
当使用低速挡时，骑手多次转动踏板才能转动车轮一圈。

高速挡

小齿轮转动得越快，自行车的速度越快

更快的速度
当使用高速挡时，踏板的每一次转动都会使车轮比低速挡时转动得更快，从而使自行车的速度加快。

车架

车架由两个三角形组成，形成刚性结构

每个齿轮有不同数量的齿数，允许骑手选择不同的传动比以适应所要面对的坡度

轮子

变速器通过将链条从一个链轮（齿轮）上换到另一个链轮上来实现换挡

齿盘

曲柄充当转动齿盘和移动链条的杠杆

图例

┅▶ 输入力

┄▶ 输出力

链条

踏板

骑手通过踩踏板来施加转向力

保持平衡

为了在自行车上保持平衡，骑手必须控制自己的重心。当沿直线骑行时，骑手会向下倾斜，以确保重心始终在车轮上，形成支撑的基础。

自行车和骑手的重心

由自行车和骑手的质量引起的向下的作用力

地面的支撑

车把

车头碗组

车把转动车头碗组，车头碗组转动前轮

车把是一个放大输入力以推动前轮的杠杆。有些自行车有下垂的车把，这使骑手身体弯曲得更低，更符合空气动力学。

刹车

牵引制动杆向上拉动线缆

刹车时，制动片向内移动

卡钳式制动器由每个车轮两侧的衬垫组成。牵引制动杆会拉动一根线缆，使制动片夹紧车轮，增大摩擦力并减慢车轮速度。

滑行

陀螺效应和脚轮效应这两个机械原理能有效地解释为什么自行车可以保持直立。最近的研究表明，另一个重要的原因是自行车前部的重心比转向轴的前部和后部低。在摔倒的过程中，自行车的前部比后部下落得快，将前轮转向摔倒的方向，这便可以使自行车保持直立。

自行车摔倒时会倾斜

旋转的方向

车轮转动

陀螺效应
前轮的作用类似于陀螺仪。如果自行车倒向一侧，陀螺效应就会使车轮转向同一侧，从而保持自行车直立。

转向轴（从前叉到地面的假想线）

与地面的接触点

脚轮效应
前轮与地面接触的点在转向轴后面，这类似于手推车上的脚轮。这意味着车轮总是朝着自行车行驶的方向转动。

内燃机

从汽车到电动工具，许多机器使用内燃机发电。汽车发动机将燃料中的化学能转化为热能，然后再转化为动能来驱动车轮。

四冲程发动机

内燃机在气缸内燃烧燃料（通常是汽油或柴油）和空气的混合物。四冲程发动机通过重复四个阶段或冲程来产生动力：进气、压缩、做功和排气。加热的燃料-空气混合物由火花塞点燃，产生的膨胀空气将气缸内的活塞向下推动，从而使与其相连的曲轴转动。这种转动通过汽车的变速器传递给车轮。多个气缸在不同时间点火产生平稳的动力输出。

柴油发动机是如何工作的？

柴油发动机的工作方式与汽油发动机相似，但柴油发动机是使用热的压缩空气而非火花塞来点燃燃料的。

鲁道夫·狄赛尔早期发明的发动机使用花生油作为燃料。

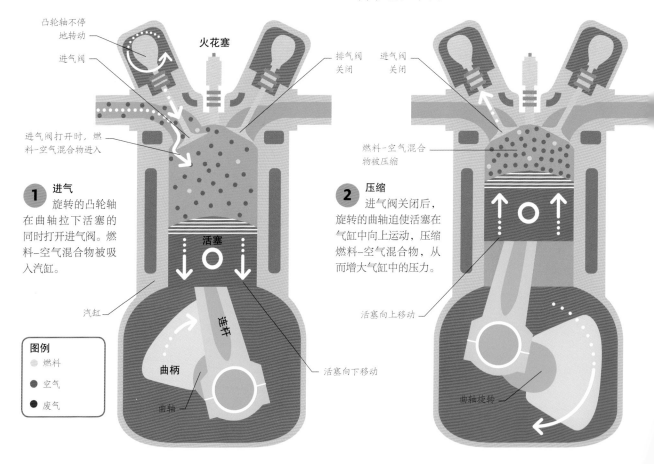

凸轮轴不停地转动

进气阀

火花塞

排气阀关闭

进气阀关闭

进气阀打开时，燃料-空气混合物进入

燃料-空气混合物被压缩

1 进气
旋转的凸轮轴在曲轴拉下活塞的同时打开进气阀。燃料-空气混合物被吸入汽缸。

2 压缩
进气阀关闭后，旋转的曲轴迫使活塞在气缸中向上运动，压缩燃料-空气混合物，从而增大气缸中的压力。

活塞

汽缸

连杆

曲柄

曲轴

活塞向下移动

活塞向上移动

曲轴旋转

图例
- 燃料
- 空气
- 废气

二冲程发动机

四冲程发动机很重，所以在许多时候并不实用，例如，为电锯和割草机提供动力。这些机器和设备使用较小的二冲程发动机，曲轴每转一圈就点燃一次火花塞，而不是每转两圈点燃一次。

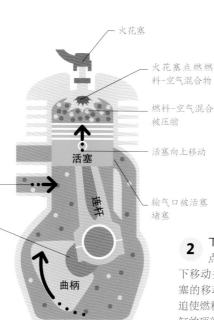

火花塞

火花塞点燃燃料-空气混合物

燃料-空气混合物被压缩

活塞向上移动

输气口被活塞堵塞

进气口打开，燃料-空气混合物进入

活塞

连杆

曲轴

曲柄

1 上行冲程
活塞向上移动，压缩燃料-空气混合物，随后火花塞点燃燃料-空气混合物。活塞的后面会产生局部真空，并通过一个进气口吸入更多的燃料-空气混合物。

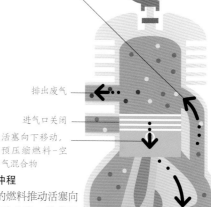
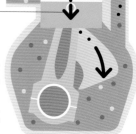

输气口打开，燃料-空气混合物向上移动

排出废气

进气口关闭

活塞向下移动，预压缩燃料-空气混合物

2 下行冲程
点燃的燃料推动活塞向下移动并转动曲轴。随着活塞的移动，输气口被打开，迫使燃料-空气混合物流向气缸的顶部。

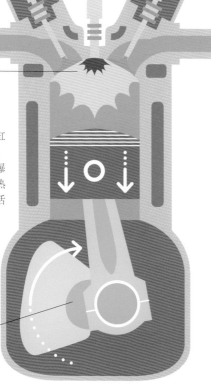

火花塞点燃燃料-空气混合物，迫使活塞向下移动

3 做功
当活塞到达气缸顶部时，火花塞点火，燃料-空气混合物爆炸，燃烧燃料并产生热气体，气体膨胀迫使活塞向下移动。

曲轴继续旋转

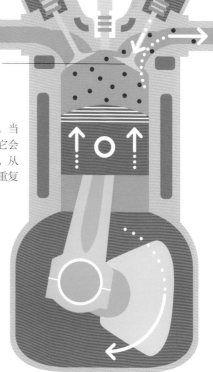

排气阀打开，废气被排出

4 排气
排气阀打开。当曲轴继续旋转时，它会再次将活塞向上推，从而排出废气。然后重复整个循环过程。

汽车的工作原理

　　汽车是一系列系统的集合，这些系统在发动机中产生动力并将其传递给车轮。汽车的其他系统允许驾驶员通过转动车轮来改变汽车行进方向，并通过施加制动力来使汽车减速或停止。

传递动力

　　大多数汽车有两轮驱动装置，即两个前轮或两个后轮由发动机驱动。汽车发动机产生的动力通过传动系统传给汽车的驱动车轮，产生驱动力，从而使汽车能以一定速度行驶。传动系统一般由离合器、变速器、万向传动装置、主减速器、差速器和半轴等组成。越野车在不稳定的路面上需要更大的抓地力，因此它采用四轮驱动，这意味着它的四个车轮都直接由发动机驱动。

第一辆量产的
带自动变速箱的汽车

1940年，美国的奥兹莫比尔汽车上装备了第一个全自动变速箱。

汽车内部

汽车最重的部件是发动机、传动轴，以及变速箱。它们被安装在汽车的较低位置，以提高汽车的稳定性，尤其在转弯时能起到很大作用。

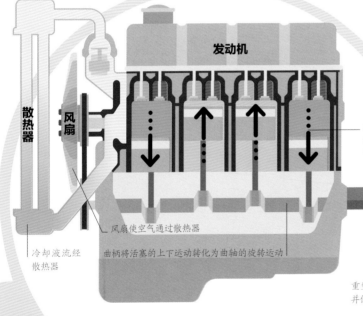

差动齿轮辅助转弯

发动机

后轮驱动汽车上的传动轴

变速箱

离合器接合和分离传动轴与变速箱

发动机

散热器

风扇

活塞在动力冲程中被膨胀的气体向下推动

松开离合器时，离合器片被夹在压盘和飞轮之间，允许飞轮驱动变速器

压盘

传动轴

飞轮

风扇使空气通过散热器

冷却液流经散热器

曲柄将活塞的上下运动转化为曲轴的旋转运动

曲轴

重型飞轮储存旋转能量，并保持曲轴平稳移动

离合器

启动汽车

汽车是通过一系列的操作被启动的。这些操作能产生动力，并以受控的方式将动力传递给驱动车轮。转动点火钥匙或按下启动按钮就可以启动一台小型的由电池驱动的电动机，从而启动汽车的活塞式发动机。

1 发动机

　　汽车的运动始于发动机。启动发动机点燃燃料–空气混合物并释放能量（见第42~43页），使活塞产生移动，从而转动发动机的曲轴。附在曲轴上的飞轮使活塞得以提供平稳的动力。

2 离合器

　　在装有手动变速箱的汽车中，当汽车第一次启动时，驾驶员必须踩下离合器踏板，断开发动机与车轮的连接，以确保汽车不会向前倾斜。然后，驾驶员松开离合器踏板，让发动机带动车轮转动。

控制汽车

　　汽车中最简单的转向系统
依赖一种被称为"齿轮齿条"
的齿轮结构。转动汽车的方向
盘会带动一个小的圆形齿轮。
它的齿与被称为"齿条"的扁
平杆上的齿啮合。小齿轮转动
时，会将齿条侧向移动并
转动车轮。装有动力转向
系统的汽车通常使用高压油
或电动机来辅助齿条移动。

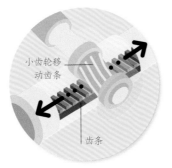

小齿轮移
动齿条

齿条

转向柱转动小齿轮

刹车

　　大多数汽车采用盘式制动器。汽车的每个
轮子上都固定着一个圆盘，当轮子旋转时，圆
盘也会旋转。当驾驶员踩下制动踏板时，液压
油会迫使安装在卡钳上的制动片推压制动盘，
从而使车轮减速。

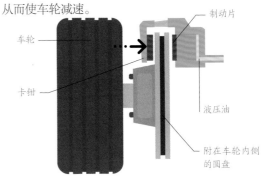

制动片

车轮

卡钳

液压油

附在车轮内侧
的圆盘

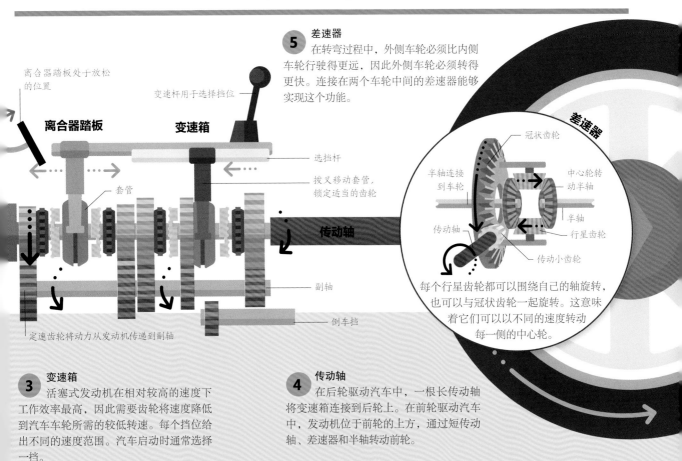

离合器踏板处于放松
的位置

变速杆用于选择挡位

离合器踏板　　　　　**变速箱**

选挡杆

按叉移动套管，
锁定适当的齿轮

套管

传动轴

副轴

倒车挡

定速齿轮将动力从发动机传递到副轴

5　差速器
　　在转弯过程中，外侧车轮必须比内侧
车轮行驶得更远，因此外侧车轮必须转得
更快。连接在两个车轮中间的差速器能够
实现这个功能。

差速器

冠状齿轮

半轴连接
到车轮

中心轮转
动半轴

半轴

传动轴

行星齿轮

传动小齿轮

每个行星齿轮都可以围绕自己的轴旋转，
也可以与冠状齿轮一起旋转。这意味
着它们可以以不同的速度转动
每一侧的中心轮。

3　变速箱
　　活塞式发动机在相对较高的速度下
工作效率最高，因此需要齿轮将速度降低
到汽车车轮所需的较低转速。每个挡位给
出不同的速度范围。汽车启动时通常选择
一挡。

4　传动轴
　　在后轮驱动汽车中，一根长传动轴
将变速箱连接到后轮上。在前轮驱动汽车
中，发动机位于前轮的上方，通过短传动
轴、差速器和半轴转动前轮。

电动汽车和混合动力汽车

大多数汽车由燃烧汽油或柴油的内燃机驱动。然而，由于这些内燃机会产生有害气体，造成空气污染，因此更环保的电动汽车和混合动力汽车得到了发展。

第一辆混合动力汽车是什么时候制造的?

工程师费迪南德·保时捷（又译费迪南德·波尔舍）在1900年制造了世界上第一辆混合动力汽车。他将其命名为"洛纳-保时捷"（Lohner-Porsche）。

电动汽车

电动汽车由一个或多个电动机驱动。电动机与可充电电池组相连。电动汽车比传统的活塞式发动机汽车更简单，因为它们不需要燃料系统、点火系统、水冷系统或润滑系统。对于电动汽车而言，变速箱也不是必需的，因为与内燃机不同，电动机能在整个速度范围内提供最大的转动力（扭矩）。

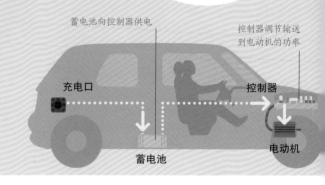

蓄电池向控制器供电

控制器调节输送到电动机的功率

充电口

控制器

蓄电池

电动机

混合动力汽车

混合动力汽车有两个或两个以上的动力源来驱动车轮，其中包括一个内燃机和至少一个电动机。混合动力汽车主要有两种类型。串联式混合动力汽车由其电动机提供动力，而它的内燃机的作用是驱动发电机，以使发电机产生电能来给电动机供电并给电池充电。第二种混合动力汽车是更受欢迎的并联式混合动力汽车（见右图）。它可以由其中一个动力源提供动力，或者在需要最大动力或加速时同时使用两种动力源。

图例
- → 电力
- → 内燃机动力

汽车启动

大多数混合动力汽车在启动时只使用由电池驱动的电动机，不需要内燃机。对于低速短途旅行，整个旅程只需使用电力即可。

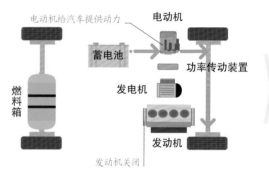

电动机给汽车提供动力

电动机

蓄电池

功率传动装置

发电机

燃料箱

发动机

发动机关闭

加速

如果需要快速加速，就需要启动内燃机。此时，汽车的车轮由发动机和电动机的动力一起驱动。此外，发动机还需要驱动发电机，为电动机的电池充电。

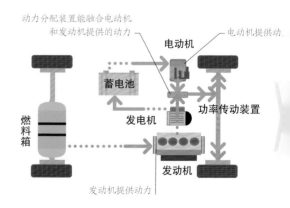

动力分配装置能融合电动机和发动机提供的动力

电动机提供动力

电动机

蓄电池

功率传动装置

发电机

燃料箱

发动机

发动机提供动力

再生制动

大多数汽车使用制动片制动（见第45页），制动片将车轮的动能转化为热能。电动汽车和混合动力汽车将车轮的动能转化为电能，进而为电池充电。

在19世纪30年代，发明家罗伯特·安德森制造了第一辆电动汽车。

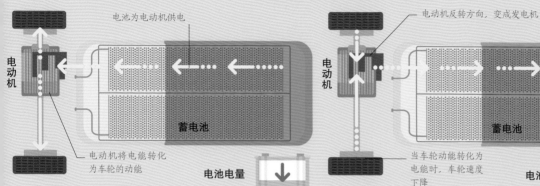

电池为电动机供电

电动机反转方向，变成发电机

电动机

电动机将电能转化为车轮的动能

蓄电池

电池电量

1 加速过程

当电动汽车和混合动力汽车加速时，其电动机从电池中获取所需的能量。电动机将电池的电能转化为汽车的动能。随着能量的消耗，电池中的电量会逐渐下降。

电动机

当车轮动能转化为电能时，车轮速度下降

蓄电池

电池电量

2 刹车

当司机踩下制动踏板时，电动机就变成了发电机。它不是从电池中获取能量，而是将汽车旋转车轮的动能转化为电能，这些电能返回电池中以备下次使用。

长途行驶

当汽车在长途旅行中高速行驶时，内燃机会自动运转，而不需要电动机。

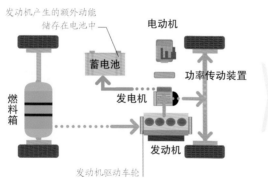

发动机产生的额外动能储存在电池中

电动机

蓄电池

功率传动装置

发电机

燃料箱

发动机

发动机驱动车轮

刹车

当汽车开始减速时，内燃机和电动机关闭。在制动过程中，汽车多余的能量转化为电能，用来为电池充电。

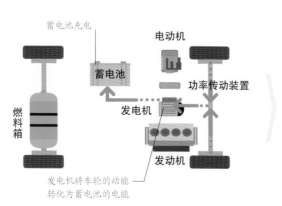

蓄电池充电

电动机

蓄电池

功率传动装置

发电机

燃料箱

发动机

发电机将车轮的动能转化为蓄电池的电能

无人驾驶汽车

无人驾驶汽车配备了各种摄像头、激光器和雷达，可以创建汽车周围环境的实时3D图像。利用这些设备，再融合计算机、卫星导航和人工智能技术，汽车便能实现自动驾驶。

雷达

雷达通过发射高频无线电波（见第180～181页）和探测反射回来的无线电波来定位远处的物体。雷达是空中交通管制系统的重要组成部分，主要用于跟踪飞行中的飞机，并对其进行安全控制。

空中交通管制雷达

空中交通管制使用两种雷达：一次雷达和二次雷达。一次雷达发射无线电波，这些无线电波被飞机反射回来，显示出飞机的位置。二次雷达依赖飞机上一种被称为"应答器"的设备主动发送信号，应答器发送的信号中还包含飞机的信息，如飞机的注册号和高度。

2 **无线电波反射**
飞机等大型金属物体会反射无线电波。这些反射回来的无线电波中的一部分返回到天线。根据雷达脉冲到达飞机和反射回来所用的时间就可以计算出飞机的距离。

金属外壳反射无线电波

来自一次雷达的无线电波流

反射的无线电波

天线交替地发射和接收无线电波

发射无线电波

天线旋转360°，全方位扫描飞机

还有哪些地方使用雷达？

雷达还有其他用途，如海洋和地质勘查、绘图、天文学、防盗报警器以及照相机等方面。

天线

显示屏

应答器提供的信息

飞机位置

飞机飞行路线

一次雷达

可以使用雷达绘制水星和金星的表面地形图。

1 **一次雷达**
旋转天线向四面八方发射无线电波，它们以光速直线行进。这些天线既能发射无线电波，也能接收无线电波。

来自一次雷达和二次雷达的信号被发送到控制塔以进行处理

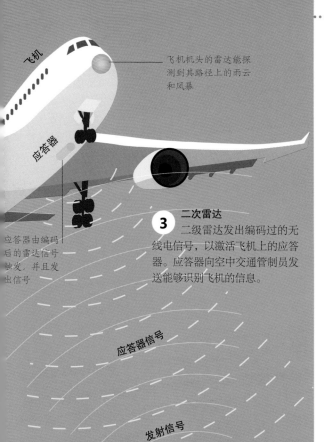

飞机

应答器

飞机机头的雷达能探测到其路径上的雨云和风暴

应答器由编码后的雷达信号触发，并且发出信号

3 二次雷达
二级雷达发出编码过的无线电信号，以激活飞机上的应答器。应答器向空中交通管制员发送能够识别飞机的信息。

应答器信号

发射信号

从飞机传到天线的应答器信号

天线旋转　　天线

控制塔　　二次雷达

4 控制塔
控制塔内的信号处理器分析来自两台雷达的信息，然后将其发送到显示屏上。飞机以点或线的形式出现。

躲避雷达

一些军用飞机，如B-2隐形轰炸机，是为了躲避敌人的雷达而设计的。飞机的特殊形状使反射的无线电波偏离其发射源，同时飞机的机身上还涂着雷达吸波材料，以减少反射，使其更难被探测到。这就是所谓的隐形技术。

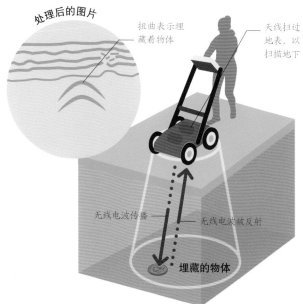

反射波是散射的，所以只有微弱的信号返回雷达

雷达吸波材料

雷达信号

探地雷达

雷达还能探测地下的情况。无线电波遇到任何物体或土壤干扰时都会被反射回来，计算机将处理这些反射并生成一张地图。探地雷达被用于各种领域，包括考古、工程和军事活动。

处理后的图片

扭曲表示埋藏着物体

天线扫过地表，以扫描地下

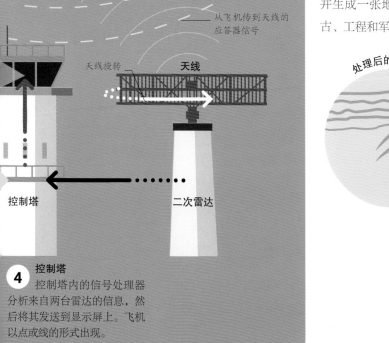

无线电波传播

无线电波被反射

埋藏的物体

测速摄像机

许多测速摄像机使用雷达（见第48～49页）来测量车辆的速度。它们向车辆发射无线电波，并利用反射回来的电波来计算车速。

对35项国际研究的回顾发现，测速摄像机将平均车速降低了15%。

多普勒效应

当无线电波"击中"正在靠近或远离发射器（如测速摄像机）的车辆时，车辆的运动会改变反射回来的无线电波的波长，这种现象被称为"多普勒效应"。同样的现象还出现在以下情况中：当紧急救援车辆靠近时，警笛的音调升高，而当紧急救援车辆远离时，音调降低。

声波被后退的车辆拉长，音调降低

声波聚集在车辆前方，音调升高

行驶的方向

测速摄像机的工作原理

测速摄像机发出无线电波，然后检测被行驶的车辆反射回来的无线电波。它利用发射的无线电波和反射的无线电波之间的差异（由多普勒效应引起），以确定车辆的速度。测速摄像机发射的非常短的无线电波被称为"微波"，它们的波长大约为1厘米，以光速传播。

1 发射
测速摄像机的雷达单元发射一束微波，这些微波在马路上呈扇形扩散开来。不到一微秒（百万分之一秒）后，微波就能到达过往车辆的后部。

2 反射
微波从车体上反射回来，就像光从镜子上反射回来一样。车辆的弯曲形状使反射回来的微波向四面八方传播。

测速摄像机发射的微波 ——

定点测速摄像机
测速摄像机发射的无线电波和车辆反射回来的无线电波之间的波长差越大，就说明车辆行驶的速度越快。

车辆的运动会拉长反射的无线电波的波长

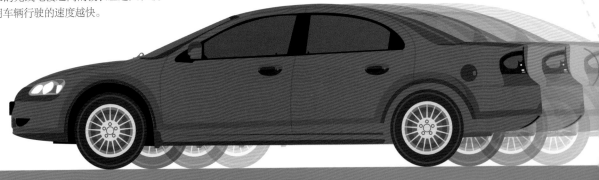

测速摄像机内部

测速摄像机包含雷达单元、数码照相机、电源、闪光装置和控制单元。测速摄像机通常指向车辆的后部，这样数码照相机的闪光灯就不会对司机造成视线干扰。

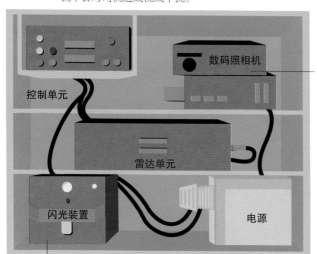

控制单元

数码照相机

数码照相机拍摄超速行驶的车辆

雷达单元

闪光装置

电源

闪光装置照亮车牌以便识别

激光雷达

一些手持速度探测器向车辆发射一系列激光脉冲，并测量反射脉冲的返回时间，以计算车辆的距离和速度。这项技术被称为"激光雷达"（Light Detection and Ranging，简称LiDAR）。

3 接收

雷达单元接收到反射回来的微波。如果它们的波长超过某一限值，就表明车辆的速度超过了时速限制。此时，测速摄像机内部的数码照相机就会被激活，拍摄超速车辆的照片。

测速摄像机

安装杆将测速摄像机固定在所需的高度和角度

反射的无线电波的波长较长

测速摄像机是什么时候发明的？

虽然开发测速摄像机的想法可以追溯到20世纪初，但第一台雷达测速摄像机是在第二次世界大战期间由美国制造的，它被应用于军事领域。

火车

火车为长途旅行提供了一种省时的运输解决方案。大多数现代火车由柴油发动机或外部电源提供动力。

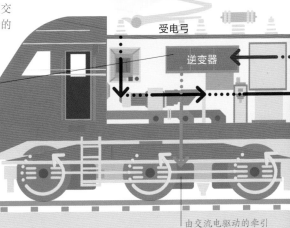

电流通过接触线流动

受电弓

滑板与接触线连接

上框架

下臂杆

位于机车顶部的弹性可升降臂称为"受电弓",它从上方的接触网上收集电流。

电力机车

电力机车由接触网或第三轨供电。由于电力机车不必携带自己的发电设备,比同等的柴油发动机车更轻,因此它们能够更快地加速。

谁建造了第一辆铁路机车?

1804年,英国工程师理查德·特里维希克建造了第一辆铁路机车。南威尔士的Penydarren冶铁厂用它来运输钢铁。

电流转换

许多现代电力机车将高压交流电转换成驱动火车车轮的电动机所需的低压交流电。

受电弓

逆变器

逆变器将直流电转换回交流电,但电压仍然较低

由交流电驱动的牵引电动机转动车轮

图例

→ 高压交流电　→ 低压直流电　→ 低压交流电　→ 燃料

电传动内燃机车

大多数现代电传动内燃机车在机车内安装柴油发电装置。柴油发动机并非直接给车轮提供动力,而是驱动交流发电机(见第16~17页)发电,从而控制列车的电气系统和牵引电动机。这类列车不需要外部电源,通常被用于电气化经济效益比较低的非电气化铁路线。

发动机动力

柴油发动机驱动的交流发电机产生的交流电被整流器转换成直流电。逆变器再将其转换回交流电,为电动机供电。

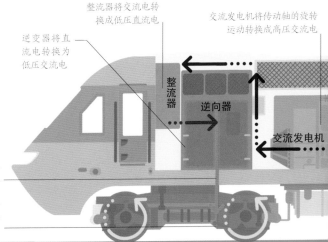

整流器将交流电转换成低压直流电

交流发电机将传动轴的旋转运动转换成高压交流电

逆变器将直流电转换为低压交流电

整流器

逆向器

交流发电机

低压交流电源牵引电动机

牵引电动机利用交流发电机产生的电流为列车提供动力

真空管道磁悬浮列车

　　真空管道磁悬浮列车是一种尚处于试验阶段的火车，行驶得比飞机快数倍，但耗能比飞机低得多。磁悬浮列车的乘客舱在一个接近真空的管道内行驶，管道内的空气被移除以减少活塞效应（列车前方空气的积聚），并减少摩擦，以使乘客舱行驶得更快。列车下方和轨道上的电磁铁相互排斥或吸引，以产生升力和推力。

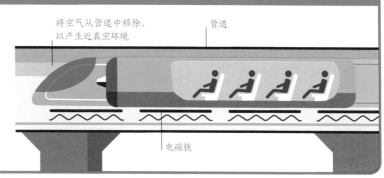

将空气从管道中移除，以产生近真空环境

管道

电磁铁

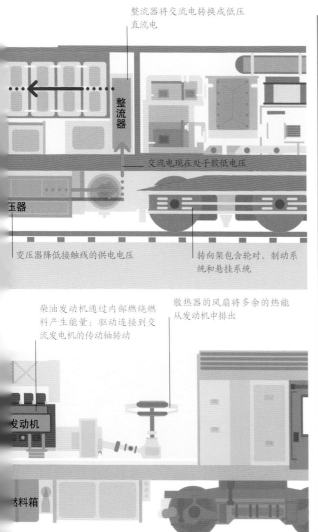

整流器将交流电转换成低压直流电

整流器

交流电现在处于较低电压

玉器

变压器降低接触线的供电电压

转向架包含轮对、制动系统和悬挂系统

柴油发动机通过内部燃烧燃料产生能量；驱动连接到交流发电机的传动轴转动

散热器的风扇将多余的热能从发动机中排出

发动机

料箱

转向架和车轮

　　火车的每一部分都由被称为"转向架"的框架系统支撑，转向架上安装着轮对（轮轴和车轮）。转向架可以沿着轨道的弯道转弯。在钢轨上运行的车轮一般由实心钢制成，能最大限度地减少滚动摩擦。为将转向架固定在轨道上，火车每个车轮的一侧都有突出的轮辋（也被称为"轮缘"）。

平稳行驶

转向架有内置的悬挂系统，它使用螺旋弹簧、减震器和安全气囊来吸收由轨道不平顺引起的颠簸和震动。车轮与铁轨保持接触，而上面的机车和车厢则平稳地向前移动。

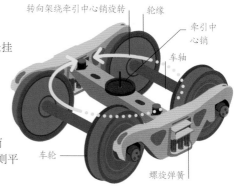

转向架绕牵引中心销旋转

轮缘

牵引中心销

车轴

车轮

螺旋弹簧

轮对

转向架

客车厢

牵引中心销

转弯

带有轮对的长火车沿着钢轨行驶，具有固有的刚性。为了让火车能够沿着弯道行驶，一些现代转向架有内置的自动导向装置。该装置带有一个转向梁和铰接在牵引中心销上的操纵杆，从而使轮对能够转动。

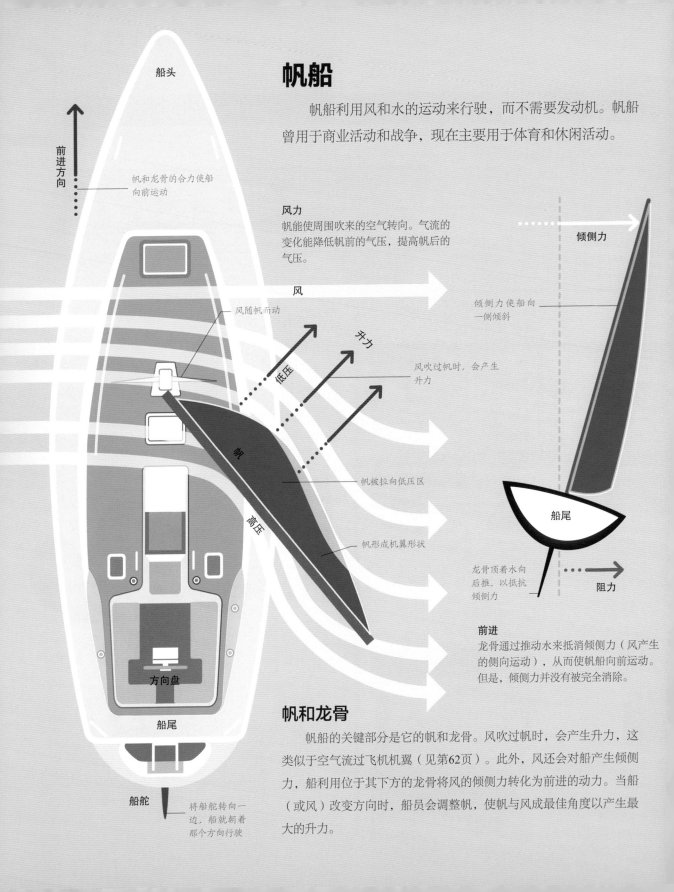

船头

前进方向

帆和龙骨的合力使船
向前运动

帆船

帆船利用风和水的运动来行驶，而不需要发动机。帆船
曾用于商业活动和战争，现在主要用于体育和休闲活动。

风力

帆能使周围吹来的空气转向。气流的
变化能降低帆前的气压，提高帆后的
气压。

风

风随帆而动

升力

低压

风吹过帆时，会产生
升力

帆

高压

帆被拉向低压区

帆形成机翼形状

倾侧力

倾侧力使船向
一侧倾斜

船尾

龙骨顶着水向
后推，以抵抗
倾侧力

阻力

前进

龙骨通过推动水来抵消倾侧力（风产生
的侧向运动），从而使帆船向前运动。
但是，倾侧力并没有被完全消除。

方向盘

船尾

帆和龙骨

帆船的关键部分是它的帆和龙骨。风吹过帆时，会产生升力，这
类似于空气流过飞机机翼（见第62页）。此外，风还会对船产生倾侧
力，船利用位于其下方的龙骨将风的倾侧力转化为前进的动力。当船
（或风）改变方向时，船员会调整帆，使帆与风成最佳角度以产生最
大的升力。

船舵

将船舵转向一
边，船就朝着
那个方向行驶

浮力和稳定性

　　船的力量由一个向上的力来平衡，这个力被称为"浮力"。只要船的密度等于或小于水的密度，浮力就足以使船漂浮在水面上。要想让船在水中直立漂浮，船的重心必须在浮力中心的正上方。当一艘船倾斜时，它的重心保持不变，但它的浮力中心向倾斜的方向移动。这两个中心必须重新对齐，才能使船恢复直立。

船内存在的空气降低了船只整体的密度

重力

重力

10吨

浮力

物体的密度等于其质量除以体积。右图中船和钢块的重量是一样的，但由于钢块的密度比水大，因此钢块会沉入水底；而船的密度比水小，因此它会漂浮于水面上。

钢块和船一样重，但钢块体积较小

10吨

浮力

浮力中心是船只在水下部分的中心

重心固定

深而重的龙骨用来降低重心，增加稳定性

浮力

哪艘帆船行驶最快？

维斯塔斯风力系统公司的风帆火箭2号以121.1千米/时的速度保持着帆船航行的世界纪录。

40天**23**小时**30**分钟
——创纪录的环球航行时间。

船体类型

　　船体是一艘船的主体。帆船可以有一个船体（单体船）或多个船体（多体船）。多体船通常用于比赛，因为它们不需要沉重的龙骨来保持稳定，比单体船轻。最常见的多体船是双体船和三体船。双体船有两个船体，三体船有三个船体。

单体船
单体船的甲板下有一个宽敞的单体船体。

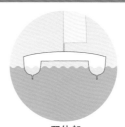

双体船
双体船比单体船更宽，因此更稳定。

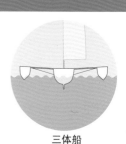

三体船
三体船有一个主船体和两个小的辅助船体。

螺旋桨

　　机动船通常由一个或多个螺旋桨转动来推动其在水中运动。当螺旋桨旋转时，它倾斜的叶片迫使水向后运动，随后水会回推叶片，产生推动机动船前进的推力。此时，涌入的水会填满移动的叶片后面形成的空间。这会在叶片的两侧产生压力差，即叶片前面压力低，后面压力高，从而使叶片的前表面被前拉。螺旋桨也称为"螺丝钉"，因为它们在水中像螺丝钉一样运动。

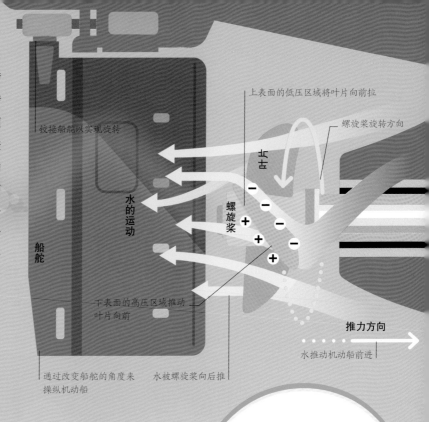

较接船舵以实现旋转

上表面的低压区域将叶片向前拉

螺旋桨旋转方向

士古

水的运动

螺旋桨

船舵

下表面的高压区域推动叶片向前

通过改变船舵的角度来操纵机动船

水被螺旋桨向后推

推力方向

水推动机动船前进

机动船

　　发动机提供的动力使机动船摆脱了风和帆的限制。它还能使机动船产生电力和液压动力来运转其他设备。

发动机

　　可以采用多种不同的方式为机动船提供动力。许多机动船使用柴油发动机（见第42~43页）来转动与螺旋桨相连的轴。包括远洋客轮在内的其他机动船采用汽轮机驱动。军舰通常使用类似于喷气式发动机的燃气涡轮发动机（见第60~61页），少数大型军舰采用核动力推进。在较小的机动船上，发动机通常被安装在船的外部，而较大的机动船通常有船内发动机。

（见第42~43页）（见第60~61页）

最快的摩托艇是什么？

1978年，澳大利亚摩托艇赛车手肯·沃比在他的喷气式摩托艇上创造了511千米/时的摩托艇行驶世界纪录。

稳定性

机动船的船内发动机可以用来驱动一个及以上的螺旋桨，以及帮助转向的船舶推进器（见下页）。发动机和重型设备被安装在船体较低的位置，以提高船的稳定性。

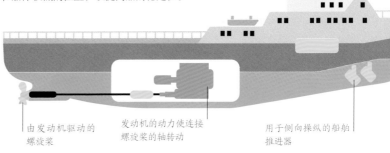

由发动机驱动的螺旋桨

发动机的动力使连接螺旋桨的轴转动

用于侧向操纵的船舶推进器

19世纪30年代成功研制出了第一批船用螺旋桨。

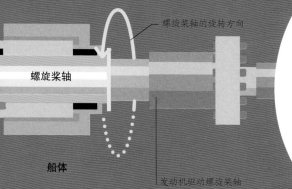

螺旋桨轴的旋转方向

螺旋桨轴

船体

发动机驱动螺旋桨轴

船舶推进器

一些较大船舶的船头或船尾安装有被称为"推进器"的螺旋桨，用于产生侧向推力。它们能使船舶在没有拖船帮助的情况下在狭小的空间内航行。

当螺旋桨朝一个方向旋转时，假设水被推向左舷（左），则船头移向右舷（右）

当螺旋桨反向旋转时，水被推向右舷，船头移向左舷

螺旋桨推动水的方向

船头

螺旋桨

发动机

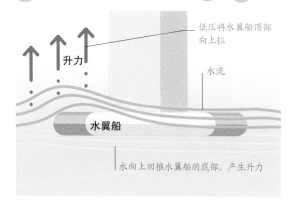

低压将水翼船顶部向上拉

升力

水流

水翼船

水向上回推水翼船的底部，产生升力

水翼船

水对船体的挤压会产生阻力。发动机必须做更多功来克服这种阻力，故而船会减速。水翼船通过使用水下机翼来减小阻力，水下机翼的工作原理与飞机机翼（见第62页）相同，可以将整个船体提离水面。由于水的密度比空气的大，与飞机的机翼相比，水翼船可以在较低的速度下产生更大的升力。

水翼船的类型

露出水面的水翼割划着水面，而完全浸没的水翼则停留在水下。

割划式水翼船

全浸式水翼船

吊舱推进器

如今，大型船舶通常由被称为"方位推进器"的装置推进和操纵，其包含一个转动螺旋桨的电动机。整个吊舱可以旋转，能提供任意方向的推力。

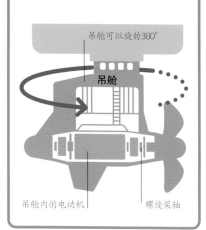

吊舱可以旋转360°

吊舱

吊舱内的电动机

螺旋桨轴

潜艇

潜艇是一种能在水下运行的舰艇，通常用于军事。压载舱能使潜艇下沉或漂浮。潜艇通常由反应堆或柴油发动机驱动，它包含高科技导航系统和通信系统，一次可以隐藏数月。

在水中移动

当潜艇在强大的发动机的推动下穿过海洋时，船员通过三种类型的潜艇表面控制系统，即船艏水平舵、艉部稳定翼和船舵，来操纵潜艇。倾斜船艏水平舵能使潜艇在水中升得更高或潜得更深。调整艉部稳定翼可以使潜艇保持水平。船舵用于引导潜艇向左舷（左）或右舷（右）航行。

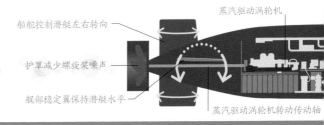

船舵控制潜艇左右转向
蒸汽驱动涡轮机
护罩减少螺旋桨噪声
艉部稳定翼保持潜艇水平
蒸汽驱动涡轮机转动传动轴

① 漂浮

当潜艇的压载舱中充满空气时，它漂浮在水面上。所有压载舱的阀门都是关闭的，以防止水涌入。

后压载舱　前压载舱

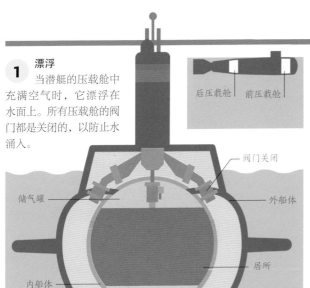

阀门关闭
储气罐
外船体
居所
内船体
充满空气的压载舱
阀门关闭

② 下潜

潜艇通过打开压载舱阀门让海水涌入舱内实现下潜。由于比同样体积的水更重，因此潜艇会下潜，涌入的水越多，潜艇下潜得越深。

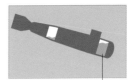

为降低船艏，船员必须先灌满前压载舱

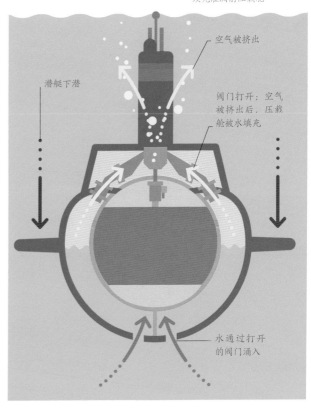

潜艇下潜
空气被挤出
阀门打开；空气被挤出后，压载舱被水填充
水通过打开的阀门涌入

潜艇如何下潜和上升

潜艇之所以能够潜到很深的地方，然后再回到水面上，是因为它们可以改变自身相对于周围水的密度。如果潜艇的密度大于周围水的密度，它就会下潜。降低潜艇的密度会使浮力增大，因此它会浮向水面。船员通过向位于内外船体之间的压载舱注入海水或填充压缩空气来改变潜艇的密度。

海军潜艇

为了避免被发现，海军潜艇中的机械设备与船体分离，以防止振动传入水中。潜艇的螺旋桨通常被罩在护罩中，以减少产生的噪声。

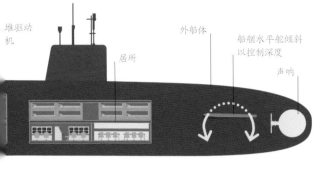

堆驱动机

外船体

船艉水平舵倾斜以控制深度

居所

声呐

3 升到水面

上升时，压缩空气被泵入压载舱，水逐渐被排出。储气罐中的空气会在潜艇升到水面后再次得到补充。

为升起船艇，船员必须先向前压载舱泵入空气

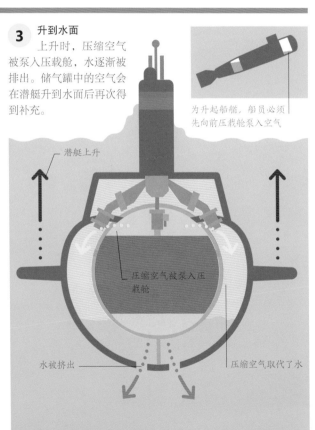

潜艇上升

压缩空气被泵入压载舱

水被挤出

压缩空气取代了水

第一艘潜艇是由科内利斯·德雷贝尔于1620年建造的。

潜水器

　　潜水器是比潜艇小的、有人或无人驾驶的潜水船。潜艇可以独立运作，而潜水器只能由船只运送到潜水点。为了能在极深的地方承受巨大的水压，潜水器有一个非常坚固的球形舱室以供船员使用。潜水器使用电动推进器来操纵。

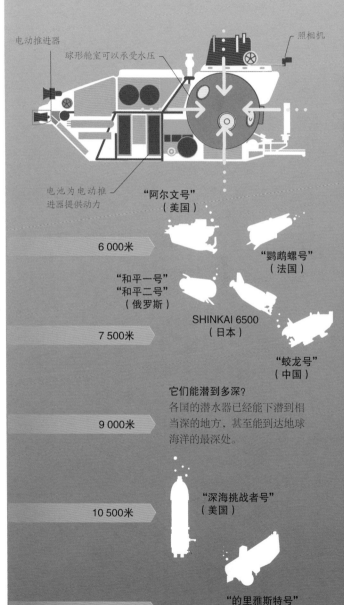

电动推进器

球形舱室可以承受水压

照相机

电池为电动推进器提供动力

"阿尔文号"（美国）

6 000米

"鹦鹉螺号"（法国）

"和平一号"
"和平二号"
（俄罗斯）

SHINKAI 6500
（日本）

7 500米

"蛟龙号"（中国）

它们能潜到多深？
各国的潜水器已经能下潜到相当深的地方，甚至能到达地球海洋的最深处。

9 000米

"深海挑战者号"（美国）

10 500米

"的里雅斯特号"（意大利）

12 000米

喷气发动机和火箭

喷气发动机和火箭都是利用推力向前或向上推动的反作用式发动机。气体在一个方向上的快速排出会产生相反方向的推力。

飞机发动机

喷气式飞机比由螺旋桨驱动的飞机更快、更省油，它的出现彻底改变了航空业。大多数现代客机和军用战斗机都是喷气式的，虽然有不同的类型，但所有喷气发动机的工作原理都相同。它们吸入空气，被添加燃料，然后燃烧混合物，由此产生的爆炸性气体会产生推力。

涡轮风扇发动机

客机最常使用的喷气发动机为涡轮风扇发动机。该发动机因其前部的大风扇得名。在这种类型的发动机中，推力的主要来源是绕过中央核心的空气。

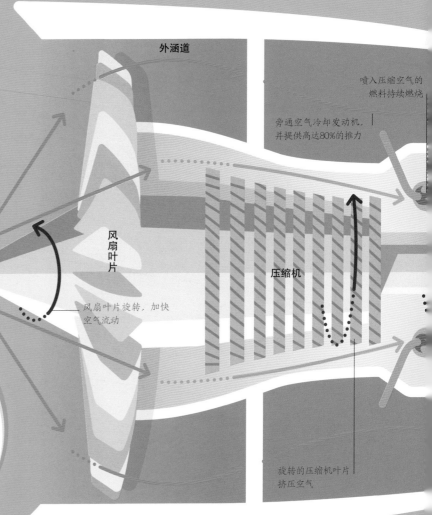

外涵道

喷入压缩空气的燃料持续燃烧

旁通空气冷却发动机，并提供高达80%的推力

风扇叶片

压缩机

冷空气

冷空气被吸入发动机前面

风扇叶片旋转，加快空气流动

旋转的压缩机叶片挤压空气

喷气式飞机能飞多快？

"黑鸟"（SR-71）保持着喷气式飞机最快飞行速度纪录——1976年，它创下了3 529.56千米/时的飞行速度纪录。

1 吸入空气
发动机前部的风扇叶片吸入冷空气。大部分冷空气通过外涵道被输送到发动机后部，其余的进入发动机中心位置。

2 压缩机
冷空气进入压缩机，压缩机由一系列风扇叶片组成。压缩机能压缩空气，极大地提高空气的温度和压强。

3 燃烧室
一股稳定的压缩空气流进入燃烧室。在这里，燃料通过喷管喷入，燃料和压缩空气的混合物在非常高的温度下燃烧。

声障

飞行速度超过声速的飞机会极大地压缩前方的空气，从而形成高压冲击波。冲击波扩散开来，产生巨大的声爆。

冲击波扩散开来

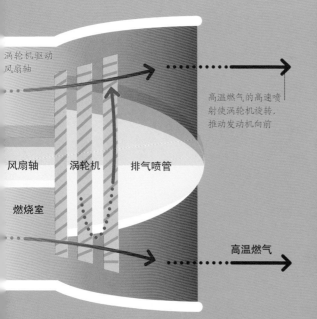

4 涡轮机
炽热的燃气爆炸式膨胀，冲出发动机，带动涡轮机的叶片旋转，为风扇和压缩机提供动力。

涡轮机驱动风扇轴

高温燃气的高速喷射使涡轮机旋转，推动发动机向前

风扇轴　涡轮机　排气喷管

燃烧室

高温燃气

5 排气喷管
高温燃气从发动机后部喷射出来，与旁道的冷空气一起产生反推发动机前进的推力。

协和式超音速客机能在2小时52分钟内从纽约飞到伦敦。

火箭发动机

与喷气发动机使用大气中的氧气来燃烧燃料不同，火箭需要自己携带氧气，这意味着它们可以在太空中工作。火箭发动机所需的氧气供应或氧化剂可以采用纯液氧或富氧化合物的形式储存。

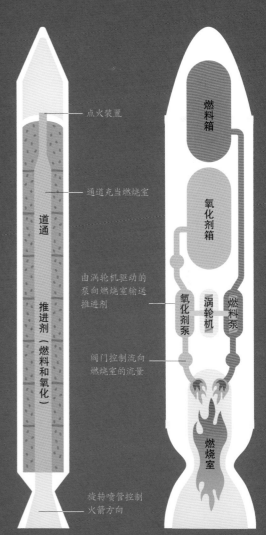

点火装置

通道充当燃烧室

通道

推进剂（燃料和氧化）

由涡轮机驱动的泵向燃烧室输送推进剂

燃料箱

氧化剂箱

氧化剂泵　涡轮机　燃料泵

阀门控制流向燃烧室的流量

燃烧室

旋转喷管控制火箭方向

固体火箭
燃料和氧化剂以固体形式混合在一起，并且形成一个中空圆柱体。当点火装置点火时，燃料沿着通道燃烧，直到燃料用完。

液体火箭
燃料和氧化剂以液体形式储存。与固体火箭不同，液体火箭可以重启，还可以通过改变燃料和氧化剂的流量来进行节流。

飞机

飞机有各种各样的形状和尺寸，但它们的飞行原理相同——发动机或螺旋桨产生的动力推动飞机向前，而机翼则为飞机提供升力。

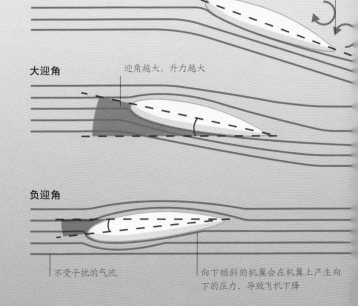

升力

升力超过重量

机翼上表面气压较低

受机翼影响，气流向下偏转

机翼

发动机产生的推力推动飞机向前

机翼的重量向下作用

下表面气压较高，有助于上升

重力

飞机是如何飞行的

当一架飞机被它的发动机推动着向前时（见第60～61页），它的机翼会划过空气。机翼的形状被称为"翼型"，它使空气向下偏转。当机翼向下推动空气时，根据艾萨克·牛顿的第三运动定律，空气会产生向上的反作用力，即升力——机翼上表面的气压下降，下表面的气压升高，从而产生升力。

迎角

机翼和迎面而来的空气之间的夹角被称为"迎角"。增大迎角可以产生更大的升力。然而，如果角度过大，气流会从机翼上分离，从而使飞机失去升力或者失速。

图例	
···▸	气流
━▸	气压
━▸	压力

失速

空气无序流动，飞机失速

大迎角

迎角越大，升力越大

负迎角

不受干扰的气流

向下倾斜的机翼会在机翼上产生向下的压力，导致飞机下降

空中客车A380是世界上最大的客机，有400万个零件。

控制一架飞机

飞机由被称为"操纵面"的移动面板来操纵。操纵面包括升降舵、副翼、方向舵等主操纵面，前缘缝翼、襟翼等辅助操纵面，以及鸭翼等特殊操纵面。当飞行员移动驾驶舱内的飞行控制器时，操纵面就会移动，以控制飞机周围的气流。气流会使飞机俯仰、滚转和转向。

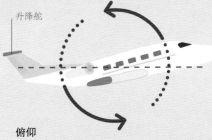

升降舵

俯仰

上下倾斜机尾水平稳定器中的升降舵。向上倾斜时，升降舵会将机尾向下推，飞机向上爬升；向下倾斜时，飞机向下俯冲。

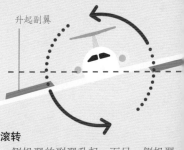

升起副翼

滚转

一侧机翼的副翼升起，而另一侧机翼的副翼下降，从而使飞机滚转。

气压

地面上的气压是由上方大气的重量下压造成的。在地面上，飞机内外的气压是一样的。当飞机爬升到巡航高度时，它外部的气压会下降。机舱内的气压通过一个特定系统保持在较高的水平，该系统能将空气从发动机泵入机舱，以保证机舱内有足够的氧气供人们呼吸。

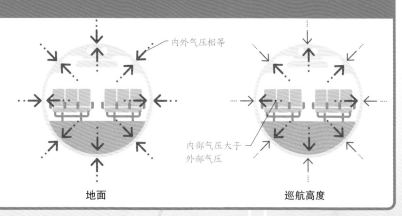

内外气压相等

内部气压大于外部气压

地面　　　　巡航高度

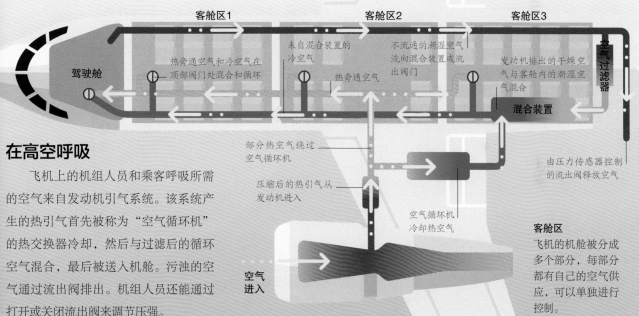

客舱区1　　　客舱区2　　　客舱区3

驾驶舱

热旁通空气和冷空气在顶部阀门处混合和循环

来自混合装置的冷空气

不流通的潮湿空气流向混合装置或流出阀门

发动机排出的干燥空气与客舱内的潮湿空气混合

空气过滤器

热旁通空气

混合装置

部分热空气绕过空气循环机

压缩后的热引气从发动机进入

由压力传感器控制的流出阀释放空气

空气循环机冷却热空气

空气进入

在高空呼吸

飞机上的机组人员和乘客呼吸所需的空气来自发动机引气系统。该系统产生的热引气首先被称为"空气循环机"的热交换器冷却，然后与过滤后的循环空气混合，最后被送入机舱。污浊的空气通过流出阀排出。机组人员还能通过打开或关闭流出阀来调节压强。

客舱区
飞机的机舱被分成多个部分，每部分都有自己的空气供应，可以单独进行控制。

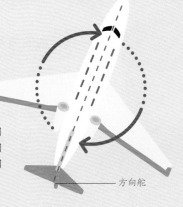

转向
将与垂直尾翼后缘铰接的方向舵旋转到一侧，会将尾翼推向相反的方向，使飞机的机头向左或向右转动。

方向舵

最长的定期航班是哪一条？

从新加坡直飞美国纽约，全程15 341千米，耗时17小时25分钟。

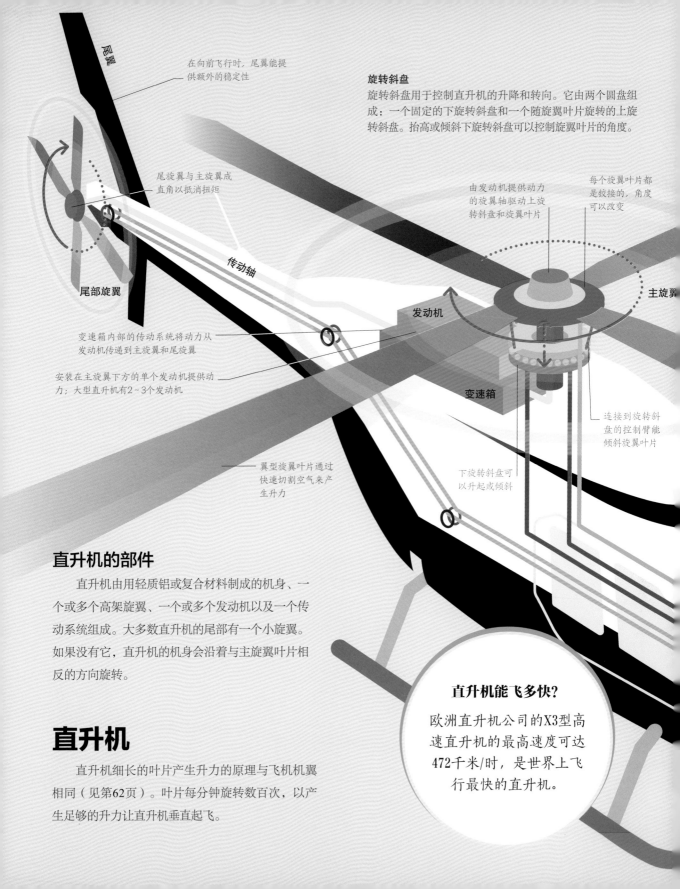

尾翼

在向前飞行时，尾翼能提
供额外的稳定性

旋转斜盘

旋转斜盘用于控制直升机的升降和转向。它由两个圆盘组
成：一个固定的下旋转斜盘和一个随旋翼叶片旋转的上旋
转斜盘。抬高或倾斜下旋转斜盘可以控制旋翼叶片的角度。

尾旋翼与主旋翼成
直角以抵消扭矩

由发动机提供动力
的旋翼轴驱动上旋
转斜盘和旋翼叶片

每个旋翼叶片都
是铰接的，角度
可以改变

尾部旋翼

传动轴

主旋翼

发动机

变速箱内部的传动系统将动力从
发动机传递到主旋翼和尾旋翼

安装在主旋翼下方的单个发动机提供动
力；大型直升机有2~3个发动机

变速箱

连接到旋转斜
盘的控制臂能
倾斜旋翼叶片

翼型旋翼叶片通过
快速切割空气来产
生升力

下旋转斜盘可
以升起或倾斜

直升机的部件

直升机由用轻质铝或复合材料制成的机身、一
个或多个高架旋翼、一个或多个发动机以及一个传
动系统组成。大多数直升机的尾部有一个小旋翼。
如果没有它，直升机的机身会沿着与主旋翼叶片相
反的方向旋转。

直升机

直升机细长的叶片产生升力的原理与飞机机翼
相同（见第62页）。叶片每分钟旋转数百次，以产
生足够的升力让直升机垂直起飞。

直升机能飞多快？

欧洲直升机公司的X3型高
速直升机的最高速度可达
472千米/时，是世界上飞
行最快的直升机。

总距控制和周期变距控制

飞行员通过控制总距和周期变距来产生升力和改变飞行方向。飞行员可以采用抬起总距操纵杆或降低旋转斜盘，以及改变所有旋翼叶片的倾斜角度或螺距的方式来增大或减小升力。为了改变方向，飞行员可以使用周期变距杆倾斜旋转斜盘，根据旋翼叶片是在旋翼轴的前面还是后面，给叶片不同的螺距。

图例
- ···→ 升力
- ——→ 重力

起飞
起飞时，飞行员提高发动机转速，并抬起总距操纵杆以产生更多升力。

升力大于重力

旋翼叶片倾斜相同的角度

升起旋转斜盘

悬停
当直升机悬停时，其旋翼叶片产生的升力刚好与直升机的重量相等。

升力和重量是平衡的

旋翼叶片都具有相同的螺距

向前飞行
为了向前飞行，飞行员向前推动周期变距操纵杆，这使旋翼在后面向上倾斜。

旋翼叶片的螺距不相等

旋翼后部升力增大，导致直升机向前倾斜

旋转斜盘通过控制周期变距倾斜

周期变距操纵杆允许飞行员倾斜旋转斜盘，从而增加主旋翼一侧的升力

抬起总距操纵杆或降低旋转斜盘，使所有旋翼叶片的倾斜角度相等

踏板可以改变尾部旋翼的角度，以控制直升机转弯

> 1480年，列奥纳多·达·芬奇提出了飞机可以垂直起飞的想法。

串联旋翼叶片

一些直升机不使用尾部旋翼，而使用两个反向旋转的高架旋翼来抵消扭矩。直升机通过将前旋翼向一个方向倾斜、将后旋翼向相反方向倾斜来改变方向。

旋翼是同步的，以防止它们碰撞

顺时针方向旋转　　逆时针方向旋转

无人机

　　无人机是一种飞行机器人。无人机通常用于娱乐，但它们在商业、军事领域也具有重要用途。

什么是无人机

　　无人机是一种无人驾驶飞行器（UAV）。大多数无人机是通过遥控实现飞行的，但有些可以通过编程实现自动操作。为了减轻重量，无人机由轻质材料制成，如塑料、复合材料和铝。由于无人机经常被用于拍摄，所以许多无人机携带数码照相机。

无人机是如何飞行的

　　无人机由依靠电动机驱动的旋翼推进。它们的运动方式类似于直升机（见第64～65页），但通常有数个螺旋桨来产生升力和推力。有4个螺旋桨的四轴飞行器是最常见的。

顺时针旋转的螺旋桨旋转得更快

每个螺旋桨以相等的速度旋转

悬停
四轴飞行器有两个顺时针旋转的螺旋桨和两个逆时针旋转的螺旋桨。这平衡了它们的扭矩（转动力）。悬停时，4个螺旋桨都以相同的速度旋转。

向左转
为了让无人机向左转弯（偏航），顺时针旋转的螺旋桨旋转得更快。为了向右转，逆时针旋转的螺旋桨需要更多的动力。

2014年，一架无人机拍摄到了自己在半空中被一只老鹰抓住的场景。

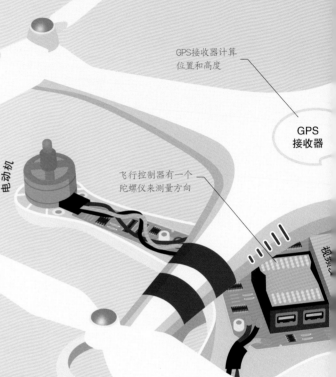

GPS接收器计算位置和高度

GPS接收器

电动机

飞行控制器有一个陀螺仪来测量方向

数码照相机

速度控制器决定每个螺旋桨旋转的速度和方向

数码照相机拍摄静态照片或视频

四轴飞行器
四轴飞行器通常配有全球定位系统（GPS）、飞行控制器、速度控制器和发射器/接收器系统，以接收命令和发回数据。

由锂离子电池供能的电动机驱动螺旋桨

4个螺旋桨成对工作，用于上升、推进和转向

视频发射器向操作员发送高清（HD）图像

螺旋桨

起落架

起落架在起飞后缩回，在着陆时放下

第一批无人机是什么时候飞行的？

第一批无人机是第一次世界大战期间作为定时飞行炸弹制造的无人机。

飞行受力

无人机实现了4种飞行受力的平衡（见第38页）。升力和推力由螺旋桨产生，分别克服重力和阻力，产生垂直和水平运动。

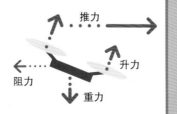

推力

升力

阻力

重力

无人机的用途

无人机几乎可以在任何地方起飞和降落，也可以定点悬停，这使其具有广泛的用途，包括监视、航空摄影、科学研究、地图制作和拍摄。广播公司使用无人机拍摄鸟瞰图；农民用它们来评估作物的健康状况（见第220页）；考古学家使用无人机来监控、绘制地图和保护遗址；野生动物保护组织用它们来帮助保护动物免受偷猎者的侵害。

考察
无人机可以更快地拍摄航空照片，以方便绘制站点地图。

军事用途
可远距离飞行的无人机用于监视、情报收集和执行攻击任务，而无须让飞行员冒风险。

救灾
当陆路运输不可行时，医疗设备和药品可以由无人机运送。

搜救
一些无人机被用于搜救任务。它们可以将设备运送到救援人员无法到达的地方。

快递
快递公司开始使用无人机递送重达2千克的包裹。

水下勘探
大多数无人机是飞行器，但无人机同样包括出于研究目的的无人水下航行器。

哪个空间探测器离地球最远？

1977年发射的"旅行者1号"探测器是目前距离地球最远的空间探测器，截至2019年10月23日，它已处于离太阳211亿千米的地方。

低增益无线电天线充当高增益无线电天线的备用天线

摄像机

空间探测器

空间探测器由数个系统组成，其中包括推进和通信系统。这些系统建造在坚固、轻质的框架上。

有的空间探测器由核动力驱动；有的空间探测器使用太阳能电池板发电

高增益无线电天线发送和接收来自地球的无线电波

磁强计测量磁场

隔热层可以抵御太空中的极端温度

火箭发动机

探索太空

空间探测器的主要任务是将科学仪器运送到太空的偏远地区。空间探测器的摄像机可以拍摄照片，它的仪器可以记录各种测量数据，包括磁场强度、辐射和浮尘水平及温度。太空空间探测器获得的数据通过无线电波传回地球（见第180~181页）。

空间探测器

空间探测器是人类研制的用于对远方天体和空间进行探测的无人航天器。空间探测器载有科学探测仪器，由运载火箭送入太空，可飞近月球或行星进行近距离观测或作为人造卫星进行长期观测，亦可着陆进行实地考察或采集样品进行研究分析。

空间探测器的类型

空间探测器有多种类型。近天体探测器飞经行星或其他天体附近，并在一定距离处研究它们；轨道飞行器则围绕这些天体运行。有些探测器会将微型探测器送入天体的大气层；有的则会派着陆器在天体表面着陆；还有的会携带漫游车，漫游车可以在天体表面移动。

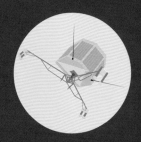

着陆器
着陆器旨在从空间探测器降落并到达行星或其他天体的表面。它保持静止，并将信息传回地球。

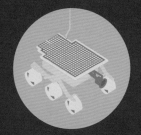

漫游车
与着陆器不同，漫游车是为了在行星或其他天体的表面行驶而建造的。它们可以是全自动的，也可以是半自动的。

近天体探测器
近天体探测器飞经行星或其他天体并收集数据。它们离这些天体足够远，不会被天体的引力捕获。

热电偶将热能转化为电能

放射性热源

绝缘层

散热片

放射性同位素热电发电机

一些核动力空间探测器通过塞贝克效应发电。来自放射性热源（如钚）的热能在两个掺杂半导体的连接处直接转化为电能（见第160页）。

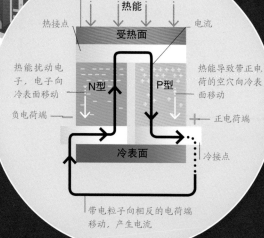

当放射性热源衰变时，它产生热能

热能

热接点 电流

受热面

热能扰动电子，电子向冷表面移动

N型 **P型**

热能导致带正电荷的空穴向冷表面移动

负电荷端 正电荷端

冷表面

冷接点

带电粒子向相反的电荷端移动，产生电流

1962年，"水手2号"成为第一个成功飞越另一颗行星的空间探测器。

航天器推进系统

化学火箭
燃烧化学推进剂的火箭（见第61页）提供发射空间探测器、校正方向和改变轨道所需的巨大推力。点燃气体推进器是为了实现更小的位置改变。

离子推进器
离子推进器利用电能加速少量带电粒子（称为"离子"），使其进入空间，产生推力。离子推进器需要燃料来发电。

光子帆
光子帆，又名"太阳帆"，它不需要燃料。它利用作用在巨大镜面帆上的阳光的辐射压来推动航天器。阳光中的光子从帆上反弹回来，将帆推向相反的方向。

着陆器

着陆器使用各种方法在行星或其他天体上着陆。通常情况下，降落伞、制动火箭和充气袋都能减慢着陆器在大气中的下降速度。

1 进入大气
进入大气层后，小的引导伞首先打开，接着主降落伞打开，以减慢着陆器的下降速度。

2 雷达
雷达测高计测量着陆器的高度，并触发随后的事件。

3 着陆器安全气囊充气
隔热罩脱落，着陆器周围的大型安全气囊充气。

切断缆绳

4 着陆
制动火箭点火，连接着陆器的缆绳被切断，着陆器降落到天体表面。

着陆器反弹

5 星体表面
着陆器着陆后在天体表面反弹。当它停下来时，安全气囊放气，着陆器会自行直立起来。着陆器从进入大气层到着陆只需要几分钟。

3 材料和加工工艺

金属

几千年来，无论以纯元素的形式，还是与其他元素结合成合金的形式，我们一直在使用金属。从珠宝、餐具到桥梁和宇宙飞船，我们使用金属来制造各式各样有用的物品。

金属的特性

金属往往具有强度高、延展性好、熔点高等特点，它的导热性和导电性也很好。然而，纯金属一般太软或太脆，不能被直接使用。人们通常将金属与其他元素结合成合金，来改善纯金属的性能。日常使用的金属大多是合金形式的，钢是最常见的合金之一。

有光泽
金属表面有许多电子，这些电子可以吸收光并将其反射出去，还使得金属表面看起来闪亮、有光泽。

良好的导热性
金属中的电子可以自由移动，所以当获得热能时，它们可以迅速传递热能。

高强度
金属中的原子按规则排列，并紧密地结合在一起，因此金属的强度很高。

良好的导电性
因为金属中的电子可以携带电荷并自由移动，所以电流很容易流过金属。

高熔点
金属中原子之间的强键连接意味着释放原子并使金属熔化需要大量的热能。

延展性好
金属的分子结构允许原子层滑动，从而使金属具有良好的延展性，易于成型。

炼钢

碱性钢是铁和少量碳的合金（如果碳含量超过2%，这种合金就被称为"铸铁"）。炼钢主要有两种方法。第一种也是最主要的方法，是氧气转炉炼钢法。另一种方法是电弧炉炼钢法，以废钢为主要原料，通过添加合金，来生产质量更好、等级更高的钢。

铁

铁矿石

石灰石

焦炭

废钢

废气（一氧化碳和二氧化碳）

熔渣，主要为铁矿石中的杂质

高炉最热部分的温度可达1 650℃

热空气

熔渣

排出熔渣

熔融生铁

在高炉底部生成铁水

浇铸生铁

高炉

1 原料
炼铁的原料有铁矿石（氧化铁加杂质）、石灰石（碳酸钙）和焦炭（碳）。钢是用高炉里的铁生产的，有时还加入废钢，或者直接从废钢中提炼。

2 炼铁
在高炉中，焦炭与热空气反应产生一氧化碳，一氧化碳再与铁矿石反应产生生铁（含碳量高的铁）。石灰石去除了铁矿石中的大部分杂质。这些杂质在熔融的生铁上形成熔渣。

青铜
在5 000多年前，通过将铜和锡熔炼在一起，人们生产出了第一种人造合金，即青铜。青铜耐腐蚀，强度极高。

标准银
标准银是一种合金，由92.5%的银和7.5%的其他金属（如铜）组成。这些金属使标准银的硬度和强度比纯银更高。

焊锡
传统上，焊锡是锡和铅的合金，但现代焊锡通常由锡、铜和银组成，熔点通常在180℃至190℃之间。

铸铁
铸铁是铁和碳的合金，含碳量大于2%。铸铁易于铸造，具有良好的耐腐蚀性和优异的抗压强度。

黄铜
黄铜是铜和锌的合金，它的熔点相对较低（约900℃），这使得它很容易铸造。黄铜经久耐用，比青铜延展性更好，表面光亮如金。

不锈钢
不锈钢的成分各不相同，但通常由74%的铁、18%的铬和8%的镍组成。铬使不锈钢更耐腐蚀。

常见的合金

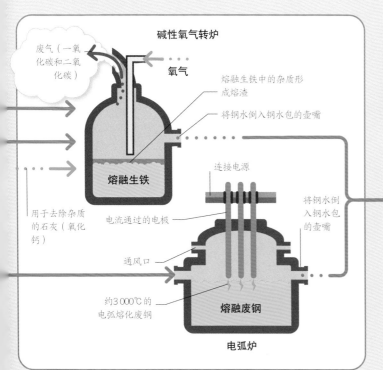

废气（一氧化碳和二氧化碳）

碱性氧气转炉

氧气

熔融生铁中的杂质形成熔渣

将钢水倒入钢水包的壶嘴

熔融生铁

用于去除杂质的石灰（氧化钙）

连接电源

电流通过的电极

通风口

约3 000℃的电弧熔化废钢

熔融废钢

电弧炉

将钢水倒入钢水包的壶嘴

钢水包

含钢水的钢水包

把钢水倒进模具里以形成钢锭

钢水

纯铁很软，一把锋利的刀就能切割开。

3 炼钢水
在碱性氧气转炉中，氧气被吹入生铁水中，从而降低了铁的碳含量，产生了钢。此外，还需添加石灰以去除杂质，这些杂质最后会形成熔渣层。有时也会加入废钢，废钢在电弧炉中很容易熔化。

4 铸造或轧制钢水
将钢水倒入钢水包，然后倒入模具中，或者通过轧辊来使其成型。这种碱性钢可以用来制造成品，也可以添加合金元素再加工，生产高级或特殊钢材。

金属加工

大多数金属被制成简单的锭、片或棒的形式，通常需要对其进行成型处理或与其他物品连接才能制成成品。金属也可能需要经过某些处理以使其性能得到改善，例如，使它们更容易成型或更耐腐蚀。

金属成型

金属的晶体结构在受热时就会分解，之后金属会变软，然后熔化，这样就很容易成型。当金属冷却时，它会再次变硬。利用这些转变来使金属成型的工艺称为"热加工"，包括铸造、挤压、锻造和轧制。金属也可以在不加热的情况下被加工，即所谓的"冷加工"。在这个过程中，金属的变化是通过机械应力而不是热引起的。

热加工方法

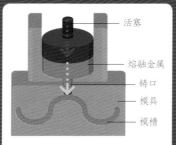

铸造
将熔融金属通过一个通道（称为"铸口"）倒进模具里。一旦金属冷却，就可以将其提取出来。铸造通常可产生复杂的三维形状。

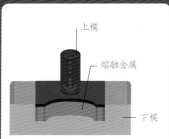

锻造
锻造用现代机械代替了铁匠的锤子和铁砧。熔融金属在两个成型的模具之间被压成所需的形状，一个模具是固定的，另一个是可移动的。

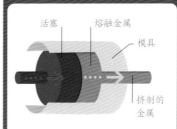

挤压
金属受热软化，然后被推入模具。挤压用于产生均匀的截面，通常是简单的形状，如棒状或管状。

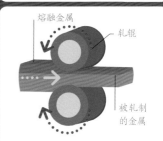

轧制
在这个过程中，熔融金属通过轧辊输送，以减小其厚度。轧制用于制造金属板材和其他结构部件。

金属接合

金属接合的主要方法是钎焊、熔焊和铆接。钎焊和熔焊依靠的原理是：金属在加热时会熔化，在冷却时会恢复硬化状态。钎焊形成了最弱的接合，因为它使用熔点较低的软金属作为"黏合剂"。在熔焊中，两种要接合的金属熔化并合在一起，形成非常牢固的接合。铆接也能形成很牢固的接合，对热胀冷缩有更高的耐受性。它也比熔焊便宜。然而，铆接不如熔焊美观，因此通常用于内部结构或工业结构。

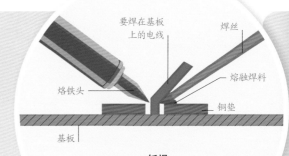

钎焊
钎焊通常用于电子设备的连接。软金属（焊料）熔化后流入两块金属之间的空隙，冷却后便会将两块金属连接在一起。

冷加工方法

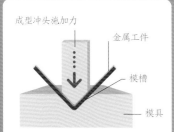

折弯成型

许多产品是用冷锻造的方法加工的，即施加压力迫使金属工件进入模槽，以获得所需的形状。

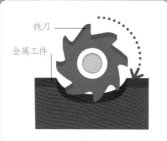

铣削

铣床通过使用铣刀铣削多余的部分来使金属工件成型。在这个过程中，机器会给钻头和金属喷上冷却剂。

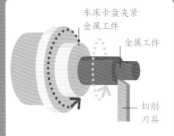

车削

金属工件在车床上旋转时通过固定的切削刀具切削成型。车削只能生产绕旋转轴对称的物体。

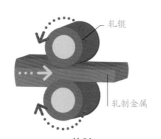

轧制

金属可通过轧辊成型。板材、带材、棒材和条材都是轧制成型的，这样可以获得表面光滑、尺寸精确的产品。

一些氧乙炔焊枪的火焰温度可达到

3 150℃。

金属处理

金属可以用不同的方法处理以适应它们的特性。一些常见的处理方法旨在降低金属的脆性，而另一些则主要为了防止生锈和腐蚀。

回火

把金属加热到特定的温度，然后让它逐渐冷却。该工艺降低了金属硬度，但增加了其韧性。

阳极氧化

将金属浸没在有电流通过的电解溶液中。这就会在金属表面形成一层金属氧化膜，可增加金属的耐腐蚀性。

镀锌

将金属浸没在熔化的锌液中，金属的表面会形成一层防止生锈的锌保护涂层。

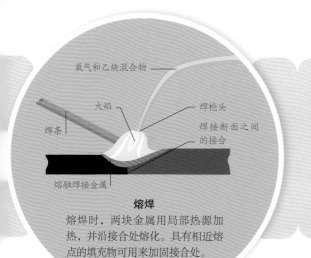

熔焊

熔焊时，两块金属用局部热源加热，并沿接合处熔化。具有相近熔点的填充物可用来加固接合处。

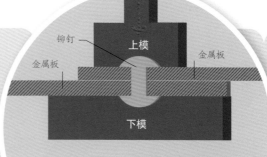

铆接

铆钉是一根金属轴，将其放置在预制孔中，然后铆钉的头部被两个模具机械地压成圆顶。在大型结构中，通常用螺栓代替铆钉。

混凝土

混凝土本质上是一种人造石，是最常用的建筑材料之一。它价格低廉，易于生产，且其性能非常适合建筑。混凝土很坚固（特别是在压缩状态下）、耐用、耐火、耐腐蚀、耐腐烂，不需要太多维护，而且几乎可以被模压或铸造成任何形状。

1 水泥原料
水泥是混凝土的两大关键成分之一。这是一种细小的粉状物质，由石灰石、沙子和黏土制成。

沙子

石灰石

黏土

窑炉

2 加热原料
在窑炉中加热原料，其温度大约为1 400℃~1 600℃。加热后，便会形成岩石般坚硬的物质，该物质被称为"熟料"。

磨粉机

熟料

3 水泥生产
熟料冷却，然后在磨粉机中被研磨，直到它变成细粉末，这种细粉末是干水泥。

混凝土的制造

混凝土是一种由黏合剂和填充物组成的复合材料。黏合剂是水泥和水混合而成的糊状物；填充物由骨料［坚硬的颗粒物质，如沙子、碎石、炼钢渣（见第72~73页）］或回收的玻璃构成。通常来说，混凝土由大约60%~75%的骨料、7%~15%的水泥、14%~21%的水和高达8%的空气组成。

叶片搅拌混合物

混合搅拌机

水

骨料

干水泥

液态混凝土

4 液态混凝土的生产
干水泥在混合搅拌机中与水混合成浆状。然后，往里加入沙子和碎石等骨料，来生产液态混凝土。这些填充物必须充分混合，以保证混凝土具有均匀的稠度。

液态混凝土被倒入模具中

混凝土在模具中固化，固化时释放热量

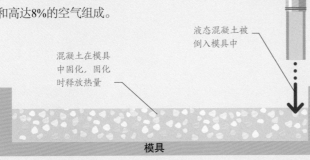

模具

5 混凝土成型
将液态混凝土倒入模具中，通过摇动去除里面的气泡，然后让其固化（硬化）。固化是水泥和水之间的化学反应，而不是干燥的过程。混凝土在固化过程中变得更加坚固。

混凝土板

板坯凝固成模具形状

加固混凝土

大型混凝土结构通常使用由钢筋网或钢筋加固的混凝土来增加混凝土的强度。在混凝土硬化过程中，可以通过加预应力——将钢筋置于张力之下的方法来使混凝土更加坚固。

无筋混凝土

混凝土的强度在受到压力时较强，但在受到张力时相对较弱。负荷过重会使混凝土弯曲开裂。

钢筋混凝土

在混凝土中放置一根钢筋，有助于防止它在重压下弯曲和开裂。

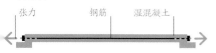

形成预应力混凝土

混凝土浇筑在受张力的钢筋周围。当混凝土凝固时，它会黏结在钢筋上。

硬化预应力混凝土

当混凝土凝固时，钢筋上的张力就会释放。钢筋挤压混凝土，使其更加坚固。

什么是混凝土"癌症"？

混凝土"癌症"指钢筋混凝土的污渍、开裂和最终断裂。这是因为锈蚀会使混凝土内部的钢筋膨胀，从内部破坏混凝土。

古罗马人用火山灰来制作混凝土。

大型混凝土结构

世界上许多大型建筑是用混凝土建造的。中国的三峡大坝由6 500多万吨混凝土建成，而马来西亚吉隆坡石油双塔也是规模较大的混凝土建筑。

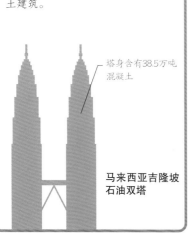

塔身含有38.5万吨混凝土

马来西亚吉隆坡石油双塔

混凝土的类型	
类型	**特征**
预制混凝土	与在现场浇筑和固化的标准混凝土不同，预制混凝土是在其他地方浇筑和固化，然后运输到施工现场并吊装到位的
重质混凝土	重质混凝土采用特殊的骨料，如铁、铅或硫酸钡，比普通混凝土密度大得多，主要用于屏蔽辐射
喷射混凝土	喷射混凝土是一种用高压喷射的混凝土，通常被喷在钢网框架上。它常用于建造人造岩壁、隧道衬砌和水池
透水混凝土	透水混凝土是由粗颗粒骨料制成的，这使得混凝土具有多孔性，方便水通过
快硬混凝土	这种类型的混凝土含有添加剂，如氯化钙，这样可以加速固化，使混凝土变得坚固，足以在数小时内承载负荷
玻璃混凝土	玻璃混凝土采用回收的玻璃作为骨料。它比标准混凝土更坚固，隔热性能更好，外观类似于大理石

塑料

塑料是由聚合物制成的合成材料，该聚合物由被称为"单体"的重复单元组合形成的长链分子组成。基于成本低、易于制造和用途多等优势，塑料是当今世界上使用最广泛的材料类型之一。

塑料的种类

塑料主要有两种。热塑性塑料易于熔化和回收，如聚乙烯、聚苯乙烯和聚氯乙烯（简称PVC）；热固性塑料受热后变硬，不能再熔化。与热塑性塑料相比，包括聚氨酯、三聚氰胺和环氧树脂在内的热固性塑料的使用较少。

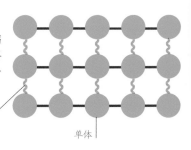

热塑性塑料
在热塑性塑料中，长聚合物链通过弱键相互连接，当加热塑料时，弱键很容易断裂，冷却后很快会重新连接。

单体间的吸引力弱

单体

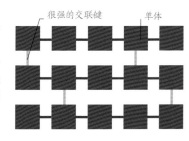

很强的交联键　　单体

热固性塑料
热固性塑料具有很强的交联键，可使聚合物链结合在一起。这种塑料在低温下是软的，加热后会永久凝固（硬化）。

制造聚乙烯

聚乙烯由乙烯聚合而成。乙烯是一种从石油中提炼出来的无色碳氢化合物，在室温下呈气态。聚乙烯主要有两种形式：用于塑料袋和塑料片材的低密度聚乙烯（LDPE）和用于生产硬质塑料的高密度聚乙烯（HDPE）。右侧所展示的工艺称为"料浆艺"，用于生产高密度聚乙烯。

稀释液

催化剂

氢原子
碳原子

乙烯

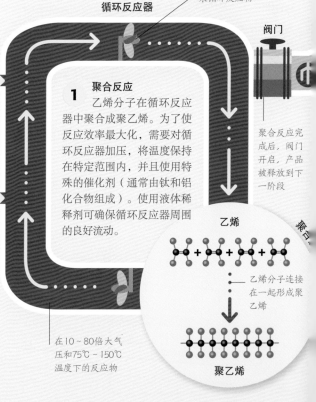

循环反应器　　　泵循环反应物

阀门

1 聚合反应
乙烯分子在循环反应器中聚合成聚乙烯。为了使反应效率最大化，需要对循环反应器加压，将温度保持在特定范围内，并且使用特殊的催化剂（通常由钛和铝化合物组成）。使用液体稀释剂可确保循环反应器周围的良好流动。

聚合反应完成后，阀门开启，产品被释放到下一阶段

乙烯

乙烯分子连接在一起形成聚乙烯

聚乙烯

在10~80倍大气压和75℃~150℃温度下的反应物

制造塑料

大多数塑料是由原油通过分馏得到的石化产品制成的（见第14~15页）。这些石化产品被加工成单体，如乙烯，然后再聚合。在聚合反应中，单体发生反应形成长聚合物链。其他化学物质可以被添加到聚合物中来改变它们的性质。这一过程产生了聚合物树脂，这些树脂可被制成各种产品。

第一个人造塑料叫什么？

第一个人造塑料叫作"帕克辛"，发明于1856年，以其创造者亚历山大·帕克斯的名字命名。"帕克辛"最初被用来制作台球，现在人们更熟悉的是"赛璐珞"。

5 000亿个

——全世界每年使用的塑料袋数量。

塑料的常见类型	
名称	**特征**
聚对苯二甲酸乙二醇酯（PET）	PET是最常见的一种塑料。柔软的PET用于制作衣物纤维；较硬的PET用于制作饮料瓶等物品
聚氯乙烯（PVC）	PVC很坚固，用于制作信用卡，以及制造建筑中用的管道和门窗框架。较软的PVC是皮革和橡胶的替代品
聚丙烯（PP）	PP与PET类似，但更硬，耐热性更好，是第二大广泛使用的塑料，通常用于包装
聚碳酸酯（PC）	聚碳酸酯很坚韧，有些品级是透明的。它被用于制作光盘和DVD、太阳镜和护目镜，以及建筑用的圆顶灯、平面玻璃或曲面玻璃
聚苯乙烯（PS）	聚苯乙烯可以是透明、坚硬且易碎的，常用于制作装小物品的箱子。它还可以充满微小的气泡，以制造生产鸡蛋盒和一次性杯子所用的轻质泡沫

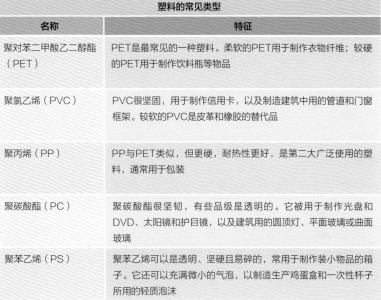

稀释剂蒸发

稀释剂

催化剂被蒸汽冲洗掉

催化剂

2 去除稀释剂
聚合后的产物是聚乙烯聚合物、稀释剂和催化剂的混合物。为了去除稀释剂，需要加热产物，以使稀释剂蒸发。

蒸汽

3 去除催化剂
去除稀释剂后，产物中仍含有催化剂。为了去除催化剂，需要用蒸汽清洗产物，之后留下湿的聚乙烯。

加热

湿的聚乙烯

5 聚乙烯粉末
聚乙烯粉末可作为各种塑料制品的原料。然而，人们一般会先将其制成颗粒，因为这更适合后续的制造过程。

送风干燥机

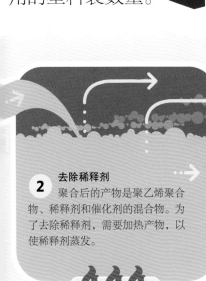

4 干燥聚乙烯
用热空气将湿的聚乙烯干燥，这样聚乙烯就会以粉末的形式存在。

热空气干燥聚乙烯

聚乙烯粉末

复合材料

复合材料包括两种或两种以上的材料，当这些材料组合在一起时，其质量和性能都变得更优异。许多现代复合材料是坚固而轻便的。

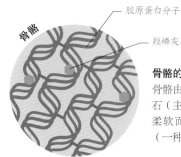

骨骼的结构
骨骼由坚硬而易碎的羟磷灰石（主要成分是磷酸钙）和柔软而有弹性的胶原蛋白（一种蛋白质）组成。

天然复合材料

实际上，我们周围能看到的几乎所有材料都是复合材料，其中也包括许多天然复合材料，如木材和岩石，它们也是由多种材料组合而成的。我们的身体也含有复合材料，最典型的是骨骼和牙齿，它们都有硬质外层和软质内层。

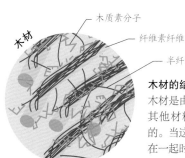

木材的结构
木材是由长的纤维素纤维和其他材料结合在一起形成的。当这些脆弱的材料结合在一起时，就形成了一种坚固的复合材料。

合成复合材料

玻璃纤维是最早的现代复合材料之一，它结合了玻璃细线和塑料。现在先进的复合材料是用碳纤维而不是玻璃纤维制成的。这些纤维比人的头发丝还要细，它们被拧在一起形成纱线，被织成布，然后和树脂一起经模压成型。合成的复合材料坚固又轻便。

制造碳纤维聚合物
制造碳纤维聚合物的部分化学过程和部分机械过程涉及各种气体和液体，确切的成分各不相同，通常被视为商业机密。

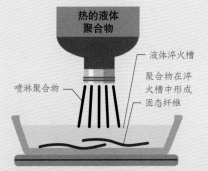

1 制造聚合物纤维
制造碳纤维的原材料是一种聚合物。大约90%的碳纤维是由聚丙烯腈（PAN）聚合物制成的。在第一阶段，PAN被制成长纤维。

2 纤维稳定化
加热改变了聚合物纤维的化学性质，将它们的化学键转变为一种热稳定性更高的形式。空气中的氧分子促进了这一过程。

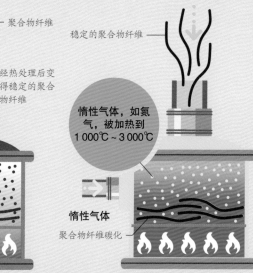

3 纤维碳化
在一个充满惰性气体的无氧熔炉中，聚合物纤维被加热到更高的温度。惰性气体的作用是防止聚合物纤维燃烧。最终，聚合物纤维会失去它的非碳原子，从而被碳化。

合成复合材料的用途

透气面料
传统的防水服会把汗水锁在里面，而利用尼龙和聚四氟乙烯（PTFE）制造的复合材料，不允许雨水通过，却能让汗液中的水分子逸出。

盘式制动器
一些高性能汽车和重型车辆使用由碳纤维增强陶瓷基复合材料制成的盘式制动器。这种材料不仅重量轻、强度高，而且具有极高的耐热性。

自行车车架
大多数竞速自行车的车架是由各种不同类型的碳纤维制成的。每种碳纤维在不同的地方都有特定的用途。碳纤维也被用于制造车轮和车把等其他部件。

船体
20世纪50年代以来，玻璃纤维被广泛应用于船体建造。这是一种用于航空航天的极高强度的纤维，使用芳纶纤维（一种用于航空航天的、具有极高强度的纤维）的复合材料，被用来加固船体前沿的关键部位和区域。

凯夫拉尔纤维
凯夫拉尔纤维是一种复合纤维，其强度大约是钢的5倍。它可以被编织进布料中制成防弹衣或系泊绳，也可以被添加到聚合物中制成赛帆或自行车轮胎衬里。

钢筋混凝土
混凝土是最古老且最常见的合成复合材料之一，它是水泥、水、沙子和砾石的混合物（见第76～77页）。在混凝土中埋设钢筋可以改善其较差的抗拉强度。

> 制造现代喷气式客机的材料大约一半是复合材料。

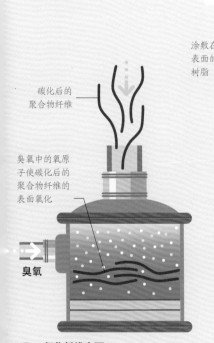

碳化后的聚合物纤维

臭氧中的氧原子使碳化后的聚合物纤维的表面氧化

臭氧

4　氧化纤维表面
聚合物纤维碳化后，其表面不能很好地黏合。此时，可以添加臭氧来改善键合性能，臭氧的氧原子可将聚合物纤维表面轻度氧化。

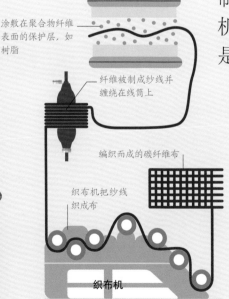

涂敷在聚合物纤维表面的保护层，如树脂

纤维被制成纱线并缠绕在线筒上

编织而成的碳纤维布

织布机把纱线织成布

织布机

5　涂敷和编织纤维
经过表面处理后，聚合物纤维被涂上保护层，并被捻在一起制成纱线。纱线被缠绕到线筒上，线筒被装到织布机上生产碳纤维布。

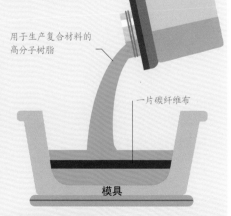

用于生产复合材料的高分子树脂

一片碳纤维布

模具

6　生产碳纤维聚合物
碳纤维布被交付给制造商，接着制造商将各自完成制造需要的加工过程。这包括将其放入模具中，并添加高分子树脂来制成复合材料。

1 人工分拣

通常需要对混合垃圾进行人工分拣，以去除其中不可回收的垃圾。这些不可回收的垃圾通常会被填埋，如果它们可燃，则可能会被焚烧。

大件物品和由多种材料组成的物品往往不适合回收利用

不可回收物

2 纸张和纸板回收

纸张和纸板通过筛选系统，从较重的材料中分离出来。它们被送到专门的工厂重新加工成新的产品。

纸张和纸板

纸张和纸板"漂浮"在筛选分离器的旋转齿轮上，而其他材料则直接通过

材料回收

可回收材料的分类和清洁工作由材料回收设施（MRF）负责。通过MRF内部各个系统的处理和分类，材料被回收并送往专门的工厂进行处理。可回收材料中的纸张和纸板可以制成新的纸和卡片等产品，玻璃可以被制成新的瓶子和罐子。有些物品很复杂，包含许多不同的部件，如电子产品，它们需要在专门的回收设施中进行处理。

清洗机使用水柱来清除污垢

清洗机

光学分拣机

9 玻璃回收

分类后的玻璃可能会继续被熔化，并被重新制成新的瓶子、罐子或其他颜色一致的玻璃制品。

玻璃

8 玻璃分类

一些玻璃回收厂使用先进的光学分拣机按颜色对玻璃碎片进行分类。

7 清洗玻璃

清洗碎玻璃以去除其中的污垢。清洗后的玻璃可按颜色分类，也可用于道路垫层等产品中。

回收利用

回收利用是收集废旧物品，并将其分解成可制成新产品的材料的过程。这个过程中的一个关键步骤是将物品按不同材料分类，比如玻璃或塑料，以便它们被送往适当的再处理设备。

可回收塑料

11 塑料回收

一些塑料瓶中使用的塑料，如聚对苯二甲酸乙二醇酯（PET），可被熔化和重组；另一些则必须与其他材料混合才能再利用。

不受涡流分离器
影响的非金属

涡流分离器内部
的临时磁场会排
斥金属

3 铁类金属回收
铁含量高的金属，如
钢，会被电磁铁吸出，然后
被送往冶炼厂，在那里被熔
炼成钢锭。

涡流分离器的工作原理
涡流分离器由多个旋转
的磁铁组成。它们在有
色（非铁）金属中产生
感应电流，电流通过分
离器，在金属中产生临
时磁场。这个磁场与分
离器的磁场相互作用，
导致金属被排斥并被向
外抛出。

有色金属

非金属

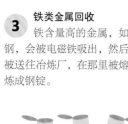

电磁铁

铁类金属

旋转的磁铁在
金属中产生临
时磁场

电磁铁能分离出铁类金属，如钢

玻璃粉碎机

大型旋转圆筒粉碎玻璃，使其
能得到彻底的清洗

分离出的玻璃

有色金属

4 有色金属回收
有色金属，如铝，通过
涡流分离器去除，然后被送去
熔化。

6 粉碎玻璃
玻璃物品通常在没有分类的情
况下被粉碎，然后被送去清洗和分
类。然而，在一些设备中，它们可能
先按颜色分类，然后再被粉碎。

筛选分离器采用大型旋转
圆筒来分离玻璃与塑料

分离出来的塑料

5 玻璃与塑料分离
玻璃和塑料制品用筛选
分离器进行分离。玻璃被送到
粉碎机中，塑料被送到光学分
拣机中。

光学分拣机

10 光学分拣机
不同类型的塑料被人工
分拣或被光学分拣机分离（见
第222页）。所有不可回收利
用的塑料制品都要被送往垃圾
填埋场。

光学分拣机对塑料进行分拣，这一过程利用了
如下原理：不同的塑料与光以不同的方式相互
作用

再生纸所产生的空气污染比
原浆纸减少约70%。

有些类型的塑料，如某些热
固性塑料，是不可回收的

不可回收的塑料

纳米技术

纳米技术是一种在非常小的尺度（被称为"纳米尺度"）上创造和操纵物质的技术。

纳米尺度

纳米尺度的物体的尺寸在1到100纳米之间，1纳米是1米的十亿分之一。葡萄糖、抗体和病毒就是纳米尺度的物体。

纳米材料

纳米材料是至少有一个尺寸（长、宽、高）小于100纳米的材料或物体。有些纳米材料是天然形成的，比如烟雾颗粒、蜘蛛丝和某些蝴蝶翅膀的鳞片；有些则是刻意创造出的，这些纳米材料一般具有独特性质。例如，可以对金纳米颗粒进行改造，使其在发光时散发热量，我们可以利用这一性质来破坏癌细胞。

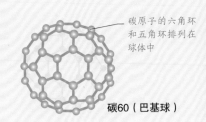

碳原子的六角环和五角环排列在球体中

碳60（巴基球）

纳米粒子

纳米粒子是在3个维度上都是纳米尺度的物体。许多纳米粒子因其尺寸或形状而具有不同寻常的特性，例如，巴基球的中空结构意味着它们可以在内部携带其他分子。

碳原子的六角环卷成管状

硅原子环堆积并结合形成导线

纳米管和纳米线

纳米管是狭窄的管状结构，其壁由原子的片状晶格构成。例如，碳纳米管，它是石墨烯（见下文）卷成的管。硅纳米线是实心的，被用于某些类型的电池中。

碳纳米管　　　　**硅纳米线**

石墨烯

石墨烯是一种单层原子厚度的碳原子层，呈六边形（蜂窝状）晶格排列。它在各个方向上都非常坚硬，是迄今为止测试过的最坚硬的材料。石墨烯也是一种良好的热导体和电导体。

石墨烯片，由一层碳原子构成

量子点电视

一些电视屏幕使用以量子点形式存在的纳米粒子来获得更明亮、更清晰、更多彩的图像。在这些屏幕中，量子点阵列位于发光二极管（LED）和液晶层的顶部。当不同大小的点被发光二极管发出的蓝光激发时，它们会发出纯红色和纯绿色的光。来自屏幕每个像素的红、绿、蓝光的组合被视为一种颜色。

电视机屏幕由堆叠在一起的几个单独的薄层组成

产生图像的数据通过电缆或Wi-Fi发送至电视

量子点约为人的头发粗细的10 000分之一。

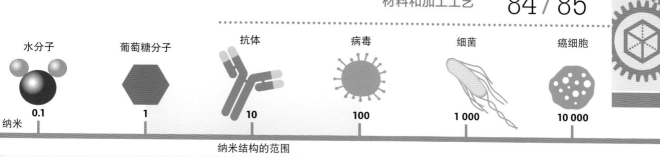

水分子　葡萄糖分子　抗体　病毒　细菌　癌细胞

纳米　0.1　1　10　100　1 000　10 000

纳米结构的范围

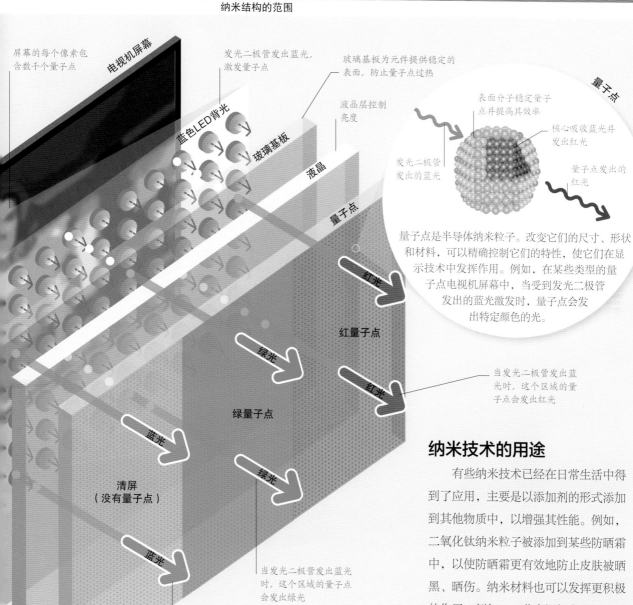

屏幕的每个像素包含数千个量子点

电视机屏幕

发光二极管发出蓝光，激发量子点

玻璃基板为元件提供稳定的表面，防止量子点过热

液晶层控制亮度

蓝色LED背光

玻璃基板

液晶

量子点

量子点

表面分子稳定量子点并提高其效率

核心吸收蓝光并发出红光

发光二极管发出的蓝光

量子点发出的红光

红光

红量子点

量子点是半导体纳米粒子。改变它们的尺寸、形状和材料，可以精确控制它们的特性，使它们在显示技术中发挥作用。例如，在某些类型的量子点电视机屏幕中，当受到发光二极管发出的蓝光激发时，量子点会发出特定颜色的光。

绿光

当发光二极管发出蓝光时，这个区域的量子点会发出红光

红光

绿量子点

蓝光

清屏（没有量子点）

绿光

纳米技术的用途

有些纳米技术已经在日常生活中得到了应用，主要是以添加剂的形式添加到其他物质中，以增强其性能。例如，二氧化钛纳米粒子被添加到某些防晒霜中，以使防晒霜更有效地防止皮肤被晒黑、晒伤。纳米材料也可以发挥更积极的作用。例如，一些电视机和显示器的工作依赖这样的事实：半导体纳米粒子可以发出特定颜色的光。

蓝光

当发光二极管发出蓝光时，这个区域的量子点会发出绿光

清屏区域没有量子点；发光二极管发出的蓝光直接穿过

3D打印

　　我们使用的大多数物品涉及复杂的制造过程。3D打印提供了一种前景——只需要打印数字文件，就可以制作出各种各样的物品。

3D打印的工作原理

　　传统印刷是通过在纸上沉积一层油墨来工作的。3D打印机的工作方式与之类似，只是3D打印机需要构建多层结构以创建三维对象。尽管可以使用其他不同的材料，但人们经常使用塑料来代替油墨。3D打印的物品不如传统制作的物品好，但它们的制作通常更快速、更便宜。

打印头

固态塑料丝

加热的打印头

挤出的熔融塑料

打印头左右移动

打印头

垂直头

来自计算机的数据

打印模型

垂直头上下移动

基板

许多3D打印机使用玉米淀粉制成的塑料。

物体的三维数字模型

计算机

打印头

热塑料丝

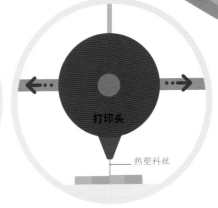

打印头

被部分打印出来的机器人

1 计算机设计
　　3D打印始于在计算机中创建的三维数字模型。该模型可以通过专门的软件生成，也可以用激光扫描物体后，对扫描数据进行数字化处理得到。

2 启动打印
　　塑料丝被送入打印头，打印头包含一个加热元件，用于熔化塑料。来自计算机的数据使打印头左右移动、垂直头上下移动、基板前后移动。

3 分层加工
　　打印的物体是从下往上一层一层地逐渐堆积起来的。随着每一层的添加，熔融塑料冷却并凝固。根据物体的大小和复杂程度，打印可能需要几个小时。

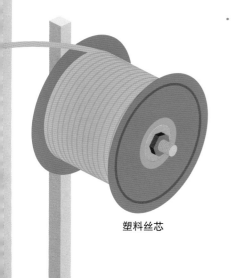

塑料丝芯

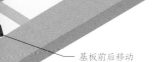

基板前后移动

3D打印的用途

3D打印仍是一项新兴技术，尚未广泛用于批量生产消费品。它主要用于生产专门的或定制的物品，如医学中的药丸和假肢体、乐器，以及潜在新产品的原型。

药丸
与传统的药丸制作方法相比，3D打印使制药商能够更好地微调药丸的成分。这也使制造出几乎瞬间溶解的药丸成为可能。

人造血管
科学家用3D打印技术制造出了包含活性细胞的血管。这些血管已经被成功植入老鼠体内，未来有可能用于替换人类受损的血管。

运动鞋
几家运动服装公司已经生产出了3D打印的运动鞋，曾有运动员穿着它们参加国际比赛，但它们的数量仍然十分有限。

假肢骨
一些切除了部分骨头（如为了治疗癌症）的患者接受了由3D打印的钛或人工骨制成的植入物，这些植入物与切除的骨头区域完全匹配。

假肢
与传统假肢相比，3D打印的假肢拥有更轻巧的设计。3D打印的假肢制作成本也更低，更易于个人定制。

乐器
在实验条件下，各种各样的乐器已经被3D打印出来了，并且许多乐器是可以在市场上买到，包括一些管乐器和弦乐器，如长笛、吉他和小提琴。

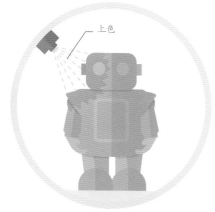

上色

4 完成
由于打印过程的逐层加工特点，3D打印对象会有粗糙的表面，通常有必要用化学物质来处理，或者用机械抛光来使其表面干净、平滑。它们的表面也可以被涂上颜色。

太空制造

2014年，国际空间站的宇航员打印了一把棘轮扳手，其设计文件源自地球。3D打印可以使宇航员避免携带可能永远不会用到的物品，也可以避免为远距离提供备件付出巨额费用。

棘轮扳手

拱门和穹顶

在许多传统建筑中，拱门和穹顶通常被用于跨越开口和较大的空间，因为它们可以用较少的支撑结构覆盖较大面积。

拱门

在墙上开一个洞最简单的设计是用两根支柱（也叫"立柱"）和一根横梁（门楣）来承载上面的负荷，但是这种设计不能支撑大的负荷，因此开口不能太大。然而，拱门可以跨越更大的开口，因为来自砌体重量的向下的力会将拱门上的各个石块推挤在一起，从而能很好地利用如砖和石头等材料的天然抗压强度。在建造拱门时，必须用脚手架进行支撑，直到拱心石就位，以确保结构安全。

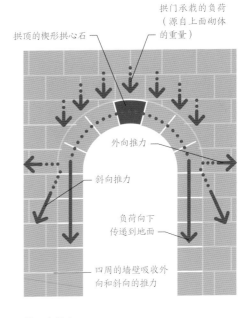

拱门的楔形拱心石

拱门承载的负荷（源自上面砌体的重量）

外向推力

斜向推力

负荷向下传递到地面

四周的墙壁吸收外向和斜向的推力

拱门中的力
拱门承载的负荷沿着曲线向下传递。负荷还产生外向和斜向的推力，这些推力被四周的墙或扶壁抵消。

穹顶

穹顶可以被看作一个由圆拱旋转而成的三维形状。与拱门一样，穹顶也是自支撑的，它所有的重量都转移到了其所依赖的结构上。然而，与拱门不同的是，穹顶不需要拱心石来将其锁到位，穹顶在建造过程中始终是稳定的，因为它的每一层都是一个完整的自支撑环。穹顶的重量产生了外向推力。为了抵抗这种向外的作用力，张力环就像桶上的圆环一样，缠绕在穹顶上。

世界上第一个测地线穹顶于1926年在德国开放，其直径为25米。

罗马的万神殿

万神殿的穹顶在建造近2 000年后，仍然是世界上最大的无钢筋混凝土穹顶，其内径约为43.3米，重量达4 535吨。为了最大限度地减少穹顶的重量，顶部的混凝土较薄，底部的较厚。穹顶上的凹痕（称为"围堰"）和顶部直径为8米的孔（称为"眼孔"）进一步减轻了重量。

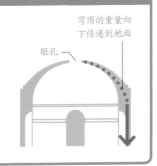

穹顶的重量向下传递到地面

眼孔

布鲁内莱斯基穹顶
佛罗伦萨大教堂的穹顶，以其设计师的名字命名，被称为"布鲁内莱斯基穹顶"。它是有史以来最大的砖石穹顶，直径约45米，高出地面114.5米。它由两个同心的八角形圆顶（壳）组成：从大教堂内部可见的内壳和更大的外壳。

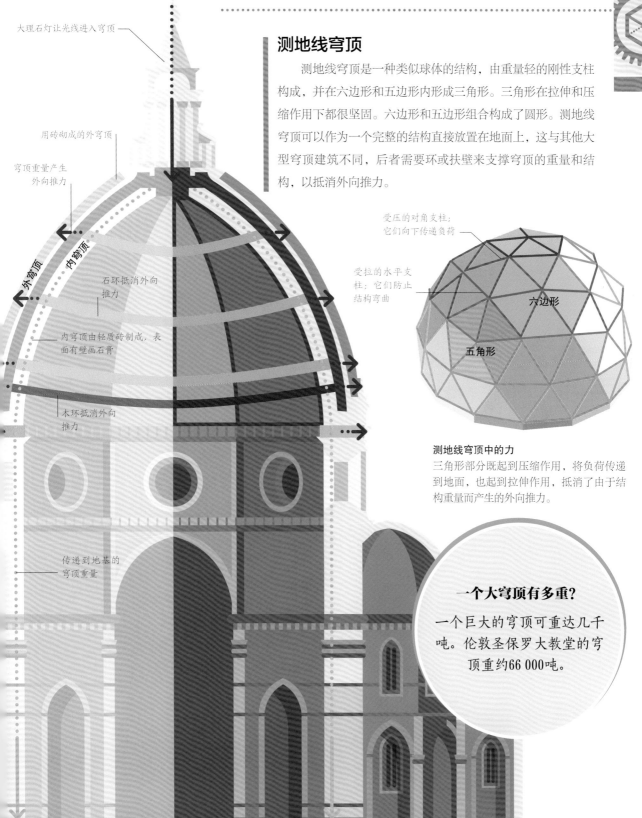

大理石灯让光线进入穹顶

用砖砌成的外穹顶

穹顶重量产生外向推力

外穹顶

内穹顶

石环抵消外向推力

内穹顶由轻质砖制成，表面有壁画石膏

木环抵消外向推力

传递到地基的穹顶重量

测地线穹顶

测地线穹顶是一种类似球体的结构，由重量轻的刚性支柱构成，并在六边形和五边形内形成三角形。三角形在拉伸和压缩作用下都很坚固。六边形和五边形组合构成了圆形。测地线穹顶可以作为一个完整的结构直接放置在地面上，这与其他大型穹顶建筑不同，后者需要环或扶壁来支撑穹顶的重量和结构，以抵消外向推力。

受压的对角支柱；它们向下传递负荷

受拉的水平支柱；它们防止结构弯曲

六边形

五角形

测地线穹顶中的力
三角形部分既起到压缩作用，将负荷传递到地面，也起到拉伸作用，抵消了由于结构重量而产生的外向推力。

一个大穹顶有多重？
一个巨大的穹顶可重达几千吨。伦敦圣保罗大教堂的穹顶重约66 000吨。

钻探

在地表以下的深处钻孔，可以获得水、石油和天然气等自然资源。钻孔还可以用于科学目的，例如，取得冰芯样本，对其进行分析后，就能得到关于过去环境条件的信息。

石油钻探

石油是一种天然存在的有机物，它以液态的形式沉积在地下。石油钻机包含由被称为"井架"的结构支撑起来的钻井设备——钻头。当钻头通过地面向下移动时，竖管的一部分被旋转在钻孔的周围。同时，还要向钻孔中泵入一种被称为"泥浆"的液体混合物，以使钻头更有效地工作。一旦钻头钻达油井，井架和钻井设备就会被移除，并用油泵来接替其继续工作。

海底钻探

为了获取海底的石油，石油公司使用专门的移动式海上钻井装置（MODUs）。一旦发现油田，移动式海上钻井装置就可以转换为开采平台。

自升式

自升式钻井平台是一种移动式海上钻井装置，其桩腿可以下伸到海底，使平台站立在海床上。这使钻机免受潮汐运动和波浪的影响。

半潜式

半潜式钻井平台由漂浮在海面上的浮箱支撑。一旦发现石油，该平台可转换成开采平台用于油田的早期开发。

钻井船

这是在顶层甲板上有钻机的专业船。钻孔机通过船体上的一个洞进行操作。钻井船可以在深水中作业。

钻井驳船

钻井驳船是一种小型船只，装有从甲板上升起的钻机。钻井驳船只适合在平静水中的浅水中使用。

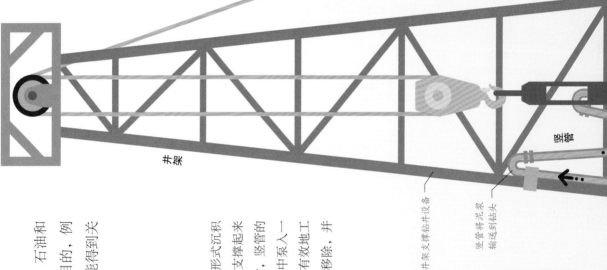

井架

井架支撑钻井设备

竖管将泥浆输送到钻头

竖管

冰芯钻探

冰是由雪渐渐堆积和形成的，所以下层的冰比上层的历时更久。分析冰芯可以获得过去环境条件的信息。冰芯用空心管钻出来的，有些可以钻到3千米深。

水层逐年堆积

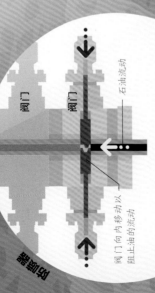

陆上石油钻机

陆上石油钻机的高度取决于要钻的井的深度。钻头在主平台上的旋转驱动装置的带动下旋转，并通过由电动牵引装置驱动的清洁系统实现升降。

绞车

绞车用于升高或降低钻头

旋转驱动装置旋转钻杆

防喷阀

防喷器

泵

泥浆池

泥浆池清除钻头出的泥浆

泥浆将泥浆输送至竖管

钻头

钻杆旋转

泥浆流

钻头

钢衬

水泥箱

钻杆

钻头安装在钻杆的末端，钻杆在旋转驱动装置的带动下旋转。钻头有多种类型，但通常由三个镶有硬齿的牙轮组成。泥浆被泵送到钻头以冷却钻头并带走碎屑。

泥浆流向

钻头

泥浆盈回泥浆池

钻杆连接旋转驱动装置与钻头

防喷器

阀门

阀门

石油流动

阀门向内移动以阻止油的流动

防喷器是一种安全装置，用于防止气体或石油不受控制地喷向地面。防喷器采用液压操作，由一系列阀门组成，一旦发生井喷，这些阀门就会密封钻杆。

12.3千米

——俄罗斯摩尔曼斯克的科拉超深钻孔，创下了世界上人工钻孔的最深记录。

钻头

油田

挖掘机

土方搬运是施工过程的关键环节，运土机械使用杠杆和液压装置进行挖掘和移除材料、平整和填充操作。

铲斗臂液压缸使铲斗臂向前、向后移动

铲斗液压缸改变铲斗的角度

挖掘机的工作原理

挖掘机的履带由发动机舱内的柴油发动机驱动。该发动机还要驱动位于同一隔间内的泵，该泵可以为移动挖掘机臂和铲斗的液压系统提供动力。

吊臂

铲斗臂

铲斗前部有齿，可以挖掘坚硬的材料

驾驶室

吊臂液压缸提升、降低吊臂

铲斗

驾驶室包含驱动挖掘机和操纵铲斗的控制器

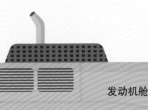

发动机舱

惰轮将动力从主驱动组件传递到履带后部

托辊可防止履带被卡住

履带

一台挖掘机可以完成大约20个人的工作。

履带由一系列连续的宽履带板组成，能在松软或不平坦的地面上为挖掘机提供良好的牵引力。

驱动组件为履带提供动力

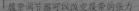

履带调节器可以改变履带的张力

运土机械

挖掘机是建筑工地上使用较多的重型运土机械之一，它可以挖掘并铲起材料，并将材料放到别处。推土机是一种多用途的土方搬运机械，它前面有一个由液压操纵的前置铲刀来推铲土石。前装载机是一种拖拉机，它有一个宽的前置铲斗，铲斗通过液压装置实现升降，可用于铲物和起重。反铲装载机是前装载机和挖掘机的组合。

最大的挖掘机有多大？

最大的挖掘机是Bucyrus RH400液压挖掘机，它有三层楼高，重980吨，每个铲斗可以容纳45立方米的岩石。

水力学

液体不能像气体一样被压缩，这意味着任何施加在液体上的力都会被它传递出去。在基本的液压系统中，当向封闭管道或液压缸的一端施加压力时，压力会被传递到另一端。改变一个活塞和汽缸相对于另一个活塞和汽缸的宽度，便可以增加一个较小的力。

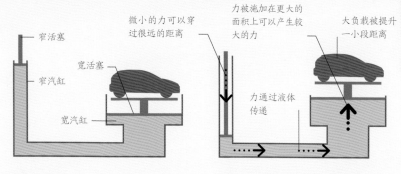

1 放大力
虽然液体的压力保持不变，但窄缸内活塞所施加的力被宽缸的活塞放大了。

2 双倍的力量，一半的距离
如果大活塞的面积是小活塞的两倍，那么施加的力也会翻倍，但代价是这个更大的力作用的行程只有原来的一半。

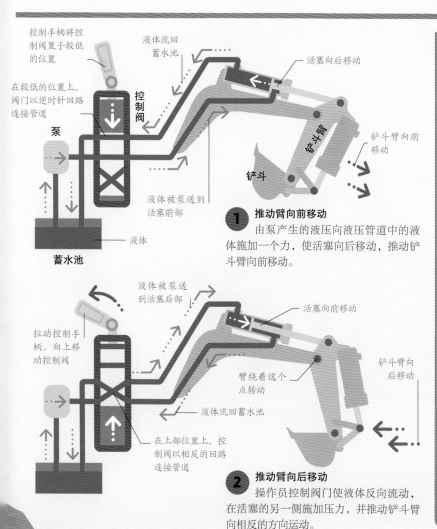

1 推动臂向前移动
由泵产生的液压向液压管道中的液体施加一个力，使活塞向后移动，推动铲斗臂向前移动。

2 推动臂向后移动
操作员控制阀门使液体反向流动，在活塞的另一侧施加压力，并推动铲斗臂向相反的方向运动。

杠杆

根据作用力和输出力相对于支点的位置，杠杆可分为三类。这三类杠杆均可以用来增强不同方向的力或运动。

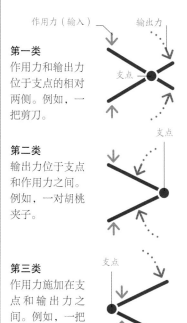

第一类
作用力和输出力位于支点的相对两侧。例如，一把剪刀。

第二类
输出力位于支点和作用力之间。例如，一对胡桃夹子。

第三类
作用力施加在支点和输出力之间。例如，一把钳子或镊子。

桥梁

无论跨越一个小沟，还是跨越100多千米的距离，桥梁都必须能够承受并转移桥梁自身的重量和载荷。

桥梁类型

虽然桥梁有各种形状和大小，但几乎所有桥梁都是一些基本类型的变体。梁桥和桁架桥是最简单的类型，类似于在两岸之间铺设木板，它们只能用于相对较短的跨度。拱桥也适合较短的跨度，而多个拱连接在一起可用于较大的跨度。斜拉桥、悬臂桥和悬索桥，为长跨度提供了很大的空间。

梁桥
在梁桥中，两端的桥墩或柱子支撑着一个平坦的桥面。桥面由梁（如空心钢箱梁）组成。

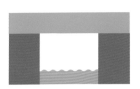

拱桥
桥下的拱架支撑桥面，将压力传递给桥墩。

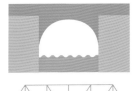

桁架桥
在桁架桥中，带有斜柱的梁框架为桥面提供了额外的支撑，以帮助桥面抵抗压力。

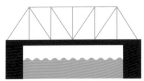

悬臂桥
悬臂桥包括两个在中间相接的"跷跷板"。两端的锚分别定在两侧。

斜拉桥
斜拉桥的桥面由多根缆绳支撑，这些缆绳直接与一座或多座垂直塔相连。

悬索桥

在斜拉桥中，缆绳将桥面直接连接到垂直塔上。在悬索桥中，主缆绳将垂直塔的顶部连接到嵌入桥端堤岸的锚块上。悬索桥的桥面由悬挂在主缆绳上的垂直悬索支撑。这是一个跨度非常大的系统。

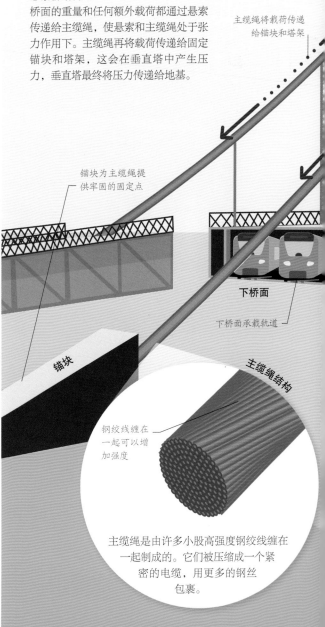

悬索桥结构
桥面的重量和任何额外载荷都通过悬索传递给主缆绳，使悬索和主缆绳处于张力作用下。主缆绳再将载荷传递给固定锚块和塔架，这会在垂直塔中产生压力，垂直塔最终将压力传递给地基。

主缆绳将载荷传递给锚块和塔架

锚块为主缆绳提供牢固的固定点

下桥面

下桥面承载轨道

锚块

主缆绳结构

钢绞线缠在一起可以增加强度

主缆绳是由许多小股高强度钢绞线缠在一起制成的。它们被压缩成一个紧密的电缆，用更多的钢丝包裹。

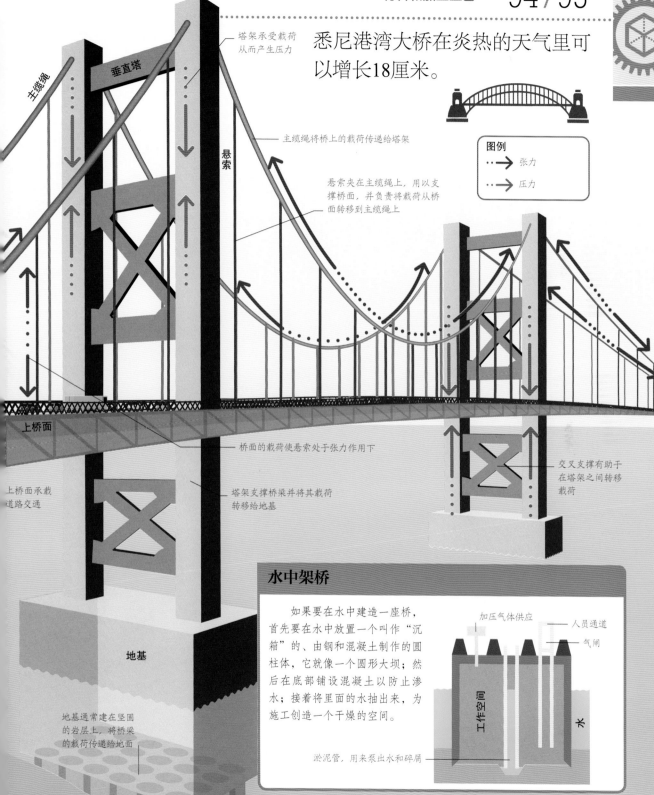

悉尼港湾大桥在炎热的天气里可以增长18厘米。

塔架承受载荷从而产生压力

主缆绳

垂直塔

悬索

主缆绳将桥上的载荷传递给塔架

悬索夹在主缆绳上，用以支撑桥面，并负责将载荷从桥面转移到主缆绳上

图例
- ┅▶ 张力
- ┅▶ 压力

上桥面

上桥面承载道路交通

桥面的载荷使悬索处于张力作用下

塔架支撑桥梁并将其载荷转移给地基

交叉支撑有助于在塔架之间转移载荷

地基

地基通常建在坚固的岩层上，将桥梁的载荷传递给地面

水中架桥

如果要在水中建造一座桥，首先要在水中放置一个叫作"沉箱"的、由钢和混凝土制作的圆柱体，它就像一个圆形大坝；然后在底部铺设混凝土以防止渗水；接着将里面的水抽出来，为施工创造一个干燥的空间。

加压气体供应

人员通道

气闸

工作空间

水

淤泥管，用来泵出水和碎屑

隧道

　　隧道通常是穿过土壤或岩石的大管道，它需要经过加固以防止坍塌。修建隧道通常需要专门的机械设备。

水下隧道

　　可以使用隧道掘进机（TBM）在水下钻孔来挖掘隧道（见下文）。连接英国和法国的英吉利海峡隧道就是在水下钻孔挖掘隧道的一个例子。然而，使用沉管法在水下建造隧道通常更快且成本更低。

沉管法

沉管法需要在陆地上分段建造隧道管道，然后将这些分段隧道带到施工现场，把它们沉降到水底并相互连接起来。

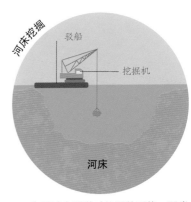

河床挖掘

驳船

挖掘机

河床

1 为了减少隧道对航运的干扰，通常使用安装在驳船上的挖掘机在河床、湖底或海底挖掘沟渠。

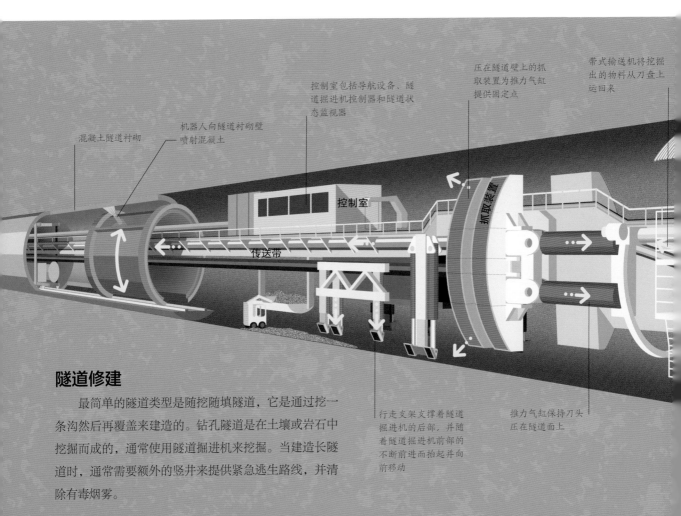

混凝土隧道衬砌

机器人向隧道衬砌壁喷射混凝土

控制室包括导航设备、隧道掘进机控制器和隧道状态监视器

压在隧道壁上的抓取装置为推力气缸提供固定点

带式输送机将挖掘出的物料从刀盘上运回来

控制室

传送带

抓取装置

行走支架支撑着隧道掘进机的后部，并随着隧道掘进机前部的不断前进而抬起并向前移动

推力气缸保持刀头压在隧道面上

隧道修建

　　最简单的隧道类型是随挖随填隧道，它是通过挖一条沟然后再覆盖来建造的。钻孔隧道是在土壤或岩石中挖掘而成的，通常使用隧道掘进机来挖掘。当建造长隧道时，通常需要额外的竖井来提供紧急逃生路线，并清除有毒烟雾。

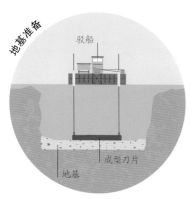

地基准备

驳船

成型刀片

地基

2 在沟渠的底部铺设骨料和沙子以形成地基，并用成型刀片进行地基平整，以确保隧道断面平坦。

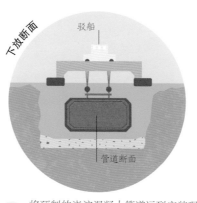

下放断面

驳船

管道断面

3 将预制的浇注混凝土管道运到安装现场，并将其沉降到沟渠的底部。液压臂将每个下放的管道的断面彼此拉近，与相邻的断面对接，形成水密封口。

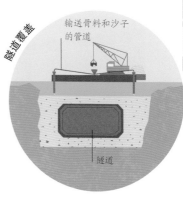

隧道覆盖

输送骨料和沙子的管道

隧道

4 驳船上的管道输送更多的骨料和沙子以覆盖已完工的隧道。隧道顶部也可以覆盖一层大石头来保护它免受船锚的损坏。

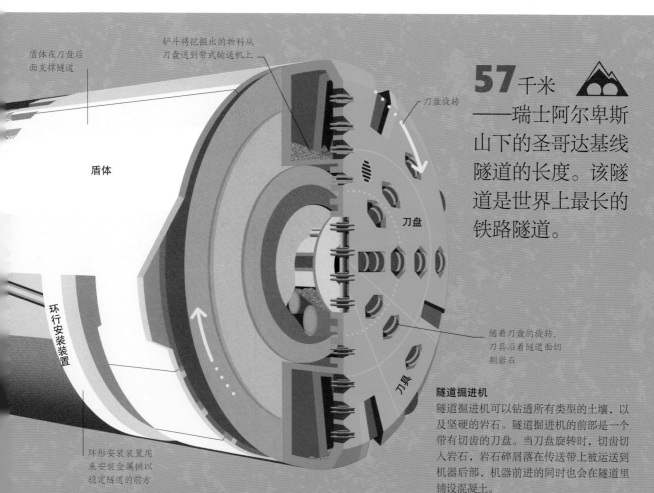

盾体在刀盘后面支撑隧道

铲斗将挖掘出的物料从刀盘送到带式输送机上

刀盘旋转

盾体

刀盘

环行安装装置

环形安装装置用来安装金属拱以稳定隧道的前方

随着刀盘的旋转，刀具沿着隧道面切割岩石

刀具

57 千米

——瑞士阿尔卑斯山下的圣哥达基线隧道的长度。该隧道是世界上最长的铁路隧道。

隧道掘进机

隧道掘进机可以钻透所有类型的土壤，以及坚硬的岩石。隧道掘进机的前部是一个带有切齿的刀盘。当刀盘旋转时，切齿切入岩石，岩石碎屑落在传送带上被运送到机器后部，机器前进的同时也会在隧道里铺设混凝土。

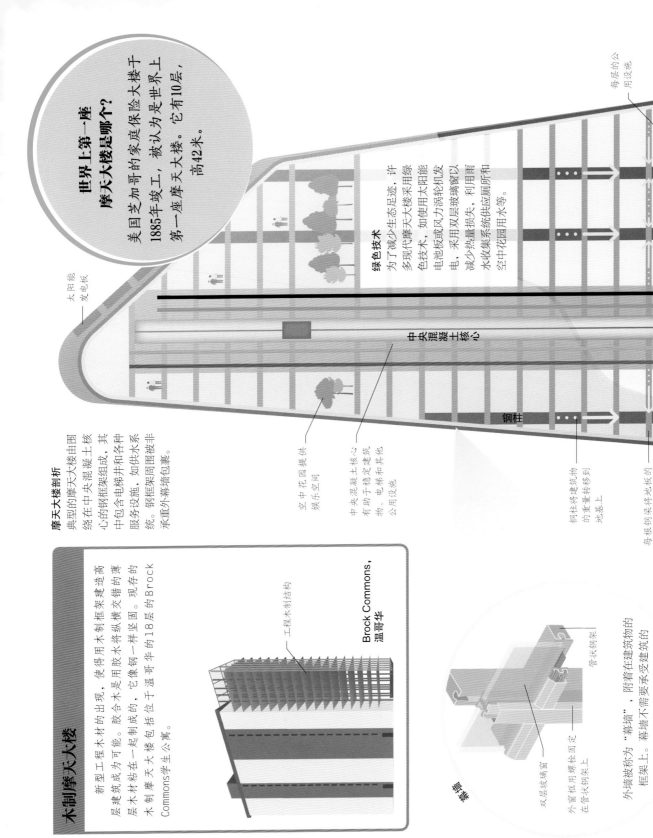

太阳能发电板

绿色技术

为了减少摩天大楼采用生态足迹，许多现代摩天大楼采用绿色技术，如使用太阳能电池板或使用风力涡轮机发电，采用双层玻璃窗以减少热量损失，利用雨水收集系统供应厕所和空中花园用水等。

中央混凝土核心

钢柱

空中花园提供娱乐空间

中央混凝土核心有助于稳定建筑物、电梯和其他公用设施

钢柱将建筑物的重量转移到地基上

每根钢梁将地板的重量转移到钢柱上

每层的公用设施

摩天大楼剖析

典型的摩天大楼由围绕在中央混凝土核心的钢框架组成，其中包含电梯井和各种服务设施，如供水系统。钢框架周围被非承重外幕墙包裹。

木制摩天大楼

新型工程木材的出现，使得用木制框架建造高层建筑成为可能。胶合木是用胶合木将纵横交错的薄层木材粘在一起制成的，它像钢一样坚固。现存的木制摩天大楼包括位于温哥华的18层的Brock Commons学生公寓。

工程木制结构

Brock Commons, 温哥华

外墙被称为"幕墙"，附着在建筑物的框架上。幕墙不需要承受建筑的重量，只需要支撑自身的重量。

幕墙

双层玻璃窗

外窗框用螺栓固定在管状钢架上

管状钢架

摩天大楼

高层建筑占据了很多城市的"天际线"，因为它们用尽可能小的土地面积提供了尽可能大的住宿空间。随着建筑技术的进步，越来越高的摩天大楼如雨后春笋般拔地而起。目前，建造超过160层的摩天大楼是完全可行的。

摩天大楼的结构

由砖瓦或石头制成的建筑需要厚而重的墙。这使得建筑超过五层或六层变得不切实际。然而，摩天大楼之所以可以建得更高，是因为它们有轻型钢架和墙。同时，摩天大楼还必须能抵抗高空强风，还必须有电梯让人们高效地在建筑物的各楼层之间上下移动（见第100～101页）。

下部结构

下部结构承载整个建筑的重量，并将其转移到基岩上。如果基岩靠近地表，那么基岩上的钻孔中将被放置在基岩上的钢柱或建筑物的钢筋混凝土柱将支撑立柱压到基岩上。

地基有助于将建筑物的重量分散到大面积上，也有助于将建筑物的重量转移到支撑立柱上。

图例
加热和冷却 — 水
电 — 污水

垂直的钢柱是由首尾相连的螺栓连接而成的。在每一层，钢柱与水平的钢梁相连。在钢梁之间也可能有填充墙以提供额外的支撑。

上部结构

上部结构由地面以上的所有结构组成。建造时，楼层承重钢板被焊接到钢梁上，混凝土被浇在钢板上形成地板。这确保了建筑结构在施工期间的稳定性。

钢架
混凝土板
钢柱
钢梁
填充墙
楼层承重钢板

电梯
地平面
停车场
中央混凝土核心
公用设施
地基
支撑立柱

支撑立柱为建筑物提供稳固支撑，并将建筑物的重量转移到基岩上。

安全系统

所有电梯都必须有安全装置，以避免电梯轿厢坠入竖井。安全系统包括多根缆绳，每根缆绳都可以独立支撑电梯轿厢的重量。安全系统还能够进行速度控制和安全制动。

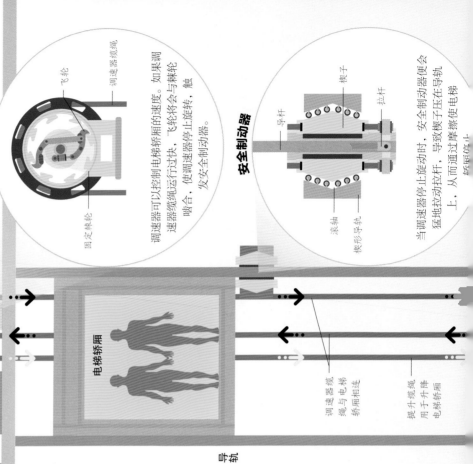

调速器

调速器可以控制电梯轿厢的速度。如果调速器缆绳运行过快，飞轮会与棘轮嚙合，使调速器停止旋转，触发安全制动器。

飞轮
调速器缆绳
固定轮轮

安全制动器

当调速器停止旋转时，安全制动器便会猛地拉动拉杆，导致楔子压在导轨上，从而通过摩擦使电梯减速。

导杆
楔子
拉杆
滚轴
楔形导轨

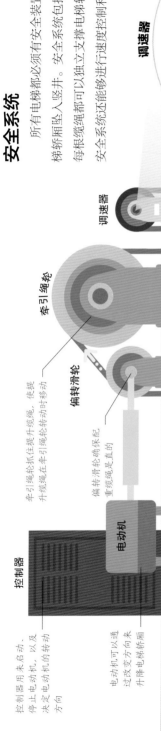

调速器

牵引绳轮

偏转滑轮

控制器

电动机

电梯轿厢

导轨

提升缆绳

调速器缆绳与电梯轿厢相连

提升缆绳用于升降电梯轿厢

控制器用来启动、停止电动机，以及决定电动机的转动方向

电动机可以通过改变方向来升降电梯轿厢

偏转滑轮确保重锤是垂直的

牵引绳轮抓住提升缆绳，使提升缆绳在牵引绳轮转动时移动

电梯

电梯，或称升降机，利用电动机，配重和电缆来上下移动轿厢。19世纪，安全电梯和钢框架建筑的发明使摩天大楼成为现实（见第98~99页）。

电梯的工作原理

大多数电梯是由金属吊绳通过牵引绳轮来实现升降的。牵引绳轮与驱动电梯的电动机相连。吊绳的一端是电梯轿厢，另一端是配重。电梯轿厢沿着电梯运行可防止侧向摇摆。在紧急情况下，安全制动器夹紧导轨，以强迫电梯轿厢停止。控制器和动力系统通常被安装在电梯井上方的机房内。

安全门

电梯有内门和外门。内门是电梯轿厢的一部分，而外门是电梯井的一部分的机械装置。只有电梯轿厢在正对着楼层停留的情况下，外门才会打开。

导轨上的传感器用于检测电梯轿厢的地板是否与每个楼层的地板完全对齐。

重量限制

所有电梯都有最大重量限制。这取决于电梯及其机械装置的大小。如果电梯的传感器检测到超载，它就会阻止门关闭。通常来讲，货运电梯比客运电梯承重更大。

电梯程序

电梯由计算机控制，计算机通过有效的程度来控制电梯轿厢的运行。通常情况下，若电梯处于上行状态，它只有完成了所有的上行呼叫，才会应答下行呼叫，反之亦然。先进的电梯系统会将乘客交通模式考虑在内，并根据需求引导电梯轿厢升降。

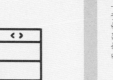

如果安全系统出现其他故障，安全缓冲器会减小电梯轿厢或平衡配重受到的冲击。

安全缓冲器

平衡配重减小了提升轿厢所需的能量

平衡配重

提升缆绳

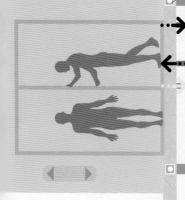

金属或合成芯

缠绕在绳芯上的螺旋状绳股

金属丝

几根编织成绳股

每根缆绳都是由许多组金属丝编织而成的。通常一根缆绳就可以独自支撑电梯轿厢的重量，但大多数电梯会有4～8根缆绳。

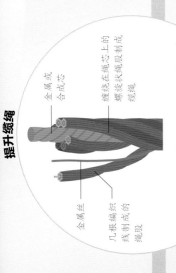

电梯是最安全的出行方式，比楼梯安全50倍。

电梯速度有多快？

最快的电梯可以以20.5米/秒的速度上升，而大多数电梯的最大下降速度约为10米/秒。

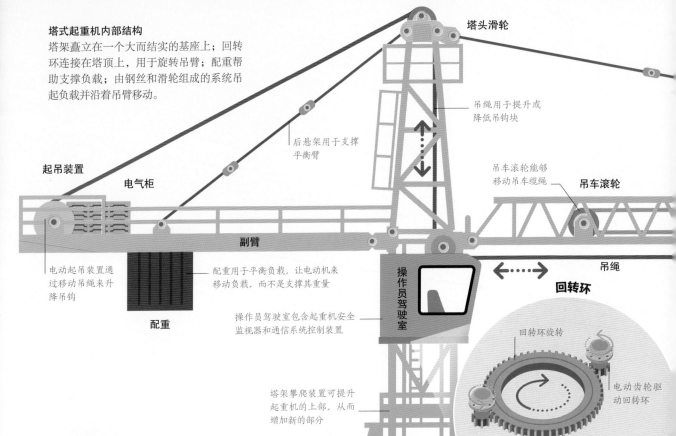

塔式起重机内部结构
塔架矗立在一个大而结实的基座上；回转环连接在塔顶上，用于旋转吊臂；配重帮助支撑负载；由钢丝和滑轮组成的系统吊起负载并沿着吊臂移动。

塔头滑轮

吊绳用于提升或降低吊钩块

后悬架用于支撑平衡臂

吊车滚轮能够移动吊车缆绳

吊车滚轮

起吊装置

电气柜

电动起吊装置通过移动吊绳来升降吊钩

副臂

配重用于平衡负载，让电动机来移动负载，而不是支撑其重量

配重

操作员驾驶室包含起重机安全监视器和通信系统控制装置

操作员驾驶室

吊绳

回转环

回转环旋转

电动齿轮驱动回转环

电动回转环允许吊臂旋转近一整圈，这使得起重机能够在起重臂长度范围内的任何地方装载货物。

塔架攀爬装置可提升起重机的上部，从而增加新的部分

起重机

　　要将负载放置在需要的位置，就需要与之同等重量的设备来移动它们，在大多数情况下，我们使用起重机来完成操作。从许多城市天际线上看到的大量起重机展示了这些机器在塑造我们的世界中有多么重要。

塔式起重机

　　塔式起重机由桅杆（或塔架）和水平主臂（或吊臂）组成，它们可以升至约80米高，如果拴在建筑物上，它们甚至可以到达更高的高度。吊臂可以延伸75米，它带有一个滑轮和一个沿着吊臂移动的小车，吊钩块连接在小车上以支撑负载。平衡臂是一个向相反方向延伸的、较短的臂，其上面承载着混凝土配重、升降设备和电机。

塔

为什么塔式
起重机不会倒塌？

塔式起重机被用螺栓固定在地面上的混凝土基座上（约200吨），高大的起重机也可以被用金属连接件固定在建筑物上。

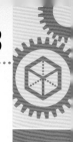

一些专业起重机能举起1 600吨的重物——这几乎相当于400头大象的重量。

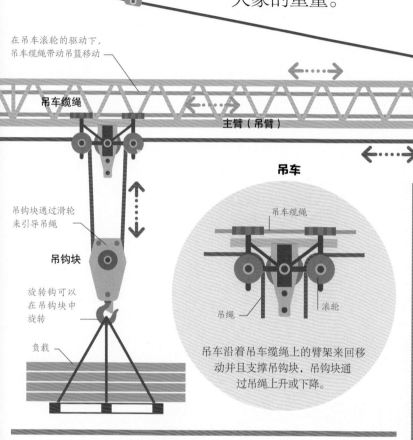

前悬架用于支撑臂架

在吊车滚轮的驱动下，吊车缆绳带动吊篮移动

吊车缆绳

主臂（吊臂）

吊车缆绳滑轮

臂架末端滑轮

吊钩块通过滑轮来引导吊绳

吊钩块

旋转钩可以在吊钩块中旋转

负载

吊车

吊车缆绳

吊绳　　滚轮

吊车沿着吊车缆绳上的臂架来回移动并且支撑吊钩块，吊钩块通过吊绳上升或下降。

起重机类型

常见的陆基起重机主要有四种：塔式起重机，如吊臂起重机；桥式起重机，如龙门起重机；水平变幅起重机；移动式起重机。它们通常使用液压来提升负载。

移动式起重机
移动式起重机安装在卡车底盘上，由液压驱动的起重机安装在转盘上。

水平变幅起重机
在这种起重机中，当吊臂上下移动时，吊钩保持在同一水平面上，且向内和向外移动。

龙门起重机
这种类型的起重机位于横跨物体或工作空间的固定结构上，通常用于造船厂或集装箱仓库。

吊臂起重机
吊臂起重机是塔式起重机的低级前身，有一个带旋转平衡臂的钢塔。

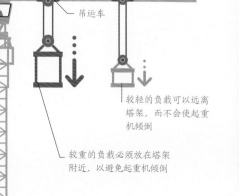

配重

吊运车

起重负载

为了保持平衡，越重的负载必须离塔架越近。塔式起重机能提升的最大负载约为18吨。自动安全切断装置可防止超载。

较轻的负载可以远离塔架，而不会使起重机倾倒

较重的负载必须放在塔架附近，以避免起重机倾倒

4

家居科技

热风供暖

在热风供暖系统中，冷空气被抽出房间，通过回风管道进入加热装置。在那里，冷空气被一个由加热炉驱动的热交换器加热，这些加热炉通常燃烧燃料油或天然气。加热后的空气通过供热管道被输送到房间各处。

中央供暖系统

在锅炉中被加热的水进入管道和散热器的封闭系统中循环流动，以温暖房间（见第108～109页）。恒温器用于监控室内温度，以确保所需的热量水平保持稳定。

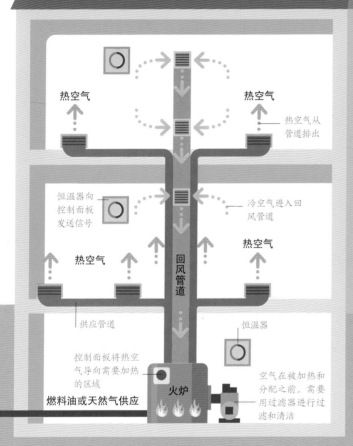

热空气

热空气

热空气从管道排出

恒温器向控制面板发送信号

冷空气进入回风管道

热空气

回风管道

供应管道

恒温器

控制面板将热空气导向需要加热的区域

燃料油或天然气供应

火炉

空气在被加热和分配之前，需要用过滤器进行过滤和清洁

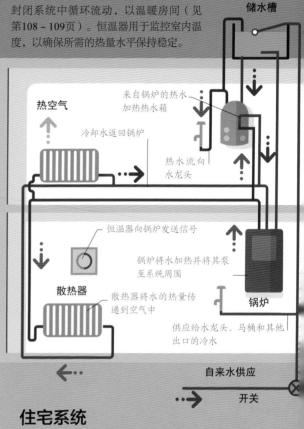

加热系统储水槽

热空气

来自锅炉的热水加热热水箱

冷却水返回锅炉

热水流向水龙头

恒温器向锅炉发送信号

锅炉将水加热并将其泵至系统周围

散热器

散热器将水的热量传递到空气中

锅炉

供应给水龙头、马桶和其他出口的冷水

自来水供应

开关

住宅系统

　　大多数住宅的公用设施往往设有外部管道或主管道，如输送天然气或水的管道，这些天然气或水进入住宅，然后被送往房子各处。在出现问题或房屋空置的情况下，公用设施通常可以很容易地关闭或断开。

家庭公用设施

　　家庭公用设施包括向家庭供电、供暖、供水，以及提供通信服务的设施，它们通常由外面的专业公司提供，有些物业可能有独立的供水或供热源，如烧锅炉。

电力供应

供电箱在家庭周围计量和分配电力。插座和其他电源输出口通常被安装在环形电路上，环形电路的两端都连接着供电箱。从一个中心点分支出来的放射状电路通常用于照明。

自来水供应

自来水管通过压力将干净、新鲜的水输送到家里。在家里，人们可以将水输送到储水器或储水箱中，也可以打开水龙头随用随取。污水通过另外的管道排出，通常被送往污水处理厂。

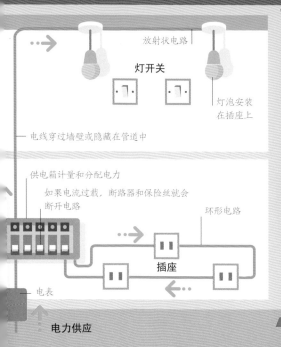

放射状电路

灯开关

灯泡安装在插座上

— 电线穿过墙壁或隐藏在管道中

供电箱计量和分配电力

如果电流过载，断路器和保险丝就会断开电路

环形电路

插座

电表

电力供应

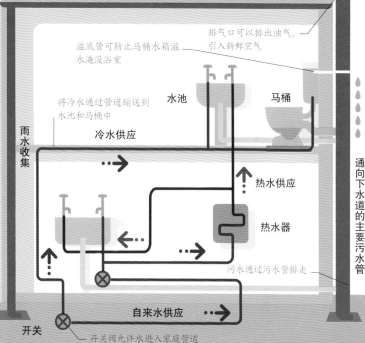

排气口

排气口可以排出浊气，引入新鲜空气

溢流管可防止马桶水箱溢水淹没浴室

将冷水通过管道输送到水池和马桶中

水池

马桶

雨水收集

冷水供应

热水供应

通向下水道的主要污水管

热水器

污水通过污水管排走

自来水供应

开关

开关阀允许水进入家庭管道

图例

➡ 热空气	➡ 热水	➡ 电力	
➡ 冷空气	➡ 冷水		

磁性断路器

　　这些安全开关可防止电路过载。电流流经断路器及其两个触点就构成完整回路，如果电流超过极限，电磁铁就会吸引金属杆向它靠近，将触点拉开，断开电路。

怎样才能"闻到"无味的天然气？

　　甲烷和丙烷没有气味。供应商会在天然气中添加一种气味剂，如有臭鸡蛋味的乙硫醇，这样人们就可以通过气味发现气体泄漏。

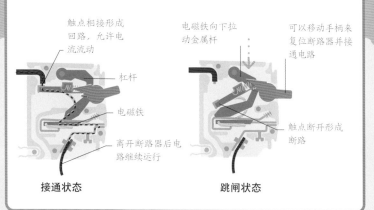

触点相接形成回路，允许电流流动

杠杆

电磁铁

离开断路器后电路继续运行

电磁铁向下拉动金属杆

可以移动手柄来复位断路器并接通电路

触点断开形成断路

接通状态　　　　　　　　　**跳闸状态**

供暖

　　供暖系统是大多数家庭的主要能源消耗系统之一。根据位置和可用的公用设施，许多不同的设备可被用于家庭供暖，如电风扇、电加热器和中央供暖系统等。

3 　**水被加热**
　　热能通过热交换器周围的管道传递给冷水。

2 　**燃烧**
　　燃气和空气在燃烧室中被点燃，它们的燃烧使热交换器升温。

按需供应热水

　　有些家庭供暖系统将加热后的水存储在水箱中，供需要时使用，而有些家庭供暖系统则只在用户需要时加热水，比如打开热水水龙头时。组合燃气锅炉按需提供热水，还会利用两个热交换器将热水输送到暖气管道和散热器中，集中为家庭供热。

7 　**热水到达水龙头**
　　当热水水龙头打开时，热水从热水水龙头流出。当热水水龙头关闭时，分流阀也关闭，继续进行集中供热。

5 　**打开热水水龙头**
　　打开热水水龙头会使锅炉的分流阀将一些热水重新输送到二级热交换器中。

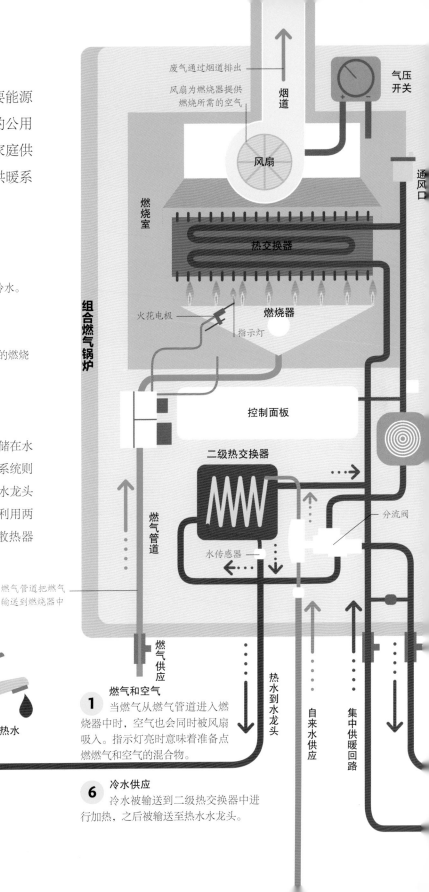

废气通过烟道排出

风扇为燃烧器提供燃烧所需的空气

气压开关

烟道

通风口

风扇

燃烧室

热交换器

组合燃气锅炉

火花电极

燃烧器

指示灯

控制面板

二级热交换器

分流阀

燃气管道

水传感器

燃气管道把燃气输送到燃烧器中

燃气供应

热水

1 　**燃气和空气**
　　当燃气从燃气管道进入燃烧器中时，空气也会同时被风扇吸入。指示灯亮时意味着准备点燃燃气和空气的混合物。

热水到水龙头

自来水供应

集中供暖回路

6 　**冷水供应**
　　冷水被输送到二级热交换器中进行加热，之后被输送至热水水龙头。

恒温器

恒温器用于维持家里的温度恒定，它可以被局部安装，即安装在某个房间中，也可以是全屋定制的。当温度下降到用户设定的温度水平时，恒温器会形成电路通路，向锅炉发送点火信号来产生热量，以维持温度恒定。

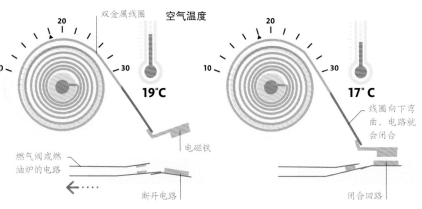

① 温度满足要求
当温度高于所需温度（本例中为19℃）时，线圈预热、变直，将电磁铁从其触点上拉开并断开电路，锅炉停止燃烧。

② 温度未满足要求
当温度低于所需温度时，线圈弯曲，电磁铁向触点移动，形成闭合回路，电路向锅炉发送信号以点火、加热用水。

集中供暖

被从锅炉中抽取出来的热水，经过内部管道被输送到散热器中，加热散热器的外部散热片，再通过散热片的热辐射加热周围的空气。锁闭阀可以调节水流通过散热器的速度，水流越慢，散热器就越热。

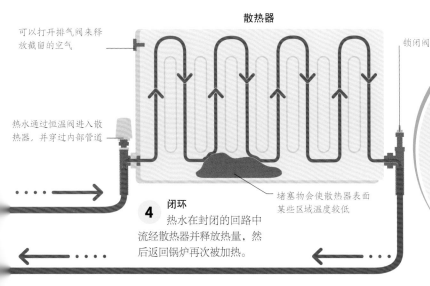

散热器

可以打开排气阀来释放截留的空气

锁闭阀

热水通过恒温阀进入散热器，并穿过内部管道

④ 闭环
热水在封闭的回路中流经散热器并释放热量，然后返回锅炉再次被加热。

堵塞物会使散热器表面某些区域温度较低

地板下供暖系统

地板下供暖系统主要有两种类型。湿式供暖系统使用管道网络泵送热水；干式供暖系统使用电力加热线圈。两者的安装和运行成本都很高，但它们可以让热量通过地板均匀散发，从而使整个房间都很温暖。

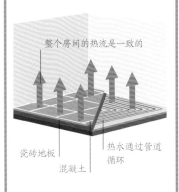

整个房间的热流是一致的

瓷砖地板
混凝土
热水通过管道循环

湿式供暖系统

打开恒温器会让房间更快升温吗？

不会。在恒温器被设置了某一温度后，锅炉以其最大功率运行，直到房间达到设置的温度，但它不能更快地达到更高的温度。

在加热即食食物时，为什么需要刺穿封闭包装的薄膜？

当微波加热食物时，其中的水会蒸发成蒸汽。若将薄膜刺穿，蒸汽便可从容器中排出，从而防止包装中产生高气压进而引发爆炸。

4 食物加热
微波反射到烤箱的金属内部，然后穿过塑料、玻璃或陶瓷制成的容器进入食物，使其受热。

3 微波的传输
波导管将微波从磁控管传输到微波炉的密封烹饪室。微波在烹饪室的内部来回跳动。

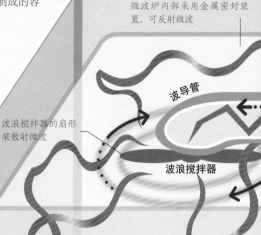

微波炉内部采用金属密封装置，可反射微波

波导管

波浪搅拌器的扇形桨散射微波

波浪搅拌器

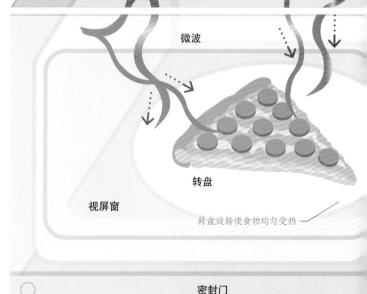

微波

微波炉的工作原理

家用微波炉使用市电来为磁控管供电。通电后，磁控管利用相互作用的电场和磁场产生微波，并以每秒数十亿次的速度振荡和反转微波的电场。产生的微波直接进入微波炉的烹饪室——一个密封的金属盒。在那里，微波来回跳动，碰撞并激发食物中的分子进行运动，最终达到加热食物的效果。

2 微波的产生
磁控管产生的微波振荡频率为2.45GHz。

1 控制设置
用户通常通过控制面板上的触摸屏来设置各个参数。若微波炉的门在它工作时被打开，门上的安全开关便会切断电源。

转盘

视屏窗

转盘旋转使食物均匀受热

密封门

微波炉

微波是在红外线和无线电波之间的电磁频谱上发现的一种电磁波（见第136～137页）。它们能穿过大部分物体，并能穿透食物，搅动水和脂肪分子，产生热量，从而使食物比在传统烤箱中烹调得更均匀、更快。

世界上第一台商用微波炉高1.7米。

风扇从后面吸入空气以冷却磁控管

风扇

微波到达烹饪室

磁控管

电容器使电流波动趋于平稳

变压器

电容器

2:00

控制面板

电力供应

移动的分子

水分子由一个带负电荷的氧原子和两个带正电荷的氢原子组成。水分子会根据微波电场的极性排列。磁控管产生的磁场每秒钟改变极性数十亿次，使得水分子不断地翻转。

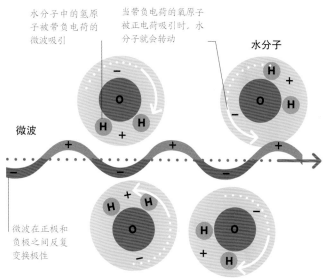

水分子中的氢原子被带负电荷的微波吸引

当带负电荷的氧原子被正电荷吸引时，水分子就会转动

水分子

微波

微波在正极和负极之间反复变换极性

产生热量

当水分子重新排列以适应变化的电场时，它们相互摩擦，并产生热量。

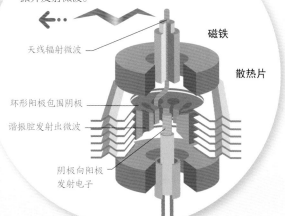

磁控管

被加热的阴极向阳极发射电子。电子在一个强大的磁铁产生的磁场下发生偏转，导致谐振腔（阳极的空腔）共振并发射微波。

天线辐射微波

磁铁

散热片

环形阳极包围阴极

谐振腔发射出微波

阴极向阳极发射电子

工业微波炉

大型微波炉在工业上用于干燥和固化碳纤维增强塑料，还可以用于去除水分以制造干燥食品。在某些情况下，它还能用于硫化橡胶。

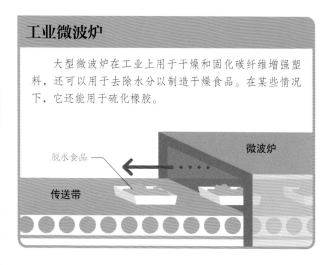

微波炉

脱水食品

传送带

电水壶、烤面包机和意式浓缩咖啡机

当电流流过导线时，电能就会转换成热能。这一原理被应用于多种厨房电器的加热元件中。

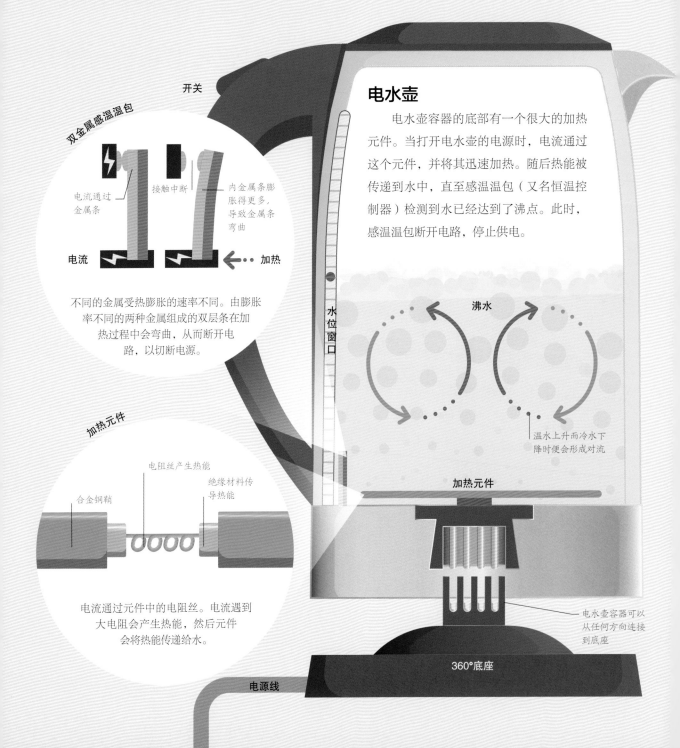

双金属感温温包

电流通过金属条

接触中断

内金属条膨胀得更多，导致金属条弯曲

电流

← 加热

不同的金属受热膨胀的速率不同。由膨胀率不同的两种金属组成的双层条在加热过程中会弯曲，从而断开电路，以切断电源。

加热元件

电阻丝产生热能

合金钢鞘

绝缘材料传导热能

电流通过元件中的电阻丝。电流遇到大电阻会产生热能，然后元件会将热能传递给水。

开关

电水壶

电水壶容器的底部有一个很大的加热元件。当打开电水壶的电源时，电流通过这个元件，并将其迅速加热。随后热能被传递到水中，直至感温温包（又名恒温控制器）检测到水已经达到了沸点。此时，感温温包断开电路，停止供电。

水位窗口

沸水

温水上升而冷水下降时便会形成对流

加热元件

电水壶容器可以从任何方向连接到底座

360°底座

电源线

烤面包机

当电流通过由镍铬合金（由镍和铬组成的合金）制成的细导线时，导线便会发出炽热的红光。这些导线组成加热元件，使面包中的淀粉和糖焦糖化，从而制作出吐司面包。当面包盘被按下时，电路连通，允许电流通过加热元件。可调定时开关会定时断开电路。

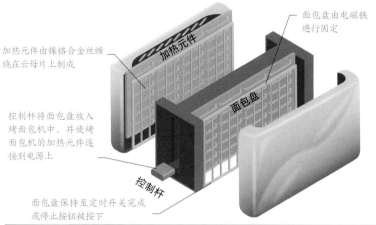

加热元件由镍铬合金丝缠绕在云母片上制成

加热元件

面包盘由电磁铁进行固定

面包盘

控制杆将面包盘放入烤面包机中，并使烤面包机的加热元件连接到电源上

控制杆

面包盘保持至定时开关完成或停止按钮被按下

摩卡壶

在炉灶上加热后，摩卡壶的下壶内便形成压力。压力迫使水向上进入漏斗，冒泡浸润咖啡粉，最后在上壶中聚合成即饮咖啡。

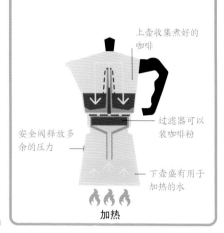

上壶收集煮好的咖啡

安全阀释放多余的压力

过滤器可以装咖啡粉

下壶盛有用于加热的水

加热

意式浓缩咖啡机

意式浓缩咖啡机的加热元件加热一个大的储水罐，产生蒸汽。蒸汽通过热交换器，并快速加热在压力作用下被泵入的冷水。加热、加压后的水缓慢流过装有磨碎且压实的咖啡粉的便携式过滤器，最终制成意式浓缩咖啡。

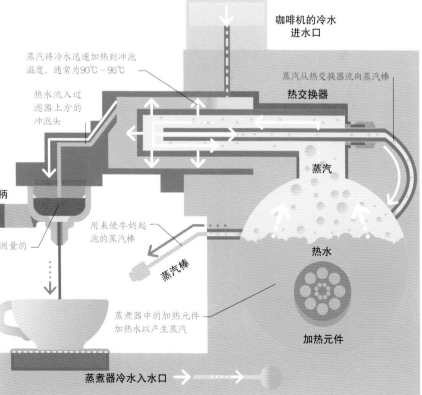

蒸汽将冷水迅速加热到冲泡温度，通常为90℃－96℃

热水流入过滤器上方的冲泡头

咖啡机的冷水进水口

蒸汽从热交换器流向蒸汽棒

热交换器

蒸汽

便携式过滤器手柄

水浸透经精确测量的压实的咖啡粉

用来使牛奶起泡的蒸汽棒

蒸汽棒

热水

蒸煮器中的加热元件加热水以产生蒸汽

加热元件

全球每天生产咖啡超过20亿杯。

蒸煮器冷水入水口

1 水进入并被加热
主供水管道通过水软化器从底座中抽水。底座中的加热元件对水进行加热。

2 用洗涤剂洗净
当水被泵出喷杆时，洗涤剂被释放出来。压力使喷杆旋转并向四周喷水。

3 清洗和排水
喷杆重复喷射热水和厨具。当洗涤完成时，污水会被排走。

4 用热水冲洗
泵入的清水与助漂剂混合，以降低表面张力，从而使水快速流过且不会划伤被清洁的物品。

5 最终冲洗和排水
一些洗碗机最后还有清水冲洗程序。水被排干后，机器内部的热能可帮助烘干被清洁的物品。

排水管

释放助漂剂

污水排放

排水管

释放洗涤剂

喷杆

喷杆喷水

水箱

加热元件加热

水软化器

进水管

洗碗机

洗碗机结合了水泵、加热元件、高压喷杆和洗涤剂分配器等结构和原料，所有这些都由定时器或微处理器进行协调。洗碗机按照一系列既定步骤对厨房用具进行清洗、漂洗和干燥。

洗碗机的工作原理

洗碗机将加热后的水喷射在放置在篮子里和架子上的脏餐具和厨具上。小而有力的喷射流与溶解的洗涤剂相结合，可以清除碎屑和污渍。洗碗机喷射的有力的热水流可以更有效地穿透沉积的油脂。最后，洗碗机用清水和助漂剂清洗餐具和厨具，然后用热空气烘干它们。

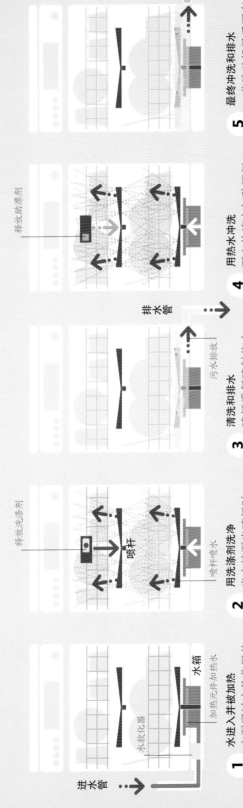

喷淋臂

上喷杆

运动平台

加热元件释放加

上面的架子用于放置更精致和脆弱的物品，因为它从喷射流中接收到的水温度更低，压力更小。

节能洗碗机比手工洗碗用的水和能源更少。

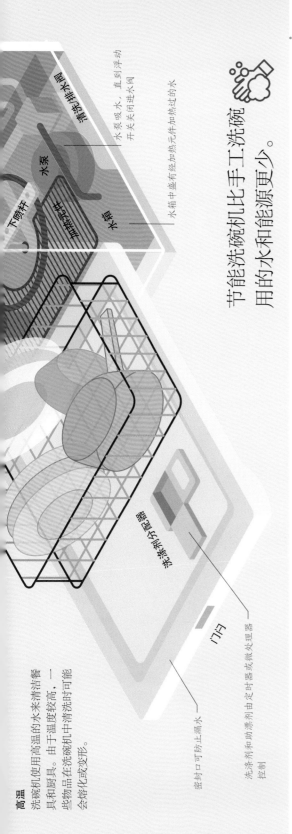

清洗 排出水阀

水泵吸水，直到浮动开关关闭进水阀

水箱中盛有经加热元件加热过的水

水泵

清洗 排出水阀

下喷杆

加热元件

水箱

洗涤剂分配器

门闩

密封口可防止漏水

洗涤剂和助漂剂由定时漂或微处理器控制

高温

洗碗机使用高温的水来清洁餐具和厨具。由于水温度较高，一些物品在洗碗机中清洗时可能会熔化或变形。

洗碗机的片剂

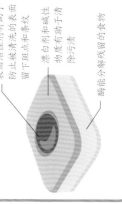

表面活性剂有助于防止被清洗的表面留下斑点和条纹

漂白剂和碱性物质有助于清除污渍

酶能分解残留的食物

洗涤剂片剂中含有多种有着不同作用的化学物质。这些物质包括可以溶解食物污渍的氯漂白剂和氧漂白剂，以及可以破坏食物中蛋白质和淀粉分子的原子之间的键的酶。

水软化器

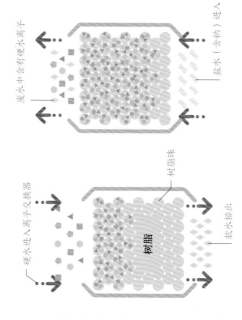

废水中含有硬水离子

盐水（含钠）进入

硬水进入离子交换器

树脂珠

软水排出

树脂

软化循环

当硬水流过装有树脂珠的容器时，硬水离子会取代钠离子，被树脂珠吸附。

再生循环

盐水流经树脂珠，向树脂珠中注入钠离子，并置换出镁离子、钙离子和其他不需要的离子。

有些地方的硬水会抑制洗涤剂，在被清洁的物品表面留下水垢等痕迹，并损坏加热元件。硬水中含有较高浓度的矿物质，如钙和镁化合物。离子交换器让硬水通过载有钠离子的树脂珠。不需要的硬水离子会与树脂珠上的钠离子发生置换反应，硬水离子替代钠离子被吸引到树脂珠上，并随着树脂珠排出，使水软化，从而降低其中的矿物质含量。

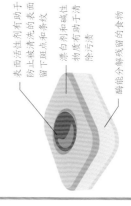

制冷设备

制冷设备（如冰箱和空调机组）利用特殊的化学物质吸收热能，并通过管道将热能传递出去，进而使特定空间内的温度降低。

3 **制冷剂膨胀**
液态制冷剂流过膨胀阀，降低了压力，从而膨胀并冷却。随后，制冷剂进入冰箱内的蒸发器盘管中。

2 **冷却制冷剂**
气态制冷剂流经冷凝器细长的盘管，金属叶片将制冷剂的热能传递给周围的空气。在这一过程中，制冷剂凝结成液体。

冰箱

冰箱是一种高效的热泵，它能将热能从低温区域向高温区域传递，这与正常的热能传递方向相反。使制冷剂循环的封闭管道系统（见右图），通过压缩和膨胀改变制冷剂的状态，并从冰箱内部吸收热能。冰柜的工作原理也是一样的，只是温度要更低一些。

冰箱应该设置什么样的温度？

冰箱应该保持在4℃左右或更低的温度，高于这个温度可能无法抑制食物中细菌的生长。

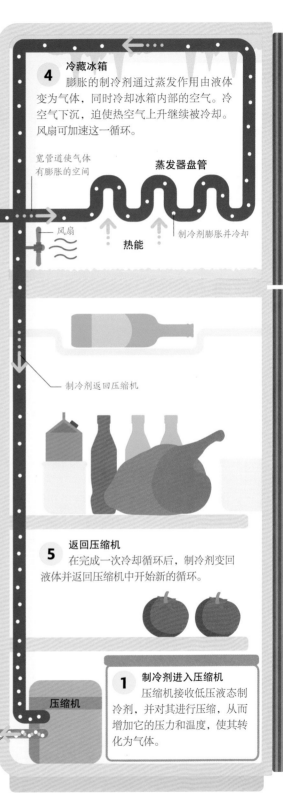

4 **冷藏冰箱**
膨胀的制冷剂通过蒸发作用由液体变为气体，同时冷却冰箱内部的空气。冷空气下沉，迫使热空气上升继续被冷却。风扇可加速这一循环。

宽管道使气体有膨胀的空间

蒸发器盘管

膨胀阀

—风扇

热能

制冷剂膨胀并冷却

叶片将制冷剂的热量传递给空气

制冷剂返回压缩机

叶片

5 **返回压缩机**
在完成一次冷却循环后，制冷剂变回液体并返回压缩机中开始新的循环。

冷凝器盘管

压缩机

1 **制冷剂进入压缩机**
压缩机接收低压液态制冷剂，并对其进行压缩，从而增加它的压力和温度，使其转化为气体。

高温、高压气体从冷凝器中排出

空调

空调制冷的原理是将周围空间中的热空气抽出，然后通过制冷剂蒸发对其进行冷却，其过程与冰箱的制冷过程类似。封闭的制冷剂回路由泵驱动，冷却由风扇抽入的热空气。然后，制冷剂将热能从建筑物内部传递给外部冷凝器，从而使热能散到室外空气中。制冷剂通过膨胀阀开始下一个循环，膨胀阀能降低制冷剂的压力和温度，以冷却更多空气。当室内空气被冷却时，水滴状的蒸汽凝结成液体，使空气既不潮湿，又能相对凉爽。

空调机组
空调机组由室内部分和室外部分组成。室内部分吸入热空气并冷却，室外部分释放制冷剂所吸收的热能。

在美国，风扇和空调的用电量约占总用电量的15%。

制冷剂

随着温度的改变，制冷剂很容易在气态和液态之间相互转化。当液态制冷剂变为气态制冷剂时，剩下的液体热能减少，空间内的温度降低。氯氟烃（CFCs）之前被广泛用作制冷剂。人们在发现它们会破坏大气中的臭氧层后，便逐渐减少了CFCs的使用。现在，家用电器中大多使用氢氟碳化合物（HFCs）作为制冷剂。

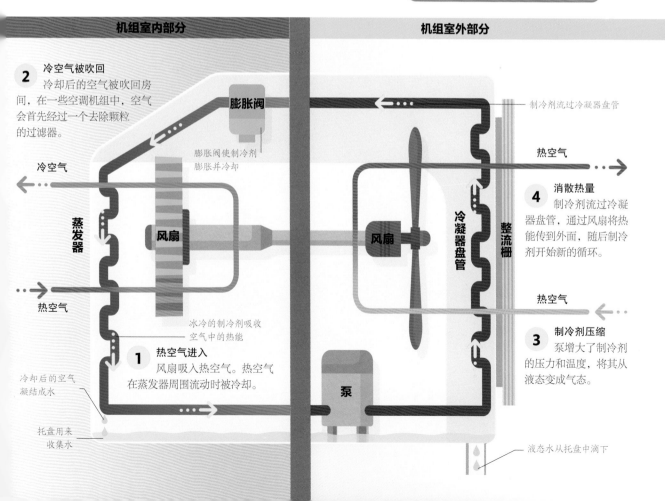

机组室内部分

机组室外部分

2 冷空气被吹回
冷却后的空气被吹回房间，在一些空调机组中，空气会首先经过一个去除颗粒的过滤器。

膨胀阀

膨胀阀使制冷剂膨胀并冷却

制冷剂流过冷凝器盘管

冷空气

蒸发器

风扇

风扇

冷凝器盘管

整流栅

热空气

4 消散热量
制冷剂流过冷凝器盘管，通过风扇将热能传到外面，随后制冷剂开始新的循环。

热空气

冰冷的制冷剂吸收空气中的热能

1 热空气进入
风扇吸入热空气。热空气在蒸发器周围流动时被冷却。

热空气

3 制冷剂压缩
泵增大了制冷剂的压力和温度，将其从液态变成气态。

冷却后的空气凝结成水

泵

托盘用来收集水

液态水从托盘中滴下

真空吸尘器

  真空吸尘器通过在其内部产生局域真空来吸入外部的空气和固体颗粒（如灰尘）的混合物，然后通过过滤或离心力等方法将它们彼此分离。

制造真空环境

  电动机驱动风扇高速旋转，使空气迅速从吸尘器后部排出，从而降低内部气压。当吸尘器内部气压低于外部气压时，就会产生局域真空。在传统的真空吸尘器中，吸尘器的吸力使含有灰尘、污垢、毛发和纤维的空气通过集尘袋被吸入，集尘袋用来捕获颗粒物，净化空气。

什么是高效空气过滤器？

高效空气过滤器（HEPA）由复合材料制成，可捕获直径大于0.0003毫米的空气颗粒物。

把手

颗粒向上通过伸缩管

伸缩管

抽吸软管

3 过滤
空气通过集尘袋中的小孔，较大的颗粒则被集尘袋捕获。空气中的一些较小颗粒被中等颗粒过滤器捕获。

中等颗粒过滤器

风扇

电动机

集尘袋

吸头

颗粒被吸入吸尘器

不同尺寸的旋转刷使污垢和灰尘松动

空气中的大颗粒被收集在集尘袋中

2 灰尘被吸入伸缩管
吸头上配备的一系列旋转刷能使污垢和灰尘松动，然后这些污垢和灰尘被吸入伸缩管，再进入吸尘器。大多数吸尘器有各种各样的清洁附件。

1 产生吸力
电动机使风扇快速旋转以产生吸力，吸力通过吸头将空气吸入，并使空气沿伸缩管和抽吸软管进入真空吸尘器内部。

旋风真空吸尘器

　　这种类型的吸尘器不需要集尘袋，在清洁过程中，其过滤器也不会因大颗粒或中颗粒而堵塞。它依靠旋转空气产生的涡流（称为"旋风"）将颗粒从气流中甩出。高效空气过滤器被用来去除空气中的微小颗粒，需每隔6个月清洗或更换一次。

一些旋风真空吸尘器电动机的转速高达每分钟12万转。

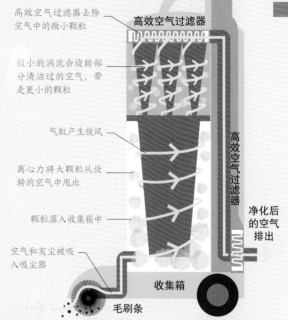

高效空气过滤器去除空气中的微小颗粒

高效空气过滤器

较小的涡流会旋转部分清洁过的空气，带走更小的颗粒

气缸产生旋风

离心力将大颗粒从旋转的空气中甩出

颗粒落入收集箱中

空气和灰尘被吸入吸尘器

高效空气过滤器

净化后的空气排出

收集箱

毛刷条

4　排出空气
空气经过时能冷却电动机。空气在被排出吸尘器之前，会通过高效空气过滤器，以去除其中的微小颗粒。

高效空气过滤器

电动机使风扇高速旋转，通常是每分钟数百转或数千转

扫地机器人

　　扫地机器人由电动机驱动，在清洁地板的同时，扫地机器人能够在生活空间中进行自动导航。一套完善的传感器系统能够让机器人测量它走了多远，并感知障碍物。系统中通常还带有高度传感器，可以探测前面地形的起伏情况，比如是否有楼梯等。清洁完成之后，机器人可以自己返回充电站充电。

导航
机器人使用的软件由基于微处理器的控制器运行，可以绘制出一个或多个房间的路线，确保机器人能够进行全面清洁。机器人可以随时监测和追踪自己的位置，如果有障碍物挡住了去路，它还可以重新规划路线。

路线避开障碍物

路线覆盖了所有可到达的楼层区域

启动中心

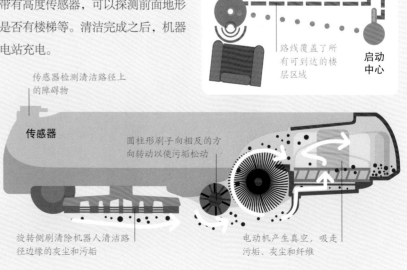

传感器检测清洁路径上的障碍物

传感器

圆柱形刷子向相反的方向转动以使污垢松动

旋转侧刷清除机器人清洁路径边缘的灰尘和污垢

电动机产生真空，吸走污垢、灰尘和纤维

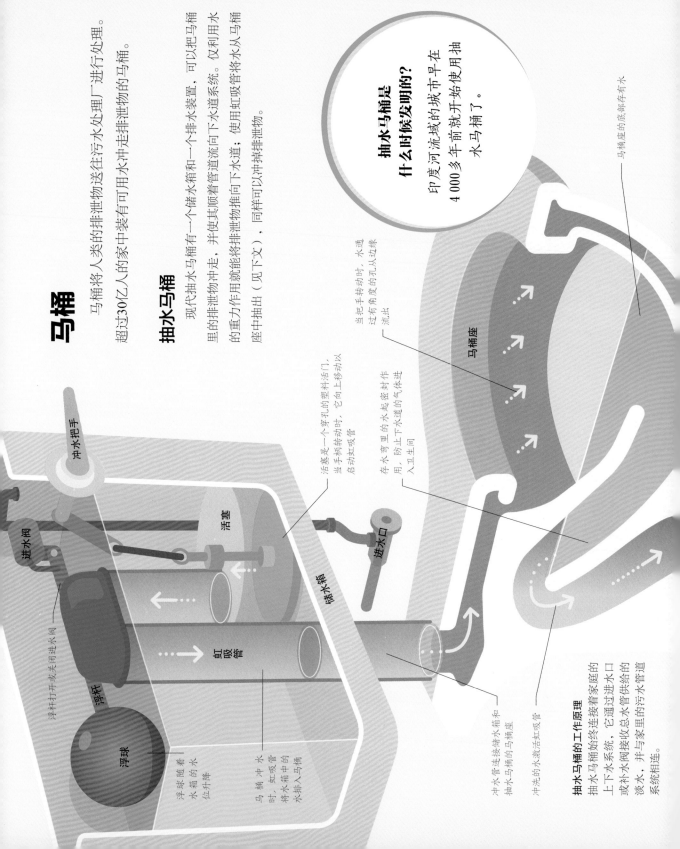

马桶

马桶将人类的排泄物送往污水处理厂进行处理。

超过30亿人的家中装有可用水冲走排泄物的马桶。

抽水马桶

现代抽水马桶有一个储水箱和一个排水装置，可以把马桶里的排泄物冲走，并使其顺着管道流向下水道系统。仅利用水的重力作用就能将排泄物推向下水道；使用虹吸管将水从马桶座中抽出（见下文），同样可以冲掉排泄物。

抽水马桶是什么时候发明的？

印度河流域的城市早在4 000多年前就开始使用抽水马桶了。

冲水把手

进水阀

浮杆

浮球

活塞

储水箱

虹吸管

活塞是一个穿孔的塑料活门，当手柄转动时，它向上移动以启动虹吸管

进水口

存水弯里的水起密封作用，防止下水道里的气体进入卫生间

马桶座

当把手转动时，水通过有角度的孔从边缘流出

浮球随着水箱中的水位升降

马桶冲水时，虹吸管将水箱中的水排入马桶

浮杆打开或关闭进水阀

冲水管连接着储水箱和抽水马桶座

冲洗的水激活活塞

抽水马桶的工作原理

抽水马桶始终连接着家庭的上下水系统，它通过进水口或补水阀接收总水管供给的淡水，并与家里的污水管道系统相连。

虹吸管

许多马桶使用虹吸管将水从储水箱输送到马桶座或从马桶座输送到排水管。一旦虹吸管的最高点有水，这部分水受重力迫使越过了U型虹吸管的最高点，液体的重力和凝聚力就会继续帮助虹吸管发挥虹吸作用，直到没有水剩下。

水流过虹吸管顶部

重力迫使水下降到较低的高度

从较高的高度获取取水废取水

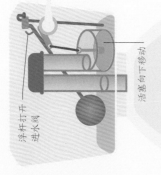

排水管

排水管连接到污水管道系统

1 冲洗

冲水把手可移动杠杆，使活塞被向上抬起。这迫使虹吸管通过虹吸管，产生一种吸力。将水箱中剩余的水通过虹吸管抽到马桶座中。

水位和浮球体下降

水通过虹吸管吸入

冲水把手抬高活塞

2 排空

水箱很快排空，水在马桶周围流动，然后通过排水管排出，并带走里面的排泄物。活塞下降，浮球也随之下沉并移动浮杆，进而打开进水阀。

浮杆打开进水阀

活塞向下移动

3 再填充

进水阀被打开时，水进入水箱。随着水位的上升，浮球也随之上升。一旦水箱达到要求的水位，浮球便会移动浮杆，关闭进水阀。

水由进水管进入

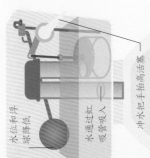

堆肥厕所

每次冲水约消耗6～18升水，一个标准抽水马桶的淡水消耗量会随着冲水时间的推移而增加，尤其是在大房子中。相比之下，堆肥厕所几乎不消耗水，对城市污水管道系统也没有任何要求。相反，这些自给自足的系统依赖有氧分解。在有氧分解过程中，细菌、真菌起主要作用。在某些系统中甚至还有蚯蚓的参与。这些生物能够将排泄物在数周或数月的时间内分解成无臭的、基本上无味的腐殖质堆肥，这些堆肥可用作天然肥料。

目前世界上仍有23亿人没有基本的卫生设施。

堆肥系统

排泄物进入通风良好的堆肥室，与木屑或泥炭等填料混合。混合物分解时会释放出气体，而分解物可用作肥料。在某些系统中，被称为"渗滤液"的多余液体会被排出。

排气泵有助于吸入空气，清除室内的废气

排泄物通过管道进入堆肥室

通风管道将废气排走

马桶

堆肥室

腐殖质室

将排泄物定期与木屑混合或其他填料混合，以促进分解

从输口获取的成品堆肥，可用作天然肥料

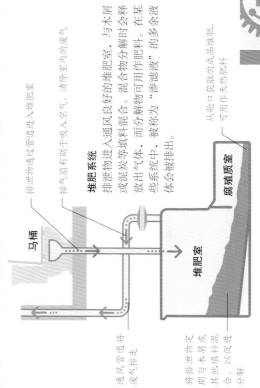

锁

锁是一种安全螺栓或扣环，需要特定的钥匙才可以打开。密钥可以是物理对象、数字或数字代码，也可以是人体特定的、唯一的物理特征。最常用的锁是圆形弹子锁和密码锁。

圆形弹子锁

弹子锁常见于门闩和许多挂锁中，它由包含内圆筒的双层圆筒组成，这其中，包含"锁芯"的内圆筒能够旋转。弹子锁有一系列腔室，其中的每一个都包含一个弹簧和不同长度的弹子，以防止内圆筒转动，只有将正确的钥匙插入锁孔，锁芯才能转动。

你能用发夹开锁吗？

对于一些简单的弹子锁，我们可以使用发夹或金属线的组合来推动弹子并转动锁芯。

这把长**90**厘米的钥匙，可以打开和关闭英格兰银行金库的防爆门。

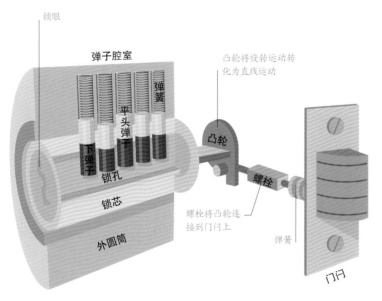

锁眼

弹子腔室

凸轮将旋转运动转化为直线运动

弹簧

平头弹子

凸轮

下弹子

锁孔

螺栓

锁芯

螺栓将凸轮连接到门闩上

外圆筒

弹簧

门闩

1 关锁
在锁定位置，弹子被弹簧从它们的腔室推下，这样可以防止锁芯转动，锁也就关闭了。

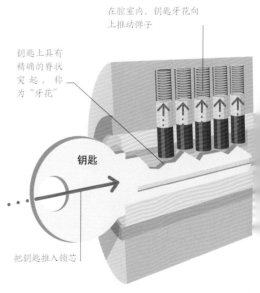

在腔室内，钥匙牙花向上推动弹子

钥匙上具有精确的脊状突起，称为"牙花"

钥匙

把钥匙推入锁芯

2 钥匙插入锁中
钥匙的牙花精确地向上推动弹子，使得钥匙所有牙花顶部与弹子的顶部边缘对齐。

密码锁

密码锁是一种包含销钉的无钥匙锁，类似于弹子锁，但销钉被安装在金属杆上。每个销钉位于手动转动的编号轮或转盘后面。只有一个唯一的数字组合能对齐轮子上的所有孔，这样销钉才能穿过，锁才能被打开。

上锁状态

压缩弹簧

销与孔不对齐，因此轮子被锁定

轮子转到错误的位置

钩环杆

旋转的轮子

解锁状态

钩环杆被压缩弹簧推出

销与孔对齐，销钉可以穿过轮子

轮和销
一旦选择了正确的数字序列，并且表盘上的孔对齐，压缩弹簧就会迫使钩环杆向外进入解锁位置。

生物识别锁

一些电子锁使用人的身体特征，如指纹、虹膜或面部图像，作为打开锁的钥匙。扫描仪识别这些特征中的独特之处，并将它们存储在与允许进入的人相关联的信息数据库中。当被允许进入的人回来时，识别到这些独特特征的程序便会打开锁。

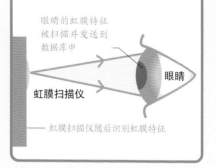

眼睛的虹膜特征被扫描并发送到数据库中

眼睛

虹膜扫描仪

虹膜扫描仪随后识别虹膜特征

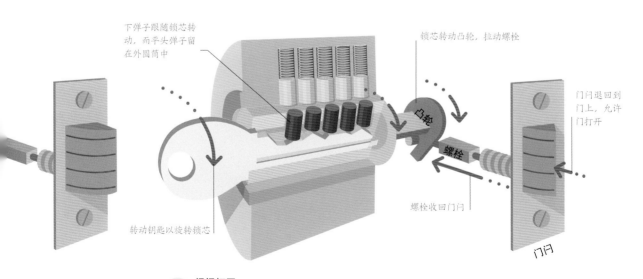

下弹子跟随锁芯转动，而平头弹子留在外圆筒中

锁芯转动凸轮，拉动螺栓

凸轮

螺栓

门闩退回到门上，允许门打开

螺栓收回门闩

门闩

转动钥匙以旋转锁芯

3 门闩打开
当钥匙转动锁芯时，凸轮改变力的方向，收回螺栓，将门闩拉到打开的位置。

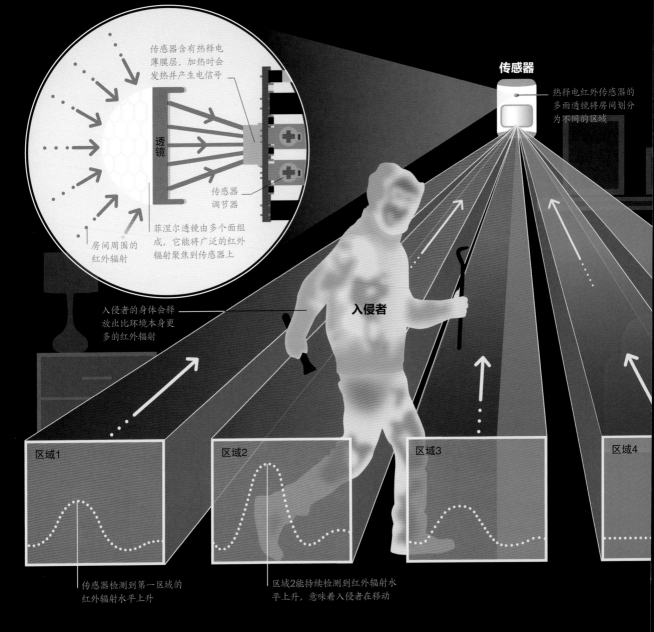

传感器含有热释电薄膜层，加热时会发热并产生电信号

热释电红外传感器的多面透镜将房间划分为不同的区域

传感器

透镜

传感器调节器

菲涅尔透镜由多个面组成，它能将广泛的红外辐射聚焦到传感器上

房间周围的红外辐射

入侵者的身体会释放出比环境本身更多的红外辐射

入侵者

区域1

区域2

区域3

区域4

传感器检测到第一区域的红外辐射水平上升

区域2能持续检测到红外辐射水平上升，意味着入侵者在移动

安全警报

　　长期以来，科技在保护住宅和其他建筑物免受入侵和盗窃方面发挥着关键作用。现代报警系统利用各种传感器来检测入侵者，例如，检测他们的体温或行走时所产生的压力，或通过对门窗位置的变化做出响应。

热释电红外传感器

　　每个人都会向周围环境发出不同程度的红外辐射。热释电红外传感器利用热释电薄膜制成的薄层来检测红外辐射的变化。这种薄层在吸收红外辐射后，可以发热并产生小的电信号。房间内多个区域红外辐射水平的变化可以被识别为入侵者存在和移动的信号。

运动检测

当入侵者通过房间时，他会穿过不同的区域。传感器通过检测不同区域红外辐射水平的变化来检测入侵者的运动。

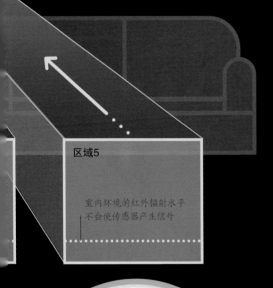

区域5

室内环境的红外辐射水平不会使传感器产生信号

在哪里放置安全传感器最好？

必过点，如人们进入房间必须通过的走廊就是很好的位置。房间的角落也很好，因为它可以覆盖多个入口。

磁性接触式传感器

　　磁性接触式传感器包含两个部分，其中一部分安装在门上或窗户上，另一部分安装在固定的框架上。在门窗关闭时它们形成一个回路。当门窗被打开时，两个磁铁之间的接触断开，电路也断开。这将向报警系统的控制器发送一个信号，控制器将其理解为可能有意外侵入。

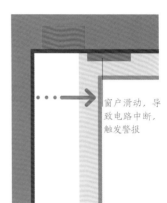

窗户

磁性接触式传感器内的电路在窗户关闭的情况下处于联通状态

窗户滑动，导致电路中断，触发警报

盗贼从前门侵入

控制面板

　　报警系统的控制器允许用户输入特定的数字密码来启用或禁用系统。中央控制器还允许用户只启用某些区域或房间内的报警系统。当报警系统启用时，控制器监控传感器发送的数据，如果传感器被触发，控制器将发出警报，并锁定所有的电子锁，同时还可以使用无线通信线路向保安或警察报警。

面料

面料是由天然或经化学加工获得的纤维制成的。面料种类繁多，每一种都有不同的性能，可以满足人们不同的需要，如抗皱性、耐久性、耐水性和弹性等。

原材料

制造面料的纤维大多来自不同的天然材料，包括棉花、亚麻等植物作物及绵羊等动物。化工行业生产的丙烯酸和聚酯等聚合物（见第78页），被用于制造各种合成纤维。一个叫作"喷丝器"的装置处理这些原材料并将其制成长丝，长丝再被加工成纱线。随后，纱线还要经过编织、纺织或黏合等处理（见第129页）。

世界上最常见的面料是什么？

棉花占所有面料的30%。棉花种植所用耕地占全球耕地使用量的2.5%。

羊毛

芯吸效应通过毛细作用将皮肤中的水分吸走

中空纤维能保持体温

皮肤

羊毛毛衣

动物纤维面料

耐磨防水

闪亮的外观

皮革
鞣制的动物皮革是一种坚韧、耐磨、不易撕裂的材料。它可以防风、防水，但很难缝制。

丝绸
丝绸是由蚕丝制成的纺织品，重量轻、结实、绝缘性能好，而且不易变形。

羊毛
羊毛主要来自绵羊，它有经久耐用、防潮、不易起皱和不易弄脏等特点。羊毛还有保暖性好、吸湿性强等优点。

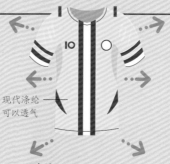

合成纤维面料

防风防水

速干

现代涤纶可以透气

尼龙
尼龙是从煤中提取的合成材料，可以制成光滑、轻便和高弹性的面料。

腈纶
虽然缺乏自然的触感，但腈纶面料具有良好的绝缘性能，易于清洗，并且保形性很好。

涤纶
涤沦具有较高的弹性恢复能力和较低的吸湿性。

一些外套里的加热部件可以帮助穿着者保暖。

面料的保养

　　不同的面料有不同的特性，因此我们需要以不同的方式来保养。大多数衣服上带有标明保养方式的标签。标签说明衣服是否可以被甩干，或提醒主人只能在特定温度下洗涤或避免熨烫。羊绒或人造纤维等质地细腻的面料只能采取干洗的方法来洗涤。

只可手洗

机洗

滚筒烘干

可熨烫

干洗

不可水洗

植物纤维面料

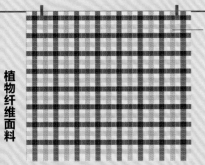

人造丝能很好地吸附染料，因此其染色后的颜色很鲜艳

棉花易于染色和缝制，可以用于制作服装

织物的高导热性可以使人体保持凉爽

人造丝

这种面料是作为丝绸的替代品被开发出来的，主要由木浆的纤维制成，柔软且舒适。它的染色效果很好，但潮湿时染色效果会减弱，而且容易磨损。

棉花

这种常用的纤维可以制成一系列耐穿、舒适、透气的面料。它容易起皱，但也易于清洗和熨烫。

亚麻

亚麻纤维制成的面料的强度是棉花制成的面料的两倍。它吸水性强，但晾干速度也较快。亚麻面料弹性低，容易起皱，但同时也容易熨烫。

多层织物

新特性

　　新技术可以改变合成纤维或天然纤维面料的性能。例如，聚酯纤维可以用来制作泳装，使穿着者免受阳光中紫外线的辐射。添加特定物质的纳米粒子可以赋予面料新的属性，比如在运动服和鞋子中使用银纳米粒子，可以杀死导致汗臭味的细菌和真菌。面料中的二氧化硅纳米粒子可以使液体形成珠状，从而更容易卷走污渍和水。

透气性和耐水性
透气面料的薄膜上有数十亿个微小的孔，这些孔允许汗液以蒸汽的形式排出，但能防止较大的水滴进入。

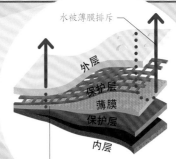

水被薄膜排斥

外层
保护层
薄膜
保护层
内层

薄膜可以让多余的热量和蒸汽通过

衣服

在人类历史的大部分时期，衣服都是人们在家里手工制作的。即使是在批量生产的衣服占据着大多数人衣橱的今天，一些人仍然喜欢自己制作衣服或者对衣服进行修改和缝补。

缝纫机

缝纫机能够快速、准确地缝合面料或产生褶边。线轴上的线被引导着穿过针孔，由电动机驱动的传动带转动曲轴使缝衣针上下移动。与此同时，送布牙以与缝衣针同步的方式移动面料，以产生一排等尺寸的针脚。

家用缝纫机的缝纫速度每分钟可以超过1 000针。

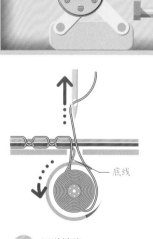

每缝完一针，线收紧器便会将线拉回

针脚选择器

曲轴

线收紧器

由电动机驱动

针脚选择器决定针脚类型

压脚将面料固定在适当位置

导线器保持缝线整齐

送布牙移动面料

传动带

线轴

缝纫

家用电动缝纫机用两根缝纫线来进行缝纫。人们可以通过控制机器来改变面料或衣服上使用的针脚尺寸和类型。

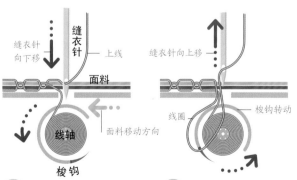

缝衣针向下移

缝衣针

上线

面料

线轴

面料移动方向

梭钩

缝衣针向上移

线圈

梭钩转动

底线

上线与底线缠绕

底线

1 向下移动缝衣针
向下移动缝衣针穿过面料或衣服，将上线（蓝色）带到称为"底线"（橙色）的缝纫线下。

2 钩住线圈
当缝衣针向上移动时，它会留下一圈上线，这一圈上线在绕线轴旋转时，会被梭钩钩住。

3 运送缝线
在上线从梭钩上滑下且绕上底线之前，梭钩将上线绕在梭壳上。

4 拉紧缝线
随着缝衣针的上升和面料的前进，两根缝纫线都被拉起。缝纫线被拉成一针，并且被上升的缝衣针收紧。

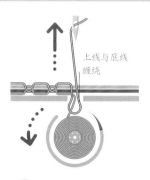

线轴销

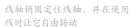

线轴销固定住线轴，并在使用线时让它自由转动

绕线器

使用绕线器将线绕到梭芯上

摆轮手动移动指针

摆轮

轮子决定锯齿形针脚的宽度

滚轮选择不同长度的针脚

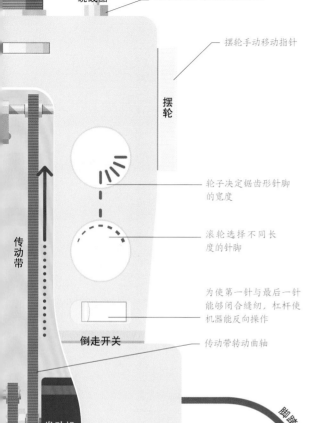

传动带

为使第一针与最后一针能够闭合缝纫，杠杆使机器能反向操作

倒走开关

传动带转动曲轴

发动机

脚踏板引线

大多数缝纫机是用脚踏板来操作的

面料是如何制成的

面料有多种不同的生产方式。机织物是由纤维或纱线以直角交织而成的；针织物是把长条纱线缠绕编织在一起制成的；黏合织物通常由纤维网通过加热、添加黏合剂或加压熔合而成。

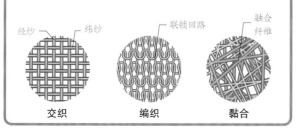

经纱   纬纱   联锁回路   融合纤维

交织   编织   黏合

扣件

从暗扣到缝入磁铁，衣服可以采用多种方式扣紧。纽扣、鞋带、钩子和扣眼等扣件已经使用了几个世纪。拉链和尼龙搭扣都是现代的发明。

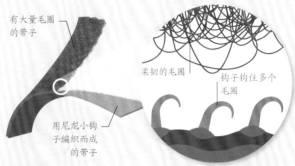

有大量毛圈的带子

柔韧的毛圈

钩子钩住多个毛圈

用尼龙小钩子编织而成的带子

尼龙搭扣

这种扣件是仿照一些种子毛刺的小钩子设计的，这些小钩子会牢固地粘在毛皮和织物上。尼龙搭扣由两条尼龙带或聚酯带组成，一条含有大量微小的毛圈，另一条带有大量可以与毛圈连接的钩子，从而实现牢固的黏合。

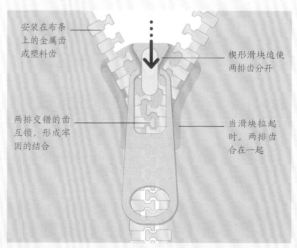

安装在布条上的金属齿或塑料齿

楔形滑块迫使两排齿分开

两排交错的齿互锁，形成牢固的结合

当滑块拉起时，两排齿合在一起

拉链

这些精巧的扣件有两排交错的齿。当拉上拉链时，滑块内的Y形通道可以使齿轻松地合在一起。拉开拉链时，滑块的中心部分就像一个楔子，置于两排齿之间，将两排齿分开。

世界上最大的拉链生产商每年生产超过**70亿**条拉链。

洗衣机

洗衣机和滚筒式烘干机都使用强大的电动机来实现自动化和加速手工操作。洗衣机主要有两种类型：前方装载洗衣机（滚筒洗衣机）和顶部装载洗衣机（波轮洗衣机）。

洗涤剂和柔顺剂置于托盘中的不同隔间

进水管将水从主供水管道输送到洗衣机中

洗涤剂托盘

管道将水和洗涤剂输送到滚筒中

程序选择器

弹簧

热水器

前装载门有防水密封功能，还有可以检测门是否完全关闭的传感器

前方装载洗衣机（滚筒洗衣机）

外滚筒通过弹簧和减震阻尼器固定在洗衣机内。外滚筒内部有一个由电动机带动旋转的内滚筒。在洗涤过程中，内滚筒缓慢转动以搅动水、洗涤剂和衣物，或者快速旋转以脱水。洗衣机的程序控制水温、洗涤时间以及漂洗和脱水周期。

门

内滚筒

传动带

排水泵

阻尼器

不锈钢内滚筒有孔，可以在排水或旋转时让水流出

管道排出滚筒中的洗涤水

过滤器

过滤器过滤掉松散的纤维和碎片，以防止排水管堵塞

电动机通过传动带旋转内滚筒

排水泵将洗涤水从外滚筒中排出

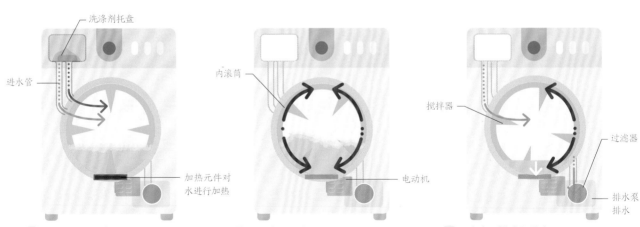

1 **水和洗涤剂填充滚筒**
水经过洗涤剂托盘流入洗衣机，使洗涤剂与水一同进入滚筒。洗衣机可以采用温水漂洗，也可以使用冷水。

洗涤剂托盘
进水管
加热元件对水进行加热

2 **漂洗和排水**
一旦达到所需的水量和温度，洗衣机就会启动洗涤程序。电动机使内滚筒中的水和洗涤剂的混合物来回转动。

内滚筒
电动机

3 **冲洗、搅动和排水**
洗涤水被排出后，再次向洗衣机中注满冷水。内滚筒中的搅拌器有助于清除松动的污垢和残留在衣服上的洗涤剂。

搅拌器
过滤器
排水泵排水

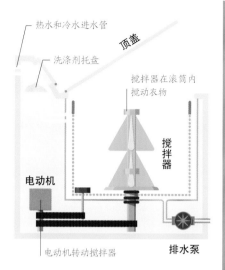

热水和冷水进水管

顶盖

洗涤剂托盘

搅拌器在滚筒内
搅动衣物

搅拌器

电动机

电动机转动搅拌器

排水泵

顶部装载洗衣机（波轮洗衣机）

波轮洗衣机也有外滚筒和内滚筒，但是在洗涤过程中这两个滚筒都不移动，而是用由电动机驱动的大型搅拌器充分搅动衣物、水−洗涤剂混合物。在脱水时，电动机会再次工作以驱动内滚筒甩干水分。

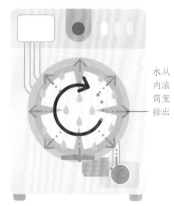

水从内滚筒里排出

4 **快速旋转和排水**
电动机使内滚筒高速旋转（300～1 800转/分），将水甩出内滚筒。此外，还可以吹入热风以帮助干燥衣物。

洗涤剂

大多数污渍和污垢可以单独用热水去除，但一些特别油腻的沉积物则需要使用化学物质清理。洗涤剂分子的一端是酸性的，它是亲水的（可以被水分子吸引），另一端是长烃链，可以被油脂吸引。它们一起附着在污渍上，帮助去除布料上的油脂。

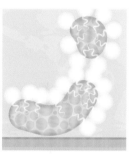

油脂

衣物表面

1 **洗涤剂释放**
洗涤剂溶解，其分子混合在滚筒内的水中，与衣物上的污渍接触。

2 **附着在污渍上**
洗涤剂分子被水排斥，但被油脂吸引的一端会附着在污渍上。多个洗涤剂分子聚集起来，一起吸附污渍。

3 **去除污渍**
洗涤过程中的搅动和洗涤剂分子亲油基对油性物质的拉力，将油脂从衣物上剥离，之后被漂洗掉。

20世纪20年代的洗衣机是由会排放废气的汽油发动机驱动的。

滚筒式烘干机

湿衣服放在滚筒式烘干机的大滚筒中，滚筒在电动机的驱动下缓慢转动。在大部分类型的烘干机中，滚筒通过频繁改变转动方向来防止衣物堆积。衣物在滚筒中上下翻滚，同时加热元件产生的干燥热风被风扇吹进滚筒，以干燥衣物。最后，温暖潮湿的空气通过通风口排出。在一些烘干机中，这些温暖潮湿的空气还会先通过热交换器，以使人们能获取它们所含有的热能。

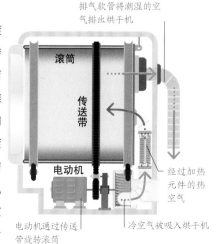

排气软管将潮湿的空气排出烘干机

滚筒

传送带

电动机

经过加热元件的热空气

电动机通过传送带旋转滚筒

冷空气被吸入烘干机

数字助理

这些多功能的联网设备以智能手机上的应用程序或智能音响等家用设备的形式存在。它们使用语音识别算法来理解用户的请求，然后通过互联网来传达和响应这些请求，例如，用手机运行娱乐应用程序或访问信息服务等。

为了让它们听起来更像人类，人们通过编程让数字助理在句子中插入停顿。

用户

1 **1** **发送请求**
用户通过语音向充当数字助理的智能音响发送两个请求。一个是调节家庭中央空调；另一个是询问明天巴黎的天气情况。

2 **2** **智能音响**
智能音响通常通过Wi-Fi连接到互联网上，并且使用麦克风识别和捕捉语音。模拟声音被处理成数字数据，通过互联网被发送给能够分析和响应请求的服务器。

智能音响的工作原理
智能音响可以播放来自互联网的语音或音乐，并可以捕捉声控指令或提问等语音。它通过互联网在云服务器之间传输数据（见第221页），以响应用户的请求。

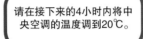

请在接下来的4小时内将中央空调的温度调到20℃。

法国巴黎明天的天气怎么样？

天气预报说巴黎明天有雨，最高温度为17℃。

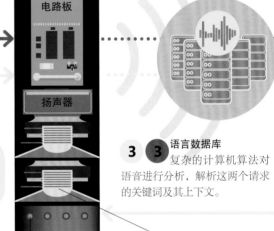

电路板

扬声器

3 **3** **语言数据库**
复杂的计算机算法对语音进行分析，解析这两个请求的关键词及其上下文。

6 **回答问题**
预测数据由设备服务提供商处理成语音文件。这些信号通过数字助理的放大器和扬声器播放给用户。

由几个麦克风组成的阵列捕捉语音后交给电路板中的微处理器处理

双扬声器播放语音时，高音扬声器用于高音，低音扬声器用于低音

第一台智能家用设备是什么？

1966年，美国工程师吉姆·萨瑟兰（Jim Sutherland）建造了Echo IV智能家庭计算机系统，该系统能够控制照明、供暖和电视。

数字家庭

计算能力、互联网和日常设备中嵌入式微处理器处理能力的迅速发展，使数百万台设备都能够被连接和控制。随着越来越多的联网设备进入家庭，数字技术使人们能够在外出时完成许多家务工作，例如，通过智能手机应用程序调节中央空调。

应用程序

智能手机应用程序
5 调节中央空调的请求会被发送给另一个数字设备——用户的智能手机，它通常会运行一款智能加热应用程序。该应用程序控制室内的恒温器，并向智能音响发送信号，提示用户的调节请求已经完成。

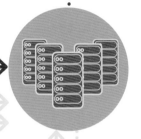

设备服务提供商
4 4 设备服务提供商识别请求并将它们指向对应的服务，该服务可能由另一个云服务器提供。了解巴黎天气的请求将被发送到天气数据库。调节中央空调的请求将被指向用户智能手机上的特定应用程序。

设备服务提供商将天气信息发回智能音响

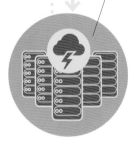

天气数据库
5 设备服务提供商访问天气数据库，以查找巴黎的温度和降雨概率。获得的数据通过设备服务提供商传输给智能音响。

物联网

数以亿计的、装有嵌入式微处理器且具有通信能力的设备可以连接到互联网上，与其他机器或人通信，并共享数据，例如，通过机器可读的二维码来表示自身信息。这种连接设备网络被称为"物联网"。

二维码
（英国DK出版社官方网址）

生物识别锁

越来越多的数字设备，如电子门锁，用扫描仪取代了实体钥匙。它们提前捕捉人体虹膜、指纹等生物特征，并使用软件将这些特征提取为存储在数据库中的独特模式。特征匹配会触发一个信号返回到锁中，指示它打开。

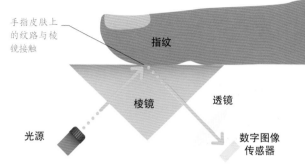

手指皮肤上的纹路与棱镜接触

指纹

棱镜　　　透镜

光源　　　数字图像传感器

1 光学指纹扫描仪
LED光穿过棱镜，从放置在扫描仪上的手指上反射回来，并通过透镜聚焦到数字图像传感器上。传感器会记录下构成指纹的脊和谷的图案。

识别指纹的特征

创建指纹的数字模式

指纹

2 分析和算法
软件通过分析指纹图像，找出诸如连接线等可识别的特征。该软件使用一种算法来创建指纹的数字模式。

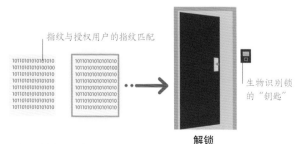

指纹与授权用户的指纹匹配

生物识别锁的"钥匙"

解锁

3 搜索和比较
将扫描获得的指纹的数字模式发送到数据库进行对比。如果发现与授权用户的指纹匹配，就向锁发送电子信号，指示其打开，准许该人进入。

5

声音和
视觉技术

波

许多技术都与波有关：麦克风检测声波，而扬声器产生声波；照相机探测光波，而投影仪产生光波；通信使用无线电、光波和红外线等电磁波来发送和接收信号。

纵波
声波是纵向传递的波。这是因为气压的变化是向前和向后的，与波传播的方向相同。

高压区，空气分子靠得更近 →

振荡与波的传播方向平行

声波和光波

波是一种振动的传播。声波是由振动的物体（比如吉他弦）产生的。弦来回振动时会产生不同的气压，而这些气压的变化会向各个方向传播。声波属于纵波（见上文）。光波和其他电磁波（见右图和下图）是由携带电荷的粒子（如原子中的电子）产生的。这些粒子的振动会造成电场和磁场的变化，而这些变化与波的方向垂直，因此它们是横波。

火车喇叭

波的方向 ·····→

振荡与波的传播方向成直角

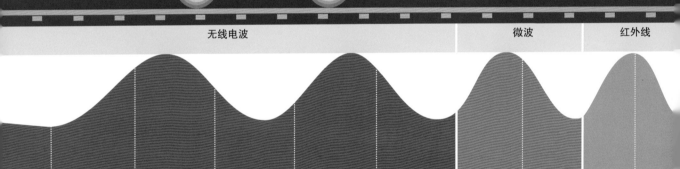

无线电波					微波		红外线	
1 km	100 m	10 m	1 m	10 cm	1 cm	1 mm	100 μm	10 μm

电磁光谱

光是电磁辐射——由电场和磁场扰动产生的波。我们的眼睛对从低频红光到高频蓝光的一系列光都很敏感。但是，除可见光谱外，还有其他种类的电磁辐射：频率低于可见光的无线电波、微波和红外线，以及频率更高的紫外线、X射线和 γ 射线。

射电望远镜
碟形天线可以用来探测遥远恒星发出的无线电波。

微波炉
当高能微波激发食物里面的水分子时，食物就会变热。

遥控器
遥控器使用红外线脉冲来传输数字控制代码。

横波

光波是横向的：电场和磁场的变化是上下、左右的，它们都与波的传播方向垂直。

测量波

所有波都有可测量的特征：传播的速度、振幅（最大振动强度）、频率（振动重复的频繁程度）、波长（波谷之间的距离）。

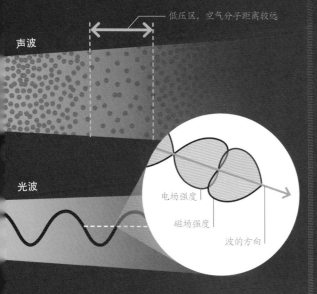

低压区，空气分子距离较远

声波

光波

电场强度

磁场强度

波的方向

波的关系

对于固定的波速，增加波长会降低频率，反之亦然。

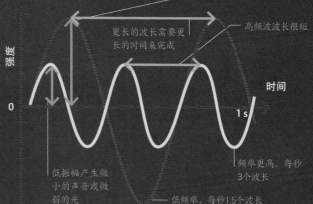

振幅是从波振荡的中心线开始测量的

更长的波长需要更长的时间来完成

高频波长很短

强度

时间

0

1 s

低振幅产生微小的声音或微弱的光

频率更高，每秒3个波长

低频率，每秒1.5个波长

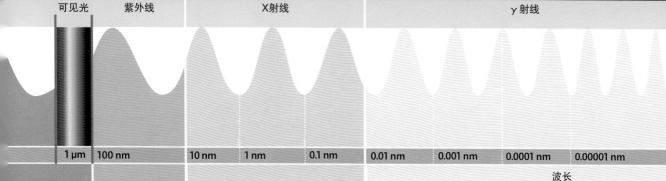

可见光	紫外线	X射线		γ射线			
1 μm	100 nm	10 nm	1 nm	0.1 nm	0.01 nm	0.001 nm	0.0001 nm	0.00001 nm

波长

人眼
我们的眼睛能探测到波长范围很小的光谱。

消毒
某些波长的紫外线可以用来杀菌和消毒。

牙科X射线
短波长X射线可以穿过牙龈组织，方便医生观察下面的牙齿。

车辆检查
高能γ射线可以穿透车辆，以显示车内是否有危险物品。

使用电磁辐射
人类将电磁辐射用于一系列技术。最短的波长是以微米（百万分之一米）和纳米（十亿分之一米）为单位测量的。

麦克风和扬声器

麦克风产生一种被称为"音频信号"的电波。这种电波是输入声波气压变化的复制品。当音频信号被放大，并通过扬声器播放时，原始声音便会再现，其音量也会增大。

我应该带耳塞去听音乐会吗?

音乐会上的扬声器会产生巨大的气压变化，以产生极高的声音，这可能会损害你的耳朵，所以如果你靠近音响，戴耳塞是个保护自己听力的好主意。

1 振膜内移
当声波进入麦克风时，它会穿过一层保护性金属网，然后到达连接在一个细线圈上的振膜。高压空气向内推动振膜，使线圈向下移动。

2 振膜外移
低压空气使振膜向外移动。结果，振膜随着撞击它的声波的快速变化而来回移动。当振膜向内和向外移动时，它会带着连接的细线同时移动。

3 产生的音频信号
线圈围绕着永磁体的一个磁极，且其产生的电流先向一个方向，然后向另一个方向。这种交流电，即音频信号，是声波气压变化的复制品。

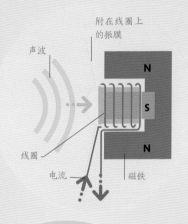

声波
附在线圈上的振膜
N
S
N
线圈
电流
磁铁

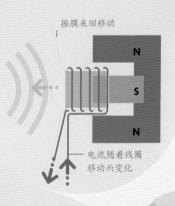

振膜来回移动
N
S
N
电流随着线圈移动而变化

开关
容器
动态麦克风

金属网挡板
磁铁
线圈
振膜

捕捉声波

声音本质上是空气的扰动，以高低气压交替的形式从声源传播出去（见第136～137页）。麦克风产生的音频信号是一种变化的电流：电流的变化与声波中压力的变化相对应。麦克风内部有一层叫作"振膜"的薄膜。当声波撞击振膜时，振膜会来回振动，正是振膜的这种运动产生了电信号。

动态麦克风
动态麦克风是一种常用的麦克风类型。在它的内部，振膜使磁铁周围的线圈振动，以产生交流电。

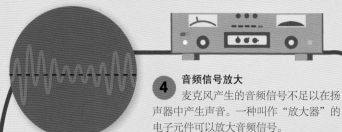

4 **音频信号放大**
麦克风产生的音频信号不足以在扬声器中产生声音。一种叫作"放大器"的电子元件可以放大音频信号。

制造声音

扬声器利用音频信号来再现声音。音频信号可能直接来自麦克风，也可能存储在电脑或智能手机的内存中。它甚至可能被编码成无线电波，以无线的方式进行传输。但是，无论音频信号来自哪里，它自身的强度都太弱了，不能直接产生响亮的声音，因此在其到达扬声器之前必须被放大。

扬声器

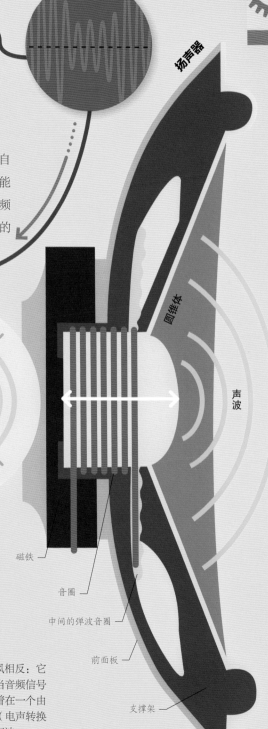

圆锥体

声音输入

电流通过音圈

N

S

N

声波

纸筒移入

振动

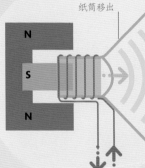

纸筒移出

N

S

N

声波

磁铁

音圈

中间的弹波音圈

前面板

支撑架

5 **声音输出**
放大的音频信号被送到扬声器中。音频信号的交流电通过扬声器内部的音圈（线圈），产生变化的磁场。变化的磁场导致音圈和附着在音圈上的纸筒来回振动，再现原始声波。

扬声器
扬声器的工作原理与动态麦克风相反：它包含一个被音圈包围的磁铁，当音频信号通过时，音圈会移动。音圈附着在一个由纸、塑料或金属制成的圆锥体（电声转换器）上，它来回移动时会产生声波。

数字声音

数字声音以二进制数字序列的形式存储。这些数字序列描述了音频信号的振荡，即原始声波的复制品。播放声音需要电路，电路可以从数字序列中重建音频信号，并通过扬声器播放声音。

模拟到数字再到模拟

数字化始于音频信号——声波的复制品，即模拟信号。通常，信号源头来自麦克风（见第138页）。模数转换器（ADC）每秒钟测量音频信号的电压数千次。它根据电压强度为每个测量值分配一个数字。这些数字以二进制形式存储（见第158页）。要播放声音，必须产生音频信号并将其发送给扬声器（见第139页）或耳机。这是由数模转换器（DAC）完成的。

4 信号处理
声音现在以二进制数字序列的形式存储。经过处理，它还可以与其他声音进行混合。

由1和0组成的波

3 信号转换
模数转换器测量电压，并为每个测量值分配一个二进制数。

ADC芯片

ADC

2 电缆携带信号
麦克风电缆中变化的电压是音频信号——空气中快速变化的气压值信号的复制品，即模拟信号。

电压变化

1 声音捕获
声音以不同气压波的形式到达，这在麦克风内部产生了一种电压。

麦克风捕捉模拟音频信号

什么是压缩音频？

高质量的数字声音会占用大量存储空间。压缩音频数据减少了其占用的存储量，同时对音质几乎没有影响。

16位的数字声音可以记录由65 536级不同的电压代表的音频信号。

5 存储声音
二进制数字序列可以存储在设备的内存（如硬盘或U盘）中。

硬盘驱动存储设备

6 重建声音
为了再现声音，处理器从存储器中检索序列，准备重建音频信号。

信号恢复

7 变回模拟信号
数模转换器使用从存储器中检索的二进制数字序列来重建音频信号。

DAC 信号重构

8 放大信号
现在信号被恢复成模拟形式，以便驱动放大器。

放大波

9 回放
放大的音频信号在扬声器内来回推动圆锥体转换器，产生不同压力的声波。

声音的质量

　　数字声音的质量取决于采样率，以及使用多少位（二进制数字）来表示每个样本。光盘上的声音质量是标准化的。它每秒采样44 100次，每个样本为16位。

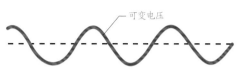

可变电压

原始模拟音频信号
麦克风产生的音频信号是电压变化的平滑波。每秒钟波动几百或几千次。

每秒多次采样　　多级电平

高质量
数字声音无法再现完美的模拟音频信号，但电压水平越高，每秒采样数越多，效果就越好。

每秒采样数很少　　数字电平少

低质量
质量差的音频断断续续且失真，因为每个样本的位数更少，这意味着更少的电平和每秒更少的采样数。

打电话
　　当你打电话时，你的声音以数字形式在电话网络中传播。智能手机内置了模数转换器和数模转换器。对于座机来说，ADC和DAC都设在家庭之外。

望远镜

我们能看见东西是因为它们发出或反射的光能在眼睛后部的视网膜上形成图像。远处的物体在视网膜上只产生一个小图像。望远镜则可以放大图像，使其在视网膜上变大。

望远镜

在望远镜中，称为"物镜"的透镜可以聚焦来自远处物体的光，形成了物体的图像。目镜能够将图像放大。物镜的焦距（透镜与光线相交点之间的距离）越大，管中形成的图像就越大。目镜的焦距越短，图像在人眼里就越大。

反射望远镜

反射望远镜的物镜是凹面镜，它将光线聚焦并反射回管内，然后由平面镜将光线投射到目镜上。

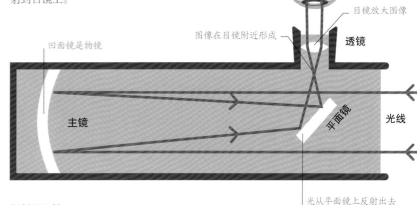

眼睛

目镜放大图像

图像在目镜附近形成

透镜

凹面镜是物镜

主镜

平面镜

光线

光从平面镜上反射出去

太空望远镜

大气吸收来自遥远行星、恒星和星系的光，且大气的湍流运动会降低这些天体图像的质量。太空望远镜能克服这些问题，它以数码形式捕获图像并将图像传回地球。

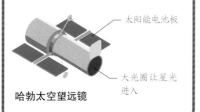

太阳能电池板

大光圈让星光进入

哈勃太空望远镜

折射望远镜

折射望远镜的物镜是一个透镜。由于只有两个透镜，因此其产生的图像是颠倒的，所以一些折射望远镜会有更多的透镜，以产生正立的图像。

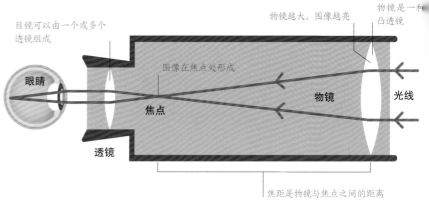

物镜越大，图像越亮

目镜可以由一个或多个透镜组成

图像在焦点处形成

物镜是一种凸透镜

眼睛

焦点

物镜

光线

透镜

焦距是物镜与焦点之间的距离

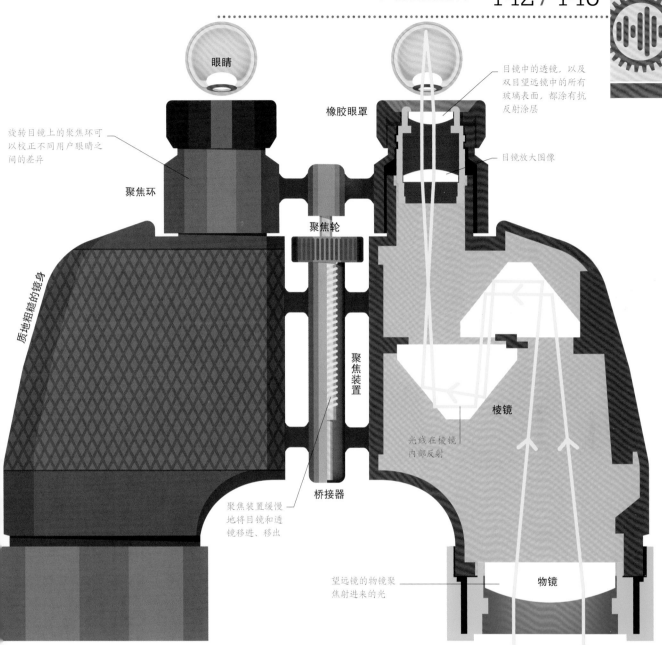

眼睛

橡胶眼罩

目镜中的透镜，以及双目望远镜中的所有玻璃表面，都涂有抗反射涂层

旋转目镜上的聚焦环可以校正不同用户眼睛之间的差异

目镜放大图像

聚焦环

聚焦轮

质地粗糙的镜身

棱镜

光线在棱镜内部反射

聚焦装置

桥接器

聚焦装置缓慢地将目镜和透镜移进、移出

望远镜的物镜聚焦射进来的光

物镜

光线

双目望远镜

双目望远镜由两个并排的折射望远镜组成，即每只眼睛一个。每个管里有两个玻璃棱镜，能将图像转到正确的方向上，并使光线折射两次，以缩短管的长度，同时将物镜所成的倒立的图像倒转过来。较小的尺寸使双目望远镜易于携带，两个目镜使眼睛更加舒适。

折射望远镜最大的物镜直径为102厘米，它位于耶基斯天文台。

电气照明

目前大多数电气照明使用荧光灯或LED灯。尽管白炽灯泡的使用率正在下降，但目前我们仍能找到这些能源效率极低的白炽灯泡。

3 产生可见光
当紫外线照射到涂在玻璃上的荧光粉时，荧光粉就会发光。因为存在红色、绿色和蓝色的荧光粉，因此整体组合显示为白色。

2 电子释放能量
被激发的电子"下降"回到它们原来的能级。当它们下降到原来的能级时，它们会以紫外辐射光子的形式释放能量。这种辐射人眼是看不见的。

1 电子被激发
高压电流通过灯泡内的低压汞蒸汽。汞原子中的电子被激发，或者被撞击到更高的能级。

图例
- ⊖ 自由电子
- ⬤ 激发态汞原子

紧凑型荧光灯

在荧光灯中，光是由覆盖在玻璃管内部的称为"荧光粉"的发光材料产生的。荧光粉产生红色、绿色和蓝色的光，它们混合在一起时便呈现白色。家庭中使用的荧光灯是紧凑型荧光灯（CFL），这种灯的灯管缠绕在一起以节省空间。当打开开关时，电流作用在玻璃管中的蒸汽上，激发蒸汽中的自由电子，使它们与束缚在汞原子上的电子发生碰撞。这就产生了紫外线辐射，紫外线照射到荧光粉上，就能产生可见光。

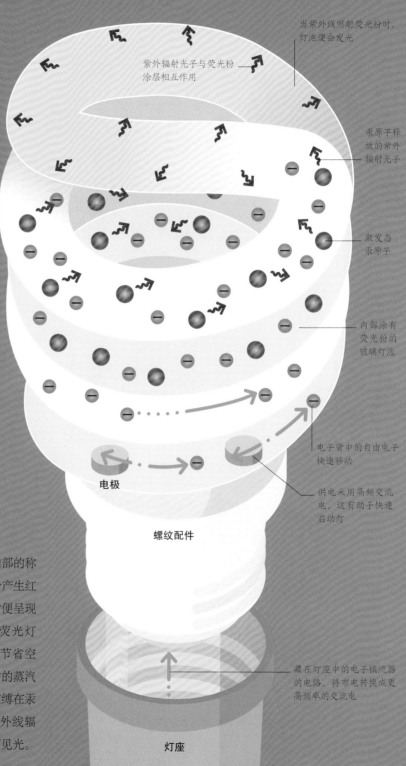

当紫外线照射荧光粉时，灯泡便会发光

紫外辐射光子与荧光粉涂层相互作用

汞原子释放的紫外辐射光子

激发态汞原子

内部涂有荧光粉的玻璃灯泡

电子管中的自由电子快速移动

供电采用高频交流电，这有助于快速启动灯

电极

螺纹配件

藏在灯座中的电子镇流器的电路，将市电转换成更高频率的交流电

灯座

LED灯

在LED（发光二极管）灯中，光是由两种半导体夹层产生的，即n型（负）和p型（正）。当连接到电源上时，电子从n型半导体流向p型半导体，且以光粒子的形式释放能量，这些光粒子又称为"光子"。在许多家用灯具中，LED灯会产生蓝光，其中一些会被涂在LED灯上的荧光粉吸收。荧光粉本身发出黄光，蓝光和黄光的组合便会形成白光。

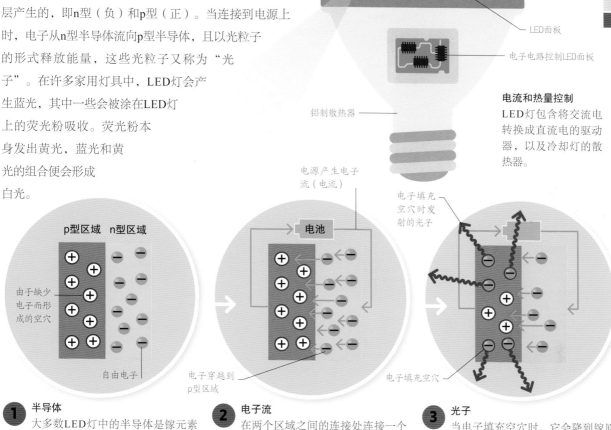

球体

LED面板

电子电路控制LED面板

铝制散热器

电流和热量控制
LED灯包含将交流电转换成直流电的驱动器，以及冷却灯的散热器。

电源产生电子流（电流）

电子填充空穴时发射的光子

电池

电子填充空穴

由于缺少电子而形成的空穴

p型区域　n型区域

自由电子

电子穿越到p型区域

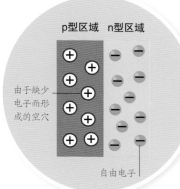

1 半导体
大多数LED灯中的半导体是镓元素的化合物。添加其他元素能产生n型（电子多）和p型区域（电子少）。

2 电子流
在两个区域之间的连接处连接一个电源，将电子从n型区域推入p型区域。在p型区域中，这些电子将填充由于缺少电子而产生的空穴。

3 光子
当电子填充空穴时，它会降到镓原子的较低能级，其能量降低时会释放出一个光子。一个LED灯每秒钟产生数十亿或数万亿个光子。

光源（等亮度）
CFL 功耗18W 平均寿命8 000小时
LED灯 功耗9W 平均寿命25 000小时
白炽灯 功耗60W 平均寿命1 200小时

白炽灯

直到20世纪末，最常见的家用电灯仍是白炽灯。在白炽灯的灯泡内部，有一根被称为"灯丝"的细卷钨丝，当电流流过时它会变得炽热。因为灯泡内充满了惰性气体而非空气，因此灯丝不会燃烧，同时白炽状态的钨丝会发光。

灯泡内充满惰性气体

钨会发光，因为它温度很高

电触头

激光器

激光器会发出一束强烈的光,该光束是准直(全部沿直线方向,而不是发散的)且相干(所有的波都是同步的,且频率相同)的。"激光"一词的意思是"受激辐射光放大",指的是基于粒子(原子、分子)受激辐射放大原理而产生的一种相干性极强的光。

激光可以被用作武器吗?

可以,有一些激光系统作为武器使用,高功率激光可以用来摧毁目标。不过,目前大多数类似系统仍处于试验阶段。

电路板为激光器提供合适的电流

压力开关

准直透镜使光束变窄、变直

电池

开关

驱动器

激光二极管

准直透镜

激光笔
人们使用激光来突出幻灯片上的内容。激光笔的内部是二极管(见下文)、电池和电子电路。

固体激光器

低功率固体激光二极管是最常见的激光器,其中的光是由半导体材料的固体夹层产生的。固体夹层的外层由硅与其他元素结合或"掺杂"而成,用于导电,而内层则是无掺杂的。电流流过这两层时,会激发产生光束的过程,导致产生光子(见对页)。激光二极管可以用于光纤电缆、激光打印机和条形码阅读器等设备。

激光二极管
半导体材料的外层是"掺杂"的n型和p型(见第160页),内层则没有掺杂。

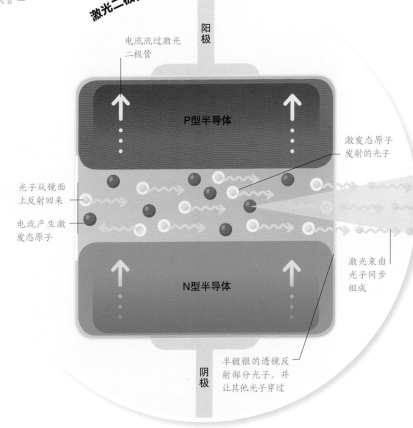

激光二极管

电流流过激光二极管

阳极

P型半导体

激发态原子发射的光子

光子从镜面上反射回来

电流产生激发态原子

N型半导体

激光束由光子同步组成

半镀银的透镜反射部分光子,并让其他光子穿过

阴极

激光的用途

医用
激光用于外科手术、烧灼伤口及眼睛矫正手术中极其精确的切割。

测量
廉价、低功率的激光器能产生准直的细光束，这对建筑工人和测量员来说很有用。

焊接
有些激光可以用于高速工作，如连接汽车车身的零件。

制造业
激光用于服装行业的织物精确切割，以及在键盘上刻出字母或数字。

娱乐
激光在音乐会上可以提供灯光表演，CD和DVD播放器也使用激光来读取和存储信息。

通信
红外激光二极管通过光纤在网络中发送数字信息。

气体激光器

　　并非所有激光器都是固体激光器。实际上最强大的激光器是气体激光器。在这种激光器中，被激发的电子位于气体的原子中。例如，以二氧化碳气体作为激光介质的激光器主要用于切割和焊接汽车零件。

激光束

光子是如何产生的

　　组成激光束的光子是通过受激辐射过程产生的。它们是由激光介质原子中的电子产生的——在固体激光二极管中，该介质是半导体夹层中未掺杂的半导体（见对页）。电流将电子激发到更高能级。当电子回落到较低的能级时，额外的能量以光子的形式释放出来。光子穿过激光介质，激发更多受激电子释放光子。激光的颜色取决于高低能级之间的能量差。

激光可以测量地球到月球的距离，误差不超过几厘米。

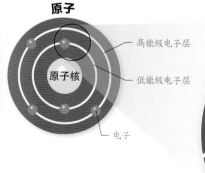

原子

高能级电子层

原子核

低能级电子层

电子

电子壳层
原子中的电子排列在不同能级的壳层中。离原子核较近的粒子能量较低。

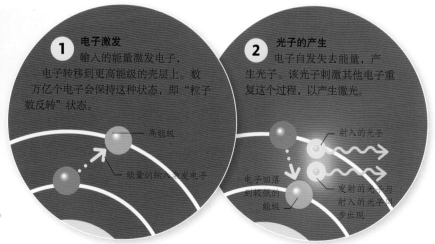

①　电子激发
输入的能量激发电子，电子转移到更高能级的壳层上。数万亿个电子会保持这种状态，即"粒子数反转"状态。

高能级

能量的输入激发电子

②　光子的产生
电子自发失去能量，产生光子。该光子刺激其他电子重复这个过程，以产生激光。

射入的光子

电子回落到较低的能级

发射的光子与射入的光子同步出现

全息图

全息图是由激光束产生的三维图像。它以干涉图样的形式存储在全息胶片中，干涉图样中包含了物体的表面信息。在观看全息图时，你看到的图像是有深度的，你可以通过移动视角从不同的方向观察它。

音乐会上音乐表演者的全息图是真正的全息图吗？

不是的，它们是由镜子创造的图像，是一种叫作"珮珀尔幻象"的视觉效果。

制作全息图

全息图是用激光制作而成的。值得注意的是，激光的光波都是"同步的"（见第146～147页）。制作全息图时，激光束穿过一个分光镜，一半的光束形成参考光束，直接投射到全息胶片上；另一半光束形成物光束，它从要拍摄的物体上反射回来。反射回来的物光束落在胶片上后，物光束与参考光束在胶片上合并或相互干涉。这种干涉会产生一种包含物体表面信息的图样——冲洗出来后，将光线照射在胶片上，就可以提取出这些信息。

如果你把一个全息图分成许多碎片，那么每个碎片都包含完整图像。

全息图

参考光束和物光束合二为一时，便形成了全息图。光束之间的干涉图样在全息胶片上被显示出来后，我们就可以看到全息图。

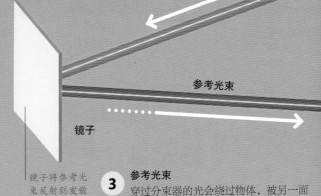

参考光束

镜子

镜子将参考光束反射到发散透镜上

3 参考光束
穿过分束器的光会绕过物体，被另一面镜子反射到全息胶片上。在这一过程中，它会通过发散透镜使自身的光束变宽。

安全全息图

钞票、信用卡和音乐会门票上的全息图是独一无二的，旨在防止这些物品被伪造。它们由激光束制造而成，但在普通日光下是可见的。

银行卡

日光反射全息图

观看全息图

上述内容中介绍的全息图被称为"透射全息图"，另一种全息图是反射全息图。这两者有一定的相似之处，但反射全息图没有分束器：参考光束通过全息胶片后，被位于胶片后面的物体反射，形成物光束。当胶片被冲洗出来时，它的视觉效果看起来很暗，上面有奇怪的线条，但是却看不出图像。要查看反射全息图，需要用一束激光穿过胶片，反射其内部的干涉图样以产生图像。

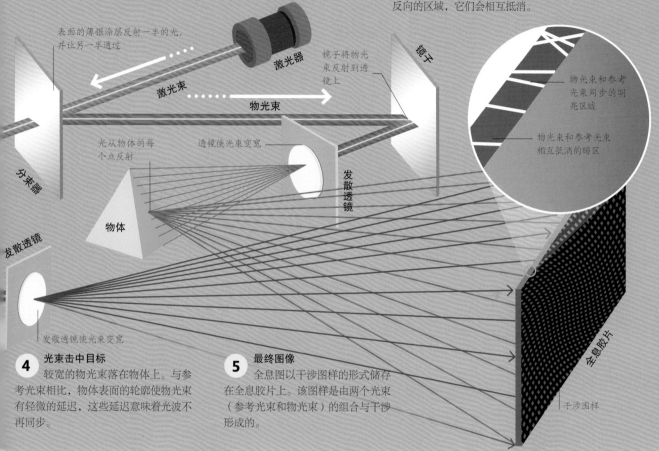

2 形成物光束
被分束器反射的光形成物光束。一面镜子会将它反射到物体上，但它首先需要通过一个发散透镜使光束变宽。

1 激光器发射光束
激光器发出的光以相干光波的细光束形式存在。这意味着它们都具有相同的波长，并且彼此同步。

全息板
从物体表面反射的光波将与参考光束的波不完全同步。当两种光波在胶片上相遇时，它们会合并或者发生干涉。有的区域两种波同步或者同向，它们就会互相加强；而在不同步或者说反向的区域，它们会相互抵消。

表面的薄银涂层反射一半的光，并让另一半通过

激光器

镜子

镜子将物光束反射到透镜上

激光束

物光束

物光束和参考光束同步的明亮区域

物光束和参考光束相互抵消的暗区

光从物体的每个点反射

透镜使光束变宽

发散透镜

分束器

物体

发散透镜

发散透镜使光束变宽

全息胶片

4 光束击中目标
较宽的物光束落在物体上。与参考光束相比，物体表面的轮廓使物光束有轻微的延迟，这些延迟意味着光波不再同步。

5 最终图像
全息图以干涉图样的形式储存在全息胶片上。该图样是由两个光束（参考光束和物光束）的组合与干涉形成的。

干涉图样

观看透射全息图
当光线从透射全息图的全息胶片内部的干涉图样上反射回来时，它们会重现从物体上反射回来的光的图案。因此，它们在全息胶片后面形成物体的图像。这个图像有深度，可以从任何角度观看。

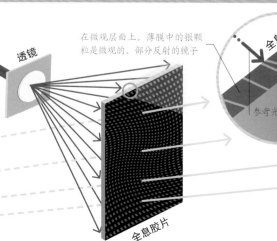

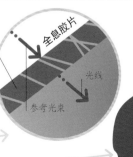

激光器

透镜

参考光束

在微观层面上，薄膜中的银颗粒是微观的、部分反射的镜子

全息胶片

光线

参考光束

虚拟物体

全息胶片

投影仪

投影仪每秒在屏幕上产生25、30或60个明亮的图像。每一幅图像，或者说每一帧，都由数千个像素组成。投影仪产生像素有多种方式，但最常见的投影仪技术是DLP，即数字光处理技术。

DLP投影仪的工作原理

在DLP投影仪产生的图像中，每个像素都是由投影仪内成千上万个小镜子中的某一个反射的光形成的。每一帧都由红、绿、蓝像素组成，且一帧接一帧地显示。这三种颜色以不同的亮度混合在一起，可以形成任何颜色。数字编码形式的指令会按一定顺序混合这些不同颜色的像素，并在屏幕上产生图像。这些数字指令由计算机传输至投影仪，或存储在投影仪内存卡上。

4 投影图像
镜子引导通过透镜的光线聚焦在屏幕上，所有镜子反射的光构成投射图像。

投影透镜把图像聚焦到屏幕上

SD卡保存要发送到镜像阵列的数据

电路板

内存芯片

投影仪内部
投影仪由光源、将光线分成不同颜色的滤光器以及一系列聚焦和放大图像的镜子和透镜组成。

数字微镜元件向镜子反射彩色光

透镜将光线聚焦到数字微镜元件上（见下页）

镜子

SD卡

镜子将不同颜色的光反射到投影透镜上

整形透镜

色轮由红、绿、蓝等分色滤光片组成，还有一个白色滤色片，用于锐化图像

色轮

3 镜子引导光线
彩色光线照射到一排微小的镜子上，每个像素对应一面镜子。镜子快速地来回移动，引导光线通过投影透镜或使光线留在投影仪内。

聚光透镜

2 滤色片
聚焦的光线通过每一帧（每一幅静止图像）旋转一次色轮。这使得每一帧都可以由红、绿、蓝像素组成。

电灯泡

聚光透镜聚焦光线

1 光线聚焦
构成图像的光是由投影仪内一盏明亮的灯发出的。光线透过聚光透镜，聚焦到色轮上并且穿过色轮。

明亮的灯发光

电影放映机

胶片以一系列帧（静止图像）的形式承载运动图像。在电影放映机内，胶片会短暂地停止，在电影进入下一帧之前，旋转的快门会打开以允许光线通过。

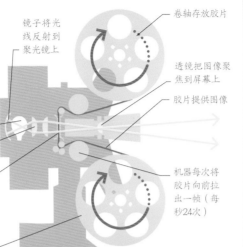

镜子将光线反射到聚光镜上

卷轴存放胶片

透镜把图像聚焦到屏幕上

光线

胶片提供图像

聚光镜使光线聚集在透镜上

快门在屏幕上闪烁3次，以避免频闪

机器每次将胶片向前拉出一帧（每秒24次）

胶片通过机器后绕到第二个卷轴上

我可以用智能手机投射图像吗？

可以。大多数投影仪支持无线连接，允许用户放映智能手机和平板电脑上的内容。有些智能手机甚至内置投影仪。

数字微镜元件

每个微小的镜子每秒可以旋转数千次，它通过透镜发送光线的时间越长，像素就越亮。

数字微镜元件特写

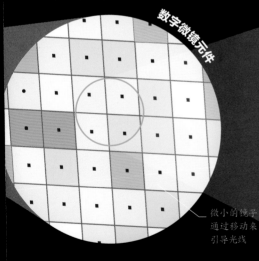

数字微镜元件

微小的镜子通过移动来引导光线

从第二反射镜和投影透镜反射来的光

向第二反射镜和投影透镜反射的光

镜子向前倾斜

镜子向后倾斜

铰链层倾斜镜

镜子下的电极接收电荷

数字微镜元件

DLP投影仪的核心是数字微镜元件（DMD）。它容纳了成千上万个微小的、可移动的镜子，这些镜子使入射光被导向或远离投影透镜。投影仪的处理器芯片向镜子角落下方的微小电极发送电荷，以使镜子倾斜。

DLP投影仪中的小镜子可以改变自身的倾斜度，每秒改变次数最高可达5 000次。

数码相机

智能手机和平板电脑中的相机，以及作为独立设备的数码相机，都有3个主要部件：镜头（它在相机内部生成图像）、捕捉图像的光敏芯片或传感器、将图像数字化的处理器。

数码单反相机的工作原理

独立数码相机有两种主要的类型：紧凑型相机和数码单反相机。紧凑型相机有一个主镜头，通常还有一个单独的取景器。数码单反相机有一面镜子，可以将光线从主透镜向上导向目镜，这样在拍照时，我们就可以透过相机的镜头看到画面。这个镜子还可以充当快门，当按下快门按钮时，镜子会向上翻起让开光路，让光线照射到数字传感器上。

世界上最大的数字图像由70 000幅高分辨率图像拼接而成，这些高分辨率图像由3 650亿个像素组成。

捕捉图像
相机的工作原理类似于人眼，即在相机前半部分有一个镜头，在后半部分形成图像。图像落在数字传感器上，该传感器有数百万个排列成网格的光敏部件。

1 聚焦光
镜头聚焦光以产生图像。它可以手动或自动地前后移动，以确保照片的主体处于焦点上。

模拟信号

透镜　　　　　　　光路

镜头前部通道　　光线通过前　　变焦元件调节
供光线进入　　　面的镜头　　　镜头的焦距

像素和分辨率

一幅数字图像是由成千上万个称为"像素"的点组成的。像素越多，分辨率越高，图像越清晰。每个像素都有与之相关联的二进制数，这些二进制数决定了该像素在屏幕上应该显示多少红光、绿光和蓝光。

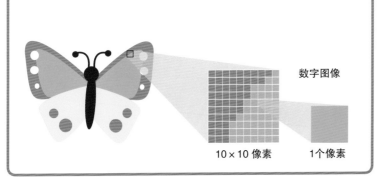

数字图像

10×10 像素　　　1个像素

为什么晚上拍的照片模糊不清？

在弱光条件下，快门需要在更长时间内保持打开状态以收集足够的光，因此在此期间移动的任何东西都会显得模糊。

2 光线控制
称为"虹膜光圈"的可调光圈控制着进入数字传感器光线的多少,以及图像有多大部分处于清晰聚焦范围内。

光圈

三棱镜

取景器目镜镜头

眼睛

聚焦屏幕
聚光透镜

数字信号

反射和中继镜

彩色滤光片

数字传感器

快门

显示

光圈

焦点

模数转换器

光圈允许
光线进入

反射和中继镜向上
移动让光线进入

彩色滤光片

3 光线引导
光线穿过光圈到达反射和中继镜,然后被导向目镜。

4 快门打开
快门在镜子后面,而一些相机会用镜子当快门。拍照时,快门向上翻起,让光线照射到数字传感器上。快门向上翻起的时间越长,穿过的光线就越多。

5 图像传感器
当快门打开时,图像会落在由数百万个光电二极管组成的数字传感器上。每一个光电二极管都产生一个电压,电压的大小取决于照射在上面的光线的多少。

6 将图像数字化
模数转换器产生二进制数字流,它们对应数字传感器元件产生的电压信号,这些数据存储在相机的存储卡中。

蓝色数量

绿色数量

红色数量

图像存储为
数字信息

存储卡

彩色图像

彩色图像的每个像素都有红、绿、蓝三种颜色的色彩强度值,对应人眼中的红色、绿色和蓝色感光细胞。传感器前面有红色、绿色或蓝色的马赛克滤光片,因此每个光电二极管只能接收其中一种颜色。相机中的计算机程序检查相邻像素的亮度,以计算出每个像素的值。

光电探测器测量落在其上的光子

微透镜将光线汇聚到每个像素中,提高了数字传感器的灵敏度

像素

硅片

信号

绿色滤光片只
让绿光通过

光电二
极管接
收颜色

彩色滤光片和数字传感器细部

打印机和扫描仪

打印机使我们能够输出存储在计算机或其他数字设备上的文档和图片，而扫描仪能将文档和照片转化为数字图像。

喷墨打印机

最常见的打印机使用喷射墨滴的方法在要打印的页面上形成图像和文字。在打印机中，墨盒来回移动，当墨盒下方的纸张被向前推动时，墨盒会将墨水喷到纸张上。彩色图像是由数百万个墨水点组成的，它们有四种颜色：黄色、品红色、青色和黑色。在许多打印机中，三种非黑色墨水装在一个墨盒中。每种颜色都是单独添加的，它们以不同方式结合在一起，呈现出色彩和色调的微妙变化。墨盒头有数百个孔，墨水被挤压并通过这些孔喷射出去。

2 打印机收到的消息
打印机内部的软件会根据所需的纸张尺寸来处理图像或文档。如果墨水量低或没有纸张，打印机还会与计算机通信以提醒用户添加墨水或纸张。

打印机使用Wi-Fi接收数据

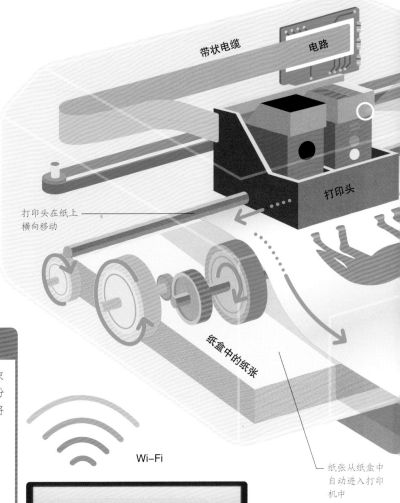

带状电缆

电路

打印头

打印头在纸上横向移动

纸盒中的纸张

纸张从纸盒中自动进入打印机中

Wi-Fi

激光打印机

激光扫描旋转的滚筒，而滚筒上被光束照射的地方会产生负电荷。带正电荷的墨粉会粘在激光击中的滚筒上。加热的滚筒会将墨粉熔化并使其附着到纸张上。

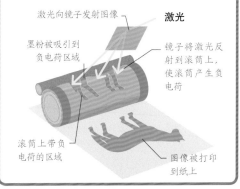

激光向镜子发射图像

激光

墨粉被吸引到负电荷区域

镜子将激光反射到滚筒上，使滚筒产生负电荷

滚筒上带负电荷的区域

图像被打印到纸上

1 发送到打印机的图片或文档
计算机准备图片或文档，将其表示为打印机可以处理的二进制数字信号（见第158页），并通过电缆或无线网络发送给打印机。

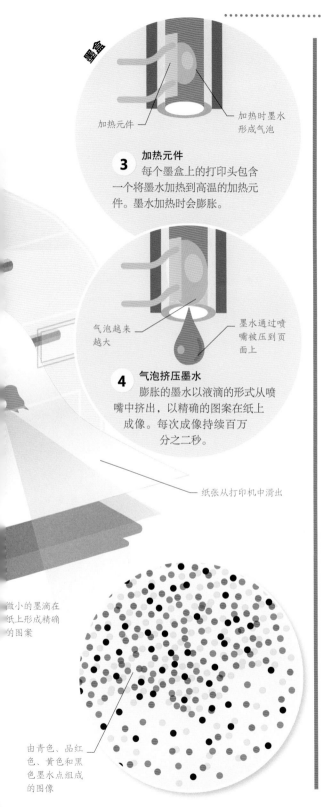

墨盒

加热元件

加热时墨水形成气泡

3 加热元件
每个墨盒上的打印头包含一个将墨水加热到高温的加热元件。墨水加热时会膨胀。

气泡越来越大

墨水通过喷嘴被压到页面上

4 气泡挤压墨水
膨胀的墨水以液滴的形式从喷嘴中挤出，以精确的图案在纸上成像。每次成像持续百万分之二秒。

纸张从打印机中滑出

微小的墨滴在纸上形成精确的图案

由青色、品红色、黄色和黑色墨水点组成的图像

扫描仪的工作原理

扫描仪可以将正面朝下放置在玻璃扫描平台上的文件扫描为数字图像。数字图像由像素组成，与数码相机产生的图像一样（见第152~153页）。一盏明亮的条形灯扫描文件。从文件上反射回来的光照射到电荷耦合元件上，电荷耦合元件产生一个电信号，该电信号根据接收到的光的多少而变化。信号传递给模数转换器，该转换器产生二进制数字信号。然后，扫描仪通过电缆或无线网络将数字图像发送给计算机。

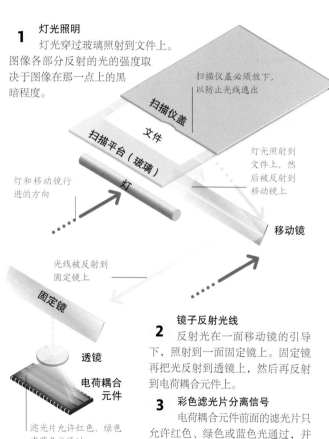

1 灯光照明
灯光穿过玻璃照射到文件上。图像各部分反射的光的强度取决于图像在那一点上的黑暗程度。

扫描仪盖必须放下，以防止光线逸出

扫描仪盖

文件

扫描平台（玻璃）

灯

灯和移动镜行进的方向

光线被反射到固定镜上

固定镜

透镜

电荷耦合元件

滤光片允许红色、绿色或蓝色光通过

灯光照射到文件上，然后被反射到移动镜上

移动镜

2 镜子反射光线
反射光在一面移动镜的引导下，照射到一面固定镜上。固定镜再把光反射到透镜上，然后再反射到电荷耦合元件上。

3 彩色滤光片分离信号
电荷耦合元件前面的滤光片只允许红色、绿色或蓝色光通过，并为每种颜色产生一个单独的信号。

大多数打印机会在每一页上留下被称为"机器识别码"的微粒。●●●●●●

6 计算机技术

数字世界

我们用来交流和存储信息的大多数设备是数字化的，如电脑、照相机和收音机。在数字设备内部，信息以二进制数的形式进行存储和处理。

数字化信息

数字设备存储和处理的信息包括文本、图像、声音和视频，以及使设备工作的软件。这些信息由二进制数表示，二进制数全部由0和1两个数字组成。任何数字都可以用一组二进制数来表示。用这种方法记录和存储信息的过程称为"数字化"。

为什么使用二进制？
在数字设备中，二进制数0和1通常以电流（开和关）或电荷（存在或不存在）的形式存在。所有数字设备中都嵌入了计算机，以存储和处理这些二进制数。

触摸数字化
智能手机或平板电脑的触摸屏（见第204～205页）会产生两个二进制数，代表在屏幕上触摸的点的坐标。

触摸 → 平板电脑

声音数字化
模数转换器会产生一串数字，这些数字与来自麦克风（见第138～141页）或乐器中的音频信号中的电压电平相匹配。

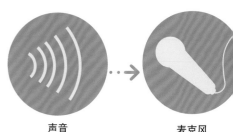

声音 → 麦克风

图像数字化
数码相机中的传感器（见第152～153页）产生的数字，对应图像中每个像素的亮度。

光线 → 照相机

二进制数

二进制系统是一个位值制系统，就像我们每天使用的十进制系统一样。但是，二进制系统中的位值不是1，10，100，1 000，…，而是1，2，4，8，…。在数字设备内部，电子电路会产生代表二进制数的电信号。大多数信息被分解成8位一组的字节。

> 二进制系统是在17世纪（远在它被用于计算之前）发展起来的。

转换为二进制
这个例子说明了我们所知道的十进制数23是如何用二进制数来表示的。

每一列都相当于右边一列的两倍

	32	16	8	4	2	1
十进制 23 =	0 x 32 +	1 x 16 +	0 x 8 +	1 x 4 +	1 x 2 +	1 x 1
二进制 010111	0	1	0	1	1	1

数字信号

信息数字化的各种方式都会产生大量的二进制数，这些二进制数由嵌入在数字设备中的计算机中央处理器（CPU）进行处理。

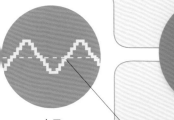

坐标

屏幕上的特定点由二进制数表示

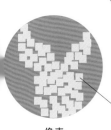

电平

二进制数表示音频信号的振荡

像素

每个像素的亮度由二进制数表示

中央处理器

基数10（十进制）			基数2（二进制）		
12	4	7	1100	100	111
8	16	2	1000	10000	10
20	5	15	10100	101	1111
9	17	21	1001	10001	10101

量子计算

目前所有的数字设备都使用比特作为最小计量单位，1比特代表每次只能取0或1其中的一个值，并且其嵌入的计算机每次只能处理一条指令。计算机科学家和物理学家正在开发使用量子比特的量子计算机，量子比特可以同时承载多个值。通过结合量子位，计算机将有潜力执行无限数量的指令，未来有望成为计算速度更快的数字设备。

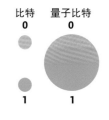

比特　量子比特
0　　0
1　　1

什么是数据？

数据（单一数据）是信息的片段。在数字世界中，数据指的是数字设备存储和处理的任何信息，它包括数字设备用户的个人信息。

数字信息的单位		
单位	大小	应用
字节（B）	8比特	计算机保存信息的基本单位，一个字节相当于8位二进制数
千字节（kB）	1000字节	一个简短的文本文件在电脑上会占用几千字节
兆字节（MB）	100万字节	100万字节（800万比特）可以表示一分钟的数字声音
吉字节（GB）	10亿字节	10亿字节（80亿比特）可以表示4 000幅数字图像
太字节（TB）	1万亿字节	这种大小的计算机硬盘能够存储大量的数字信息

数字电子技术

在数字设备内部，信息由集成电路中的晶体管处理，晶体管是蚀刻在小块半导体材料上的电子元件。

半导体

被称为"半导体"的材料是组成数字世界的核心，最常见的半导体材料是硅。纯硅本身不是很好的导电体，但可以通过添加其他元素的杂质（称为"掺杂"），使其能够传导电流。向半导体中添加不同的元素，可以精确控制正负电荷的分布，从而引导电流通过半导体。

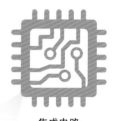

集成电路

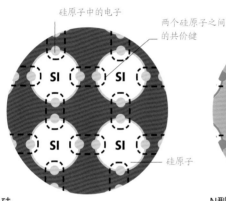

硅
只有当热和光给电子足够的能量使其脱离它们的原子时，纯硅才能导电。

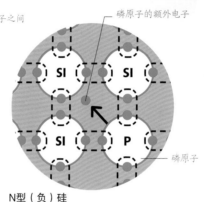

N型（负）硅
添加磷原子使N型半导体中带负电荷的电子自由移动。

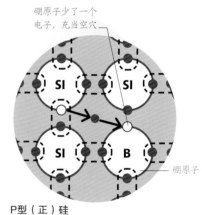

P型（正）硅
加入硼原子可以提供电子的运动空间，即此处没有足够的电子，这就留下了可以穿过硅的带正电的空穴。

晶体管

集成电路中的晶体管是由纯硅制成的，纯硅被精确掺杂以产生N型和P型区域。只有当被称为"栅极"的部分被施加电场时，电流才能从源极流向漏极。有电流代表二进制数"1"，没有电流则代表"0"。

晶体管"关"
源极连接到负电压处，将电子推向漏极。但是，只有空穴可以流过P型硅的相邻区域，而电子无法通过。

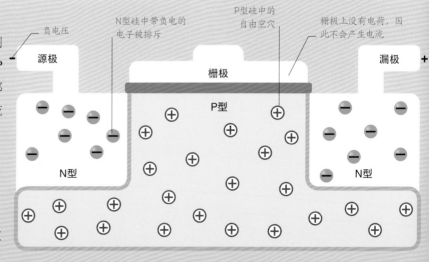

集成电路

集成电路（ICs）通常包含数十亿个微型晶体管。每一个晶体管或开或关（允许电流通过或不通过），代表二进制数1和0。这些数字的组合代表了组成计算机文件的字母、图像和声音，以及使计算机工作的程序。我们通常也把集成电路称为"芯片"。

晶体管能一直变小吗？

芯片设计者目前的设计能力已经接近硅晶体管最小尺寸的极限，但是随着新材料的出现，比如化合物半导体的出现，晶体管的尺寸将进一步缩小。

集成电路的类型
集成电路是为完成特定工作而设计的。电子工程师将它们与电路板上的其他组件组装在一起，制成计算机、平板电脑、智能手机和数码相机等数字设备。

模拟信号到数字信号
模数芯片从现实世界中获取信息，并将其编码成二进制数的集合。

微处理器
每个数字设备都有一个处理程序的集成电路，即令设备工作的指令集。

数字到模拟
数模芯片处理数字声音信号（1和0）以产生可以发送到扬声器的模拟信号。

随机存取存储器芯片
随机存取存储器（RAM）保存要处理的活跃程序和信息。

闪存芯片
闪存芯片存在于USB存储器、数码相机和固态硬盘中，可以存储大量信息。

图形芯片
图形芯片向电脑、智能手机或平板电脑的屏幕发送信号，快速刷新显示屏。

单片系统
单片系统是集成了包括处理器、存储器和其他部件在内的较完整的信息处理系统的半导体芯片，它可以用作独立的计算机。

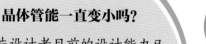

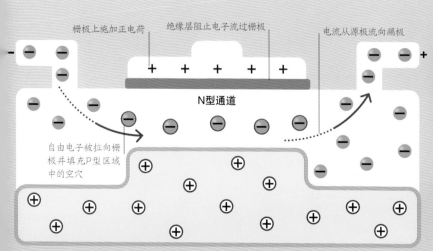

栅极上施加正电荷　　绝缘层阻止电子流过栅极　　电流从源极流向漏极

N型通道

自由电子被拉向栅极并填充P型区域中的空穴

存储芯片中的每个晶体管存储一个"位"。

晶体管"开"
栅极上的正电荷将带负电荷的电子吸引到P型区域。它们能够成为电荷载体，使电流流过晶体管。

计算机

所有数字设备中都嵌入了（微型）计算机。计算机有多种形状和尺寸，如笔记本电脑、台式机、平板电脑以及智能手机等。尽管种类繁多，但所有计算机都以相同的方式工作。

笔记本电脑

笔记本电脑是最受欢迎的独立计算机之一。任何一种计算机（包括笔记本电脑）的核心都是CPU，它执行写入计算机运行程序的指令（见第164~165页）。计算机硬件的其余部分旨在使信息能够输入和输出计算机，比如以无线方式连接到计算机网络（包括互联网）的通信线路。

计算机为什么会死机？

计算机死机的原因有很多，但最常见的是计算机程序中的错误，这意味着指令无法被执行。

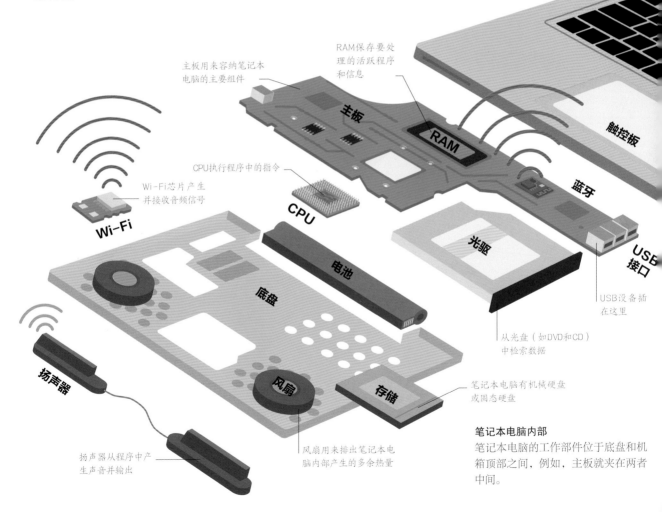

主板用来容纳笔记本电脑的主要组件

RAM保存要处理的活跃程序和信息

主板

RAM

触控板

CPU执行程序中的指令

Wi-Fi芯片产生并接收音频信号

Wi-Fi

CPU

蓝牙

光驱

USB接口

电池

底盘

USB设备插在这里

从光盘（如DVD和CD）中检索数据

扬声器

风扇

存储

笔记本电脑有机械硬盘或固态硬盘

扬声器从程序中产生声音并输出

风扇用来排出笔记本电脑内部产生的多余热量

笔记本电脑内部
笔记本电脑的工作部件位于底盘和机箱顶部之间，例如，主板就夹在两者中间。

计算机类型
这些只是类型众多的计算机的其中几种。

台式机
用于处理文本、声音和图像文件、以及在线浏览。

嵌入式电脑
汽车等许多设备的内部含有计算机。

智能手机
具有独立的操作系统、独立的运行空间，并可以通过移动通信网络实现无线网络接入。

平板电脑
平板电脑与智能手机类似，但屏幕更大。

显示屏

键盘

机箱顶部

DVD或CD插槽

计算机硬件
"硬件"一词指的是计算机的物理部件，包括显示屏、键盘和触控板等输入设备，以及所有共同工作使计算机发挥功能的电子电路。

超级计算机

超级计算机是一种非常强大的计算机，它可以比典型的笔记本电脑或台式机更快地处理更多的信息。超级计算机被用来预测天气或为电影中的场景渲染图形。

存储

计算机的主存储器是RAM，但它只存储正在处理的程序和信息。计算机存储器还能够存储当前不使用的程序和信息，即使关闭计算机，它也能保存信息。

存储媒介
大多数计算机上的内置存储器是硬盘或闪存（固态驱动器、固态硬盘），容量通常在250GB到1TB之间。容量较小的可移动存储器能将信息从一台计算机传输到另一台计算机，如U盘。

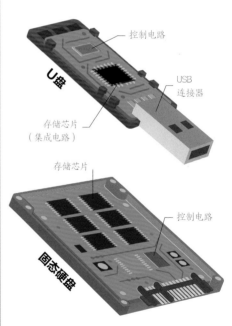

控制电路

U盘

USB
连接器

存储芯片
（集成电路）

存储芯片

控制电路

固态硬盘

30亿台
——全球台式机和笔记本电脑的数量。

计算机的工作原理

计算机的核心是叫作"中央处理器"（CPU）的集成电路。它能够与计算机的主存储器、输入设备和输出设备通信。

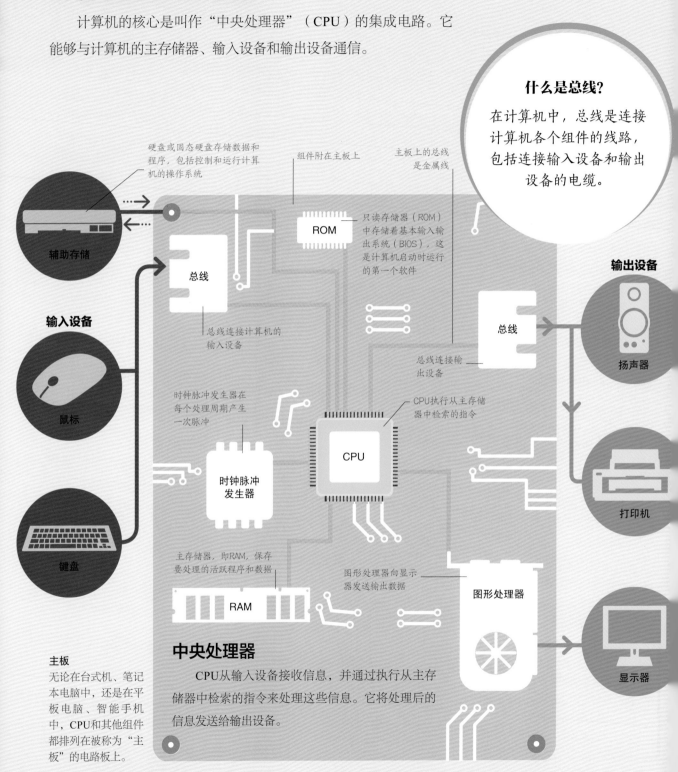

硬盘或固态硬盘存储数据和程序，包括控制和运行计算机的操作系统

组件附在主板上

主板上的总线是金属线

什么是总线？

在计算机中，总线是连接计算机各个组件的线路，包括连接输入设备和输出设备的电缆。

ROM

只读存储器（ROM）中存储着基本输入输出系统（BIOS），这是计算机启动时运行的第一个软件

辅助存储

总线

输出设备

输入设备

总线连接计算机的输入设备

总线

总线连接输出设备

扬声器

鼠标

时钟脉冲发生器在每个处理周期产生一次脉冲

CPU执行从主存储器中检索的指令

CPU

时钟脉冲发生器

打印机

键盘

主存储器，即RAM，保存要处理的活跃程序和数据

图形处理器向显示器发送输出数据

图形处理器

RAM

中央处理器

CPU从输入设备接收信息，并通过执行从主存储器中检索的指令来处理这些信息。它将处理后的信息发送给输出设备。

显示器

主板
无论在台式机、笔记本电脑中，还是在平板电脑、智能手机中，CPU和其他组件都排列在被称为"主板"的电路板上。

中央处理器

指令是如何被执行的

中央处理器一次只能执行一条指令。检索和执行一条指令需要一个周期的处理时间。在一个典型的中央处理器中，每秒钟有数十亿个周期，所有这些都由时钟脉冲发生器协调，它是产生极快脉冲流的电子电路。

寄存器

3 存储运算结果
ALU将运算结果存储在寄存器（临时存储器）中，在某些情况下，ALU会将其发送到主存储器（RAM）。

CPU内部
算术逻辑单元（ALU）处理二进制数，控制单元管理CPU的运行，寄存器则用于暂时存储计算结果。

控制单元

ALU

2 ALU控制
在收到必要的数据后，算术逻辑单元开始控制并执行对数据的操作。这些操作通常是非常简单的工作，比如将两个二进制数相加。

1 控制单元获取指令
CPU内部的核心是一个控制单元。在每个周期开始时，它从主存储器中取出一条指令，对其进行解码，并将必要的数据从RAM中的一个或多个位置复制到寄存器中。

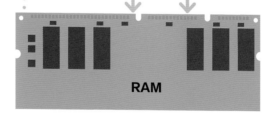

RAM

机器码

CPU处理的数据和指令以二进制数，即1和0的数字流来表示。这个数字流被称为"机器码"，并被分成块，通常是32位或64位。

```
0 1 1 0 0 1 0 1
0 0 1 1 0 1 0 0
0 0 1 0 1 1 1 0
1 0 0 1 0 1 0 0
```

世界上最小的计算机比一粒盐还小。

键盘和鼠标

计算机在处理信息并产生输出之前，必须先获得输入信息。两种最常用的、直接与计算机交互的输入设备是键盘和鼠标。

键盘

智能手机和平板电脑的屏幕上有触摸感应键盘，而台式机和笔记本电脑却配备了带有物理按键的键盘。键盘内部有许多电路，每一个按键对应一个电路。这些按键是简单的开关，按下后对应电路导通，电流流向集成电路，集成电路产生一组二进制数，这些二进制数与所按的按键一一对应。

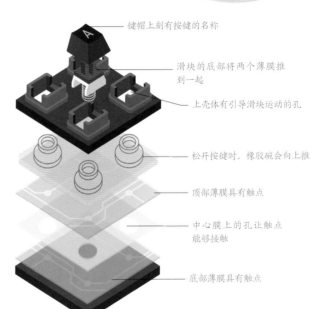

键帽上刻有按键的名称

滑块的底部将两个薄膜推到一起

上壳体有引导滑块运动的孔

松开按键时，橡胶碗会向上推

顶部薄膜具有触点

中心膜上的孔让触点能够接触

底部薄膜具有触点

按键层
目前最常见的键盘类型使用一种叫作"橡胶碗+薄膜"的技术。滑块将两个触点推在一起，而橡胶碗能提供一个力，使按键被按下后可以返回正常位置。

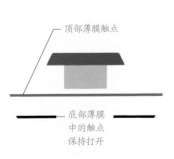

顶部薄膜触点

底部薄膜中的触点保持打开

1 **按键弹起**
键盘上每个键的下面都有金属触点。这些触点通常保持断开状态，直到按键被按下。

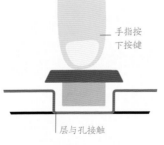

手指按下按键

层与孔接触

2 **按键被按下**
按下按键会闭合触点，让电流流过该按键对应的电路。电流流向键盘中的集成电路。

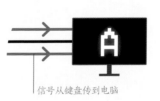

信号从键盘传到电脑

3 **发送到计算机的信号**
该电路识别哪个键被按下，并向计算机的主处理器发送一个数字信号，即一组二进制数或扫描代码。

1946年，有人创造了有史以来最快的打字速度——每分钟216个单词。

光学鼠标

　　鼠标允许你在计算机的显示器上移动指针，这样你就可以与文档和程序进行交互。大多数鼠标是光学设备：它们内部有灯，可以照亮位于它下面的鼠标垫表面；它还有一个微型光学传感器，可以识别鼠标下面的表面图像。内部电路分析图像，计算出鼠标移动的方向和速度，并将信息发送给计算机。

常见连接方法

鼠标和键盘可以用电缆连接到计算机上，也可以采用无线连接方式连接。采用无线连接方式连接时，信息被编码成无线电波。常见的无线鼠标大多使用蓝牙技术。

无线电波
信息通过无线电波从机载发射器传输至插入USB端口的接收器。

USB
一些鼠标和键盘只需通过末端带有USB连接器的电缆接入计算机即可。

蓝牙
信息从无线鼠标或键盘发送给计算机，这种技术耗电较低。

内置设备
笔记本电脑有内置键盘和触控式触摸板，但也可以使用外接鼠标。

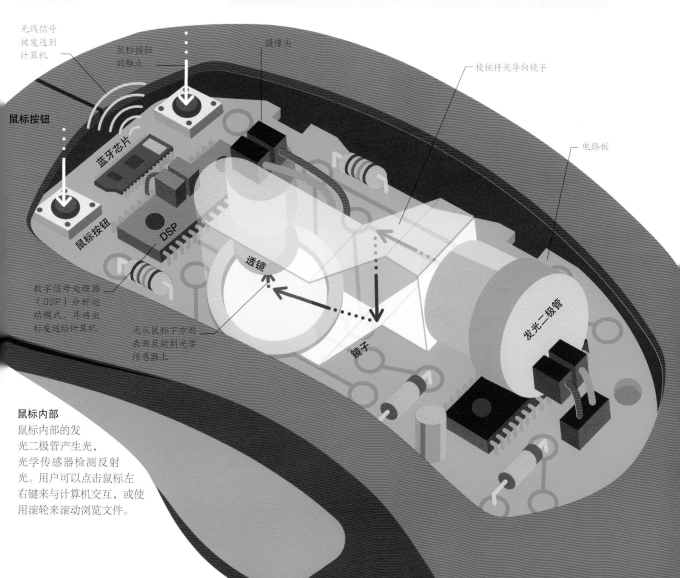

无线信号被发送到计算机

鼠标按钮的触点

摄像头

棱镜将光导向镜子

鼠标按钮

蓝牙芯片

电路板

鼠标按钮

DSP

透镜

数字信号处理器（DSP）分析运动模式，并将坐标发送给计算机

光从鼠标下方的表面反射到光学传感器上

镜子

发光二极管

鼠标内部
鼠标内部的发光二极管产生光，光学传感器检测反射光。用户可以点击鼠标左右键来与计算机交互，或使用滚轮来滚动浏览文件。

计算机软件

计算机的物理部件称为"硬件"。计算机软件指计算机中那些人们不能直接触碰到的部分，如程序、文件、声音和图像。它们以电流和电荷的形式存在，是大量二进制数0和1的集合。

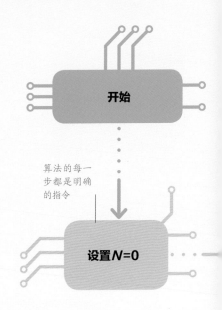

开始

算法的每一步都是明确的指令

设置*N*=0

算法和程序

算法是一系列精心设计的、实现特定任务的步骤。程序是一系列简单算法的集合。计算机按顺序运行程序，但它可能需要暂停或跳转到程序的不同部分，这取决于输入或计算的结果。计算机还可以循环运行程序的某个特定部分，直到满足特定条件为止。

应用程序

应用程序是用户因某种目的而启动的程序，如文字处理程序或照片编辑程序。应用程序可以通过点击鼠标或触控板、触摸智能手机屏幕或使用语音命令启动。其他程序则由操作系统自动启动。

一台计算机一次能够执行多少任务呢?

一台计算机可以同时运行多个程序，但一次只能执行一条指令，它依次执行每个程序的一小部分。

应用程序

大量程序或文档存储在文件央中

软件包括程序、文档、图像和网页

显示器或屏幕能够让用户与存储在计算机上的软件进行交互

台式计算机

操作系统
打开计算机后，操作系统就会一直保持运行。它是与开放程序交互的核心程序，将输入和输出指向任何需要它们的地方。

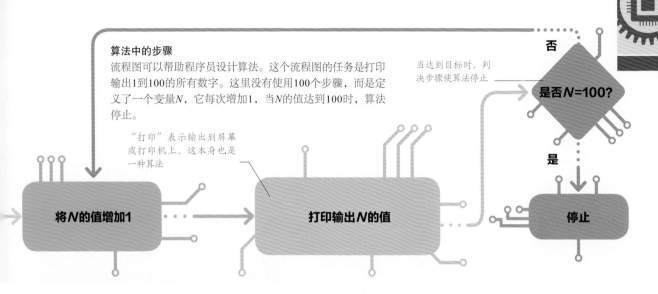

算法中的步骤

流程图可以帮助程序员设计算法。这个流程图的任务是打印输出1到100的所有数字。这里没有使用100个步骤，而是定义了一个变量N，它每次增加1，当N的值达到100时，算法停止。

"打印"表示输出到屏幕或打印机上，这本身也是一种算法

当达到目标时，判决步骤使算法停止

否

是否$N=100$?

是

将N的值增加1

打印输出N的值

停止

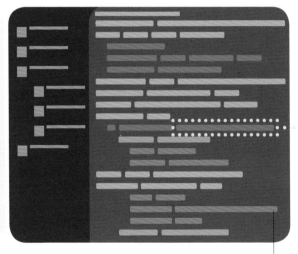

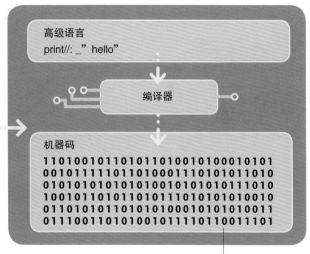

高级语言
print//: _" hello"

编译器

机器码
110100101101011010010100010101
001011111011010001110101011010
010101010101010101010101011010
100101101011010111010101010010
011010101101010001010101010011
011100110101001011110110011101

从高级语言到机器码
编译器把用高级语言编写的源代码翻译成机器码。其结果是一个由二进制数组成的可执行文件。

用高级语言编写的源代码

源代码被翻译为机器码

程序和代码

程序是用人们可以读写的字符编写的，这些字符被称为"高级语言"，如Java和C++。组成一个程序的全部指令集被称为"源代码"。计算机的处理器不能理解高级语言，只能识别二进制数。源代码被一个叫作"编译器"的程序翻译成存储器和处理器中一组表示二进制数的通断电流，称为"机器码"。

美国国家航空航天局（NASA）的航天飞机上的计算机所使用的代码比如今大多数手机使用的代码还少。

人工智能

人工智能（AI）是一种让计算机以与人类智能相似的方式做出反应的技术，包括识别模式和解决问题。人工智能的目标之一是让计算机自己"思考"，即自己做决定，以及自行对各种情况做出反应。

机器学习

为了让计算机在复杂的情况下做出智能决策，它需要能够学习、适应和识别模式。这种机器学习通常是通过人工神经网络实现的，人工神经网络是一套模拟脑细胞（神经元）工作方式的程序。一个分层排列的人工神经网络可以一次性处理大量信息，并且学会执行识别人脸、笔迹、语音以及社交媒体或商业趋势等任务。

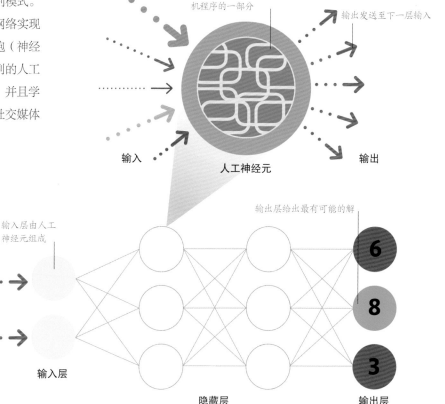

人工神经元是计算机程序的一部分

输出发送至下一层输入

输入

输出

人工神经元

计算机以像素形式感知图形

输入层由人工神经元组成

原始的手写字符

输入层

输出层给出最有可能的解

6
8
3

隐藏层

输出层

人工神经网络
真实的神经元会根据它们从感官和其他神经元接收到的输入生成输出，但随着时间的推移，它们会根据输入的不同改变自己的反应方式。人工神经网络也以同样的方式工作，与真实的神经网络一样，它们也是分层排列的。

输入层
输入层接收输入。在这个例子中，每个神经元从手写字符的数字化图像中接收一个代表单个像素亮度的数值。这里只显示了两个输入神经元，但一个真实的人工神经网络中会有很多这样的神经元。

隐藏层
输入层中每个神经元的输出也是一个数值，其值取决于输入的值乘以一个"权重"。"权重"随着网络的学习而变化。每个神经元输出的数值传递给下一层的多个神经元，每一个神经元都有各自的"权重"。

输出层
隐藏层神经元的输出传递给输出层的神经元。在这个网络中，有10个输出神经元，每个神经元对应数字0到9。权重最高的神经元的输出就是这个人工神经网络对字符的"猜测"。

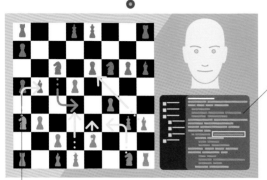

计算机棋手

计算机预见每一种可能的走法

计算机提供所有走法的自动列表

人类与计算机
人类的大脑只能向前预见几步，情绪和直觉可能会帮助棋手，但有时也会阻碍棋手。计算机能预见所有可能的走法，然后选择其中最有希望的一种。对于每一种情况，计算机都可以预见未来的许多种走法。

人类棋手

玩游戏

　　拥有人工智能的计算机可以玩那些需要人类智能才能玩的游戏，包括国际象棋等复杂的游戏。强大的计算机甚至击败了世界上最好的国际象棋棋手。然而，玩游戏的计算机只能在游戏规则内工作；如果发生了任何超出规则的事情，计算机将无法响应。大多数玩游戏的计算机遵循程序，通过分析所有可能的走法和可能的结果来帮助它们选择最好的走法。与机器学习相结合，人工智能系统可以提高他们的游戏技能。

 1997年，计算机"深蓝"首次击败国际象棋的世界冠军加里·卡斯帕罗夫。

人工智能的应用

 根据最近听过的音乐给出推荐
机器学习可以找到音乐品位相似的人选择的歌曲。

 规划包裹递送的最佳路线
与数字化地图和交通模式相结合，人工智能系统可以帮助节省时间、提高效率。

 帮助医生诊断疾病
根据病人的症状，人工智能系统可以搜索医疗数据库，找出可能的病因。

 自动驾驶汽车
装有车载摄像头、雷达和数字地图的计算机可以安全地驾驶汽车。

 过滤垃圾邮件
该系统不仅可以屏蔽特定的发件人地址，还可以识别垃圾邮件的模式并适应新趋势。

 图像识别
人工神经网络在数字图像中识别物体的能力不断提高。

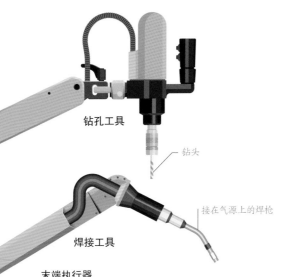

钻孔工具

钻头

接在气源上的焊枪

焊接工具

末端执行器

机械臂上可以安装许多不同种类的工具，这些工具被称为"末端执行器"。最常见的是可以拾起、移动和放下小物体的抓手。

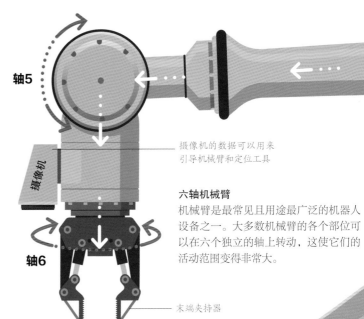

轴5

摄像机的数据可以用来引导机械臂和定位工具

摄像机

六轴机械臂

机械臂是最常见且用途最广泛的机器人设备之一。大多数机械臂的各个部位可以在六个独立的轴上转动，这使它们的活动范围变得非常大。

轴6

末端夹持器

机器人的工作原理

机器人是一种计算机控制的机器，它可以在很少或没有人工干预的情况下完成一系列任务。机器人被用在工厂和仓库、教育、军队、家庭中，甚至还能用于娱乐。

机器人如何移动

使机器人能够移动和操纵物体的部件叫作"执行器"。机器人里的计算机精确地控制执行器工作。大多数执行器是由一种叫作"步进电机"的电动机驱动的（见下页）。这种电动机小步转动，使机器人的部件能够精确地移动到所需位置。有些机器人还可以使用轮子、履带或机械腿四处移动。

轴2

机器人会被黑客攻击吗？

会的，黑客可以重写控制机器人的计算机程序。随着机器人变得越来越普遍，确保机器人的安全将成为一个重要问题。

机械臂的每一部分可围绕其与前一部分相连的点旋转

轴1

控制信号来自由计算机控制的机械臂

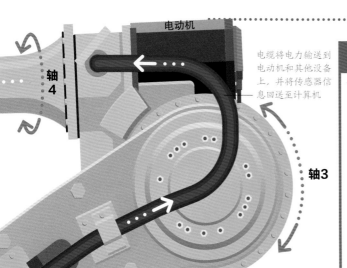

电动机

轴
4

电缆将电力输送到
电动机和其他设备
上，并将传感器信
息回送至计算机

轴3

压力传感器

机器人中使用了最
简单的压力传感器，即
夹在两块金属板之间的
导电泡沫垫。这些金属
板与电源相连。泡沫被
压缩得越扁，流过它的
电流就越大。

步进电机

步进电机

步进电机由内部旋转部分（转子）和外部静止部分（定子）组成。转子是
永磁体，定子由多组电磁铁组成。定子的齿数比转子的少。激活一组电磁铁就
会磁化具有南北两极的定子齿。磁力使一组极性相反的齿对齐，而相匹配的齿
则不再对齐。通过激活不同的电磁铁组，转子每次可以小幅度地旋转。

定子由四对电
磁铁组成，其
磁极朝内

定子的齿数比转子的
少，因此在给定的时
间内只有部分齿对齐

当电磁铁被激活
时，齿会被微小
的增量拉动

未对齐
的齿

转子的表
面是一个
磁极，可
以是北极
或南极

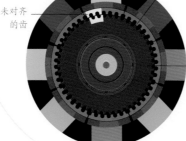

1 电动机关闭
一个旋转的转子位于定子内部，定
子是由成对的固定电磁铁组成的。转子
和定子上都有齿。

2 电动机启动
当电磁铁被激活时，磁力会轻微地
拖动转子，使不同的齿对齐。每一对齿被
依次激活拉动，使转子动起来。

机器人能做什么

有些机器人是全自动的，工作时不需要人工输入，它们根据传感器接收的输入自行做出决策。然而，大多数机器人只是半自动的。

半自动机器人

半自动机器人通常由一个远程控制器来控制，但除此之外，它仍然需要机载计算机来精确地完成任务。许多半自动机器人也会根据它们传感器上接收的输入做出一些自己的决策。

远程控制
机器人探针（太空探测机器人）是从地球上通过无线电信号控制的，但仍然可以独立完成任务。

信号到达火星可能需要 4~24分钟

化学摄像机

化学摄像机分析激光产生的蒸发气体的化学成分

红外激光

环境传感器

环境传感器可以测量风速等变量

特高频（UHF）无线电波用于与地球通信

辐射探测器

辐射探测器每小时运行15分钟

放射性同位素热电机的外壳，利用钚的放射性衰变产生电力

机械臂

机械臂长约2米

钻机

钻机钻取岩层进行分析

摄像机

在探测器内部对样品进行高温处理，以分析挥发的气体

50厘米的车轮可以越过65厘米高的障碍物

共有17台摄像机；有的充当眼睛，有的用于摄像

"好奇号"火星探测器
"好奇号"火星探测器是NASA研制的一台火星车，它是一个六轮机器人，可以忍受火星恶劣的大气状况。它使用大量的科学仪器来收集数据并将其发回地球。

"机遇号"火星探测器的设计初衷是完成90天的任务，但它已经保持了长达14年的活跃状态。

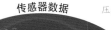

各种各样的传感器使机器人能够解析它周围的环境

感知与观察

机器人的计算机能够对摄像机、激光和其他传感器获得的信息做出反应。

传感器数据

压力

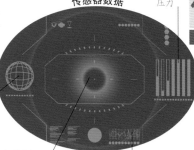

陀螺仪辅助平衡

摄像机的光学数据

红外传感器探测到的附近物体

压臂使机器人动自如

液压臂

人形机器人

人形机器人可以接收传感器和加速器（见第207页）的输入，检测自身的运动，从而稳定地行走且不会摔倒。它还有一个语音识别程序，可以与人类进行简单的对话。

全自动机器人

现实世界是一个复杂且难以预测的世界，所以一个全自动的机器人需要复杂的人工智能和强大的计算机。它还需要足够的输入来帮助它做出正确的行为决策。

电源组和智能计算机帮助机器人在没有人工干预的情况下长时间工作

机器人既能操作物体，也能使用工具

传感器测量关节的变化

传感器

通过测量肢体的运动来获取地形信息，并进行相应的调整

机器人的类型	
自动驾驶汽车 使用摄像机、其他传感器和卫星导航。	
真空吸尘器 清洁地板并返回充电站。	
工厂机器人 在可预测的环境中，机器人可以独立工作。	
救援机器人 在自然灾害发生后使用，通过被远程控制。	
导弹 能在几乎无人控制的情况下击中远程目标。	
外科手术机器人 由外科医生控制，做出精准的动作。	

全自动机器人 · 半自动机器人

外骨骼

从事重体力劳动的机器人，比如工厂的机器人，可以使用外骨骼来支撑身体。这是一套带有电动机和液压传动装置的动力套装，能够增强人手臂和腿部的力量。

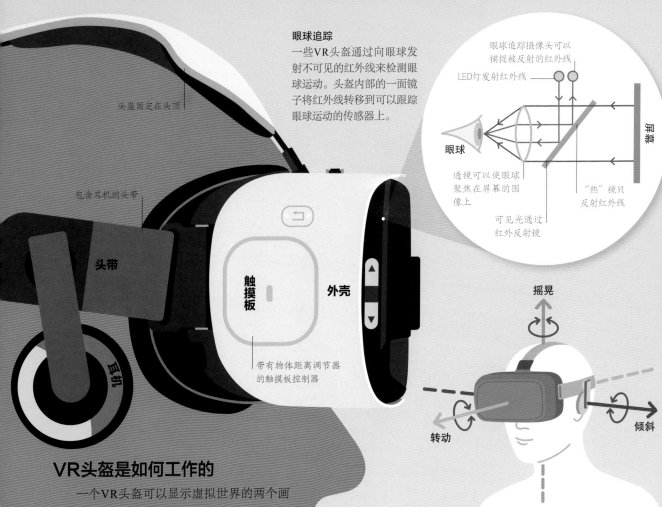

眼球追踪

一些VR头盔通过向眼球发射不可见的红外线来检测眼球运动。头盔内部的一面镜子将红外线转移到可以跟踪眼球运动的传感器上。

眼球追踪摄像头可以捕捉被反射的红外线

LED灯发射红外线

屏幕

眼球

透镜可以使眼球聚焦在屏幕的图像上

"热"镜只反射红外线

可见光通过红外反射镜

头盔固定在头顶

包含耳机的头带

头带

耳机

触摸板

外壳

带有物体距离调节器的触摸板控制器

摇晃

转动

倾斜

头部追踪

VR头盔里有一个叫作"加速度计"的设备，它可以检测用户头部的运动。计算机会相应地调整虚拟世界的视角，这样用户就可以环顾虚拟世界。

VR头盔是如何工作的

一个VR头盔可以显示虚拟世界的两个画面——每只眼睛一个画面，这给人一种深度感。虚拟物体出现在不同的距离上，增强了存在感。这种头盔可以检测到用户头部的位置和运动，在某些情况下，它还可以检测到用户的眼球运动，然后它将这些信息输入计算机，计算机会调整画面，让用户在虚拟世界中环顾四周。大多数VR头盔还包含立体声耳机，这样用户就可以听到虚拟世界的声音。

全方位跑步机正在开发中，这样VR用户就可以在虚拟世界中自由行走。

虚拟现实

我们的大脑通过接收感觉器官，尤其是眼睛和耳朵的信息来感知我们周围的世界。通过一个虚拟现实（VR）头盔，将计算机内产生的视觉和声音反馈给我们的感觉器官，我们的大脑就可以感知现实中不存在的世界——虚拟世界。

增强现实

与虚拟现实密切相关的一项技术是增强现实。增强现实的应用通常出现在智能手机或平板电脑上，它将虚拟对象添加到设备摄像头的实时画面中。这样，虚拟对象就会出现在现实世界。这在冒险游戏中，以及在现实世界中展示建筑或车辆的信息等方面都很有用。

虚拟世界

VR头盔中可以探索的场景存储在计算机中。大多数虚拟世界是使用计算机生成图像（CGI）和三维建模软件创建的。三维建模软件能够创建虚拟物体的数字化表示。场景以一个球体的形式呈现，用户处于中心位置，被显示的对象在四周。VR头盔只显示用户正在看的那部分球体。

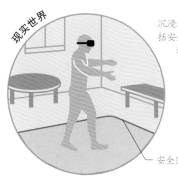

现实世界

沉浸式画面包括安全移动区域的边界

虚拟世界

安全区域的边界

现实世界的空间
现实世界的位置可以是任何地方，如房间里、田野里或海滩上。VR头盔会屏蔽现实世界的图像和声音。

沉浸式画面
头盔内的屏幕显示一个虚拟世界的场景，立体声耳机播放虚拟声音，让用户有身临其境的感觉。

触摸和感觉

某些VR系统包括了可以与虚拟世界中的物体进行交互的手套。这些手套可以探测到真手的运动，然后计算机在虚拟世界中显示出虚拟的手。在虚拟的手的指尖上有一种传动装置，它产生的感觉会被用户的大脑感知为压力，这样用户就能"感受到"虚拟物体并与之互动。

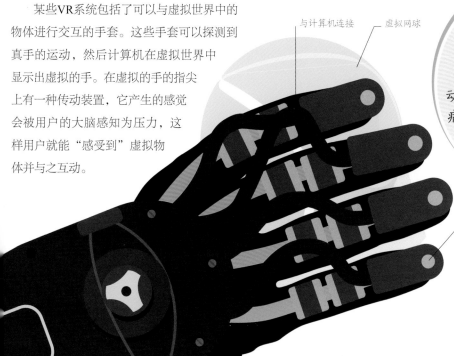

与计算机连接　　虚拟网球

震动传动装置产生压力反馈

VR手套
这些手套能让用户在虚拟世界中感受物体的物理属性，如重量和形状。手指上的运动跟踪器帮助用户的手在虚拟世界中准确呈现。

使用VR头盔会让我感到不舒服吗？

是的。即使你的身体没有运动，VR头盔也会让你产生晕动病的症状，因为你的大脑会解读虚拟世界中的运动。

7

通信技术

无线电信号

无线电波可以远距离发送和接收信息，而无须使用电缆。我们依靠无线电波实现广播、通信、导航和计算机网络连接。

发送信号

无线电波可以包含声音、文本、图像和位置数据等信息。通过改变电波的不同特征，如频率或振幅（见下页），这些信息被编码到电波中。为了在不同地点之间发送信息，无线电波由发射机使用天线发送，并在空气中传播，直到被接收机用天线接收到为止。

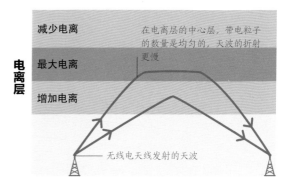

电离层

减少电离

最大电离

在电离层的中心层，带电粒子的数量是均匀的，天波的折射更慢

增加电离

—— 无线电天线发射的天波

电离层的折射

当天波被传送到电离层（地球大气的带电层）时，它会发生弯曲（折射）。它折射的程度受到波的角度、波的频率和电离层中带电粒子数量的影响。

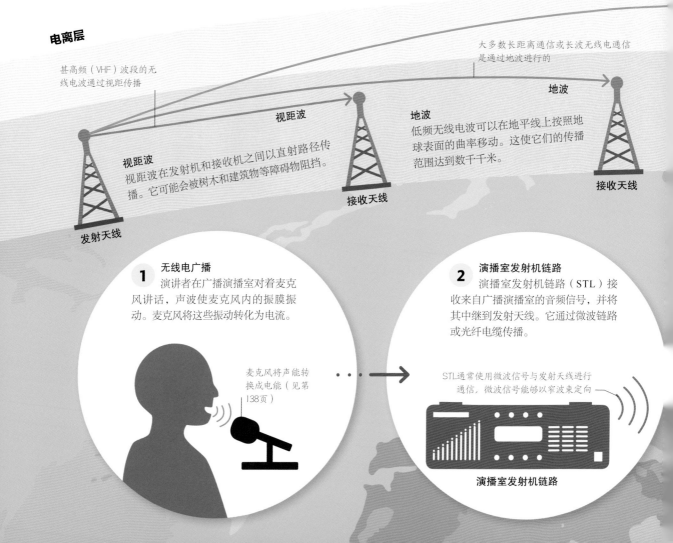

电离层

甚高频（VHF）波段的无线电波通过视距传播

大多数长距离通信或长波无线电通信是通过地波进行的

地波

视距波

视距波
视距波在发射机和接收机之间以直射路径传播。它可能会被树木和建筑物等障碍物阻挡。

地波

地波
低频无线电波可以在地平线上按照地球表面的曲率移动。这使它们的传播范围达到数千千米。

接收天线

接收天线

发射天线

1 **无线电广播**
演讲者在广播演播室对着麦克风讲话，声波使麦克风内的振膜振动。麦克风将这些振动转化为电流。

麦克风将声能转换成电能（见第138页）

2 **演播室发射机链路**
演播室发射机链路（STL）接收来自广播演播室的音频信号，并将其中继到发射天线。它通过微波链路或光纤电缆传播。

STL通常使用微波信号与发射天线进行通信，微波信号能够以窄波束定向

演播室发射机链路

调制

　　信息通过调制后被编码成无线电波：将输入波与一种称为"载波"的单一频率波组合起来。在调幅无线电广播中，改变的是波的幅度（调幅），而在调频无线电广播中，改变的是波的频率（调频）。对于数字无线电，有许多方法来组合输入波和载波（见第182页）。

调幅和调频

调幅波和调频波在外观和性能上都有所不同。调频波的范围比调幅波小，但音质更好，不易受干扰或"噪声"的影响。

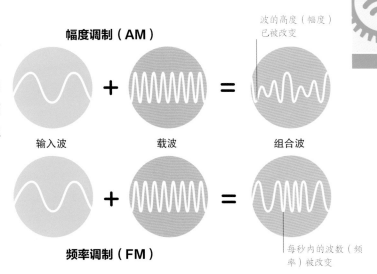

幅度调制（AM）

输入波 ＋ 载波 ＝ 组合波

波的高度（幅度）已被改变

频率调制（FM）

每秒内的波数（频率）被改变

闪电产生的低频无线电波称为"哨声信号"。

在电离层的一次折射中，天波可以覆盖4 000千米的距离

天波
一些无线电波从电离层折射回地球表面。这些无线电波可以传播很远的距离。

天波

地球表面

接收天线

什么是长波?

对此没有精确的定义，一般来说，长波指频率在300kHz以下，波长为1 000～10 000m的无线电波，通常以地波形式传播。

3 传输信号
电流传到发射天线，电子迅速来回振动。这会在天线周围产生变化的电场和磁场，辐射电磁波。

无线电波以光速传播

无线电信号

电子来回振动

4 无线电广播接收
电流通过无线电扬声器系统，导致扬声器的锥体振动。扬声器发出声波，重现讲话者的声音。

接收无线电波的无线电天线

调幅/调频广播

1 天线接收无线电波

无线电台的发射天线发出的无线电波穿过空气后，会被无线电台的金属天线接收。这些电波对金属中的电子施加一个作用力，使它们快速来回移动，产生交流电。这股电流被直接送入无线电接收机。

短波（调幅）

中波（调幅）

天线

调频信号

数字信号

长波（调幅）

无线电波通过金属天线，引起电子来回移动，从而产生电流

收音机

收音机是一种能接收无线电波并将其转换成有用形式的设备。广播收音机接收无线电台发送的音频节目，并通过扬声器播放。

收音机的工作原理

收音机通过天线接收无线电波，并将其转换成较小的交流电。电流被施加到接收机上，接收机滤去信号中不需要的频率并放大信号，然后对信号进行解调：将有用的、携带信息的信号从与之组合传输的载波中提取出来（见第180~181页）。最后，原始的音频节目通过扬声器播放。非常简单的无线电接收机（调谐射频接收机）只执行这些步骤，但大多数无线电接收机还要进行额外的处理。

 静电是由放大广播频率之间的随机电信号引起的。

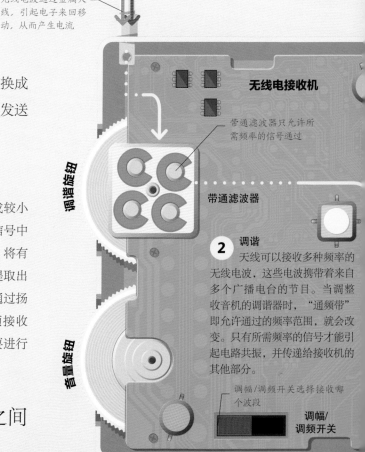

无线电接收机

带通滤波器只允许所需频率的信号通过

调谐旋钮

音量旋钮

带通滤波器

2 调谐

天线可以接收多种频率的无线电波，这些电波携带着来自多个广播电台的节目。当调整收音机的调谐器时，"通频带"即允许通过的频率范围，就会改变。只有所需频率的信号才能引起电路共振，并传递给接收机的其他部分。

调幅/调频开关选择接收哪个波段

调幅/调频开关

数字无线电

　　数字音频广播（DAB）是一种使用数字信号的无线电广播。它对广播公司很有吸引力，因为与模拟无线电相比，它能更有效地利用无线电频谱。原始的模拟信号在使用MP2等格式压缩之前被转换成数字形式，并通过数字调制传输。

数字调制

模拟信号被转换成数字信号后，其频率、幅度和相位的变化用二进制数表示。这些信号与模拟载波组合（见第181页），生成模拟信号进行传输。

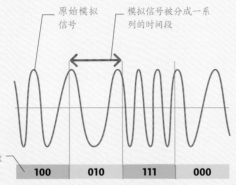

原始模拟信号

模拟信号被分成一系列的时间段

数字信号由一系列二进制数组成，每个时间段对应一个二进制数

| 100 | 010 | 111 | 000 |

射电望远镜

　　射电望远镜是一种射电接收机，用来捕捉来自恒星、星云及星系等的无线电波。射电望远镜需要巨大且灵敏的天线来接收许多光年以外发射的信号。

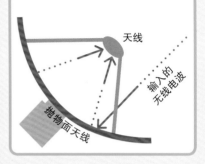

天线
输入的无线电波
抛物面天线

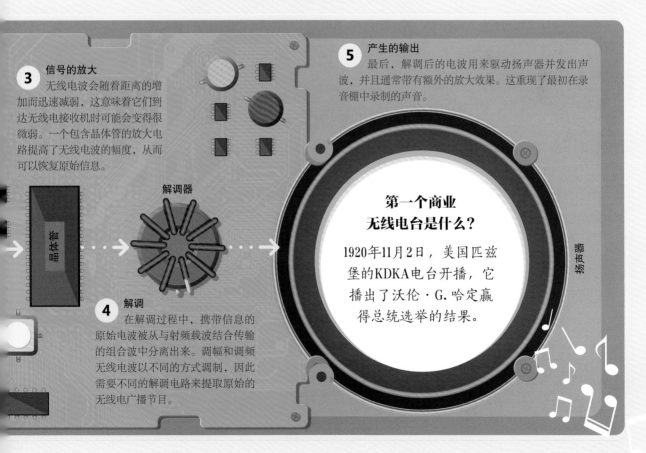

3 信号的放大

　　无线电波会随着距离的增加而迅速减弱，这意味着它们到达无线电接收机时可能会变得很微弱。一个包含晶体管的放大电路提高了无线电波的幅度，从而可以恢复原始信息。

晶体管

解调器

4 解调

　　在解调过程中，携带信息的原始电波被从与射频载波结合传输的组合波中分离出来。调幅和调频无线电波以不同的方式调制，因此需要不同的解调电路来提取原始的无线电广播节目。

5 产生的输出

　　最后，解调后的电波用来驱动扬声器并发出声波，并且通常带有额外的放大效果。这重现了最初在录音棚中录制的声音。

第一个商业无线电台是什么？

1920年11月2日，美国匹兹堡的KDKA电台开播，它播出了沃伦·G.哈定赢得总统选举的结果。

扬声器

电话机

电话机可使因距离太远而无法对话的人进行交流。电话机将声波转换成信号，然后将其迅速地传送至另一部电话机，并在那里重现语音。

电话机的工作原理

一个人拿起听筒并拨打一个号码来接通对方的电话机，开始通话。说话者的语音以电流、光或无线电波的形式通过电话网络传播，最终在另一部电话机那里重现。电话机既包含发射器，也包含接收器，因此可以双向通信。

1 连接到交换机
一个叫"挂钩开关"的装置建立和断开电话与电话网络的连接。拿起电话机拨打电话时，操纵杆在听筒和本地电话交换机之间形成一个连接。

2 拨号
在键盘上输入不同的数字会产生截然不同的声音，它包含两个同时出现的频率，一个高、一个低。例如，7号键产生的信号由频率为852Hz和1209Hz的分量组成。电话号码中这个独特的序列向交换机指示呼叫应该指向何处。

电话机结构
除了按键的发展，电话机的基本结构自发明以来没有出现太大的变化。它仍然具有扬声器、麦克风、挂钩开关，以及连接到电话网络的墙上插孔。

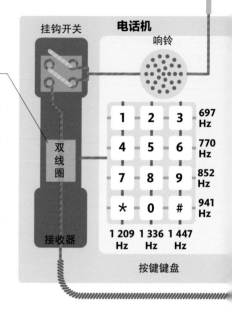

双线圈防止扬声器的声音反馈到接收器中

挂钩开关
双线圈
接收器

电话机
响铃

1	2	3	697 Hz
4	5	6	770 Hz
7	8	9	852 Hz
*	0	#	941 Hz

1 209 Hz　1 336 Hz　1 447 Hz

按键键盘

电话机里说的第一句话是什么呢?

1876年3月10日，电话机发明家亚历山大·贝尔通过电话机对他的助手说："华生先生，过来一下，我要见你。"

声音的传递

当电信号传播迅速、延迟最短时，电话交谈听起来很自然。声波被转换成电信号，并以电信号的形式通过电话网络传播，然后在目的地被转换回声音。这使得信号传输速度特别快，即使是长途电话，也会让人感觉像是瞬间发生的。

三种传输方法
在公用电话交换网中，大部分信息是以电信号、光信号或无线电信号的形式传的。它们的传输速度比声速快得多。

1 捕获一个信号
话筒内的麦克风将声波转换成相同频率的电信号。这些信息可以以三种不同的方式通过电话网传播。

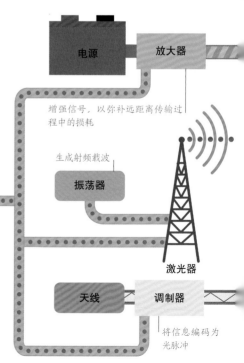

电源　　放大器

增强信号，以弥补远距离传输过程中的损耗

生成射频载波

振荡器

激光器

天线　　调制器

将信息编码为光脉冲

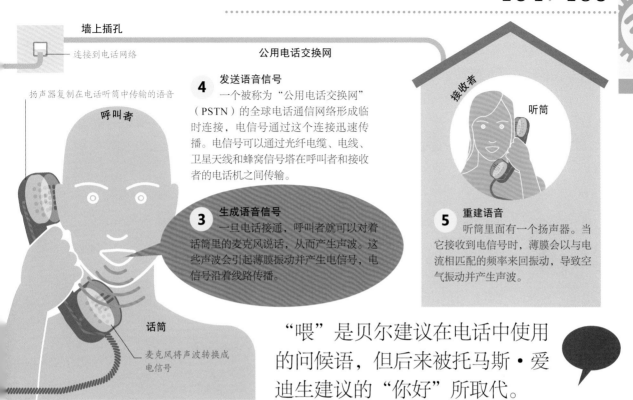

墙上插孔
连接到电话网络

扬声器复制在电话听筒中传输的语音

呼叫者

公用电话交换网

4 **发送语音信号**
一个被称为"公用电话交换网"（PSTN）的全球电话通信网络形成临时连接，电信号通过这个连接迅速传播。电信号可以通过光纤电缆、电线、卫星天线和蜂窝信号塔在呼叫者和接收者的电话机之间传输。

接收者

听筒

3 **生成语音信号**
一旦电话接通，呼叫者就可以对着话筒里的麦克风说话，从而产生声波。这些声波会引起薄膜振动并产生电信号，电信号沿着线路传播。

5 **重建语音**
听筒里面有一个扬声器。当它接收到电信号时，薄膜会以与电流相匹配的频率来回振动，导致空气振动并产生声波。

话筒
麦克风将声波转换成电信号

"喂"是贝尔建议在电话中使用的问候语，但后来被托马斯·爱迪生建议的"你好"所取代。

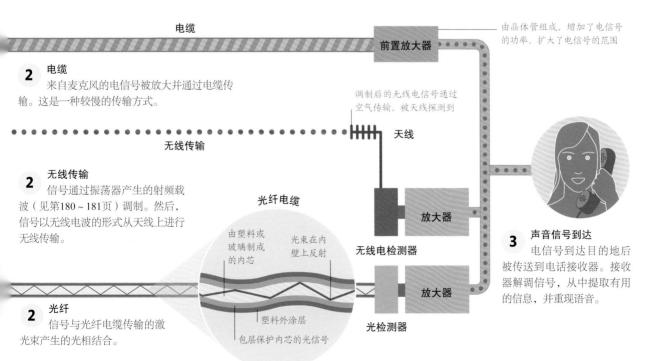

电缆

前置放大器
由晶体管组成，增加了电信号的功率，扩大了电信号的范围

2 **电缆**
来自麦克风的电信号被放大并通过电缆传输。这是一种较慢的传输方式。

调制后的无线电信号通过空气传播，被天线探测到

天线

无线传输

2 **无线传输**
信号通过振荡器产生的射频载波（见第180~181页）调制。然后，信号以无线电波的形式从天线上进行无线传输。

光纤电缆

由塑料或玻璃制成的内芯

光束在内壁上反射

放大器

无线电检测器

3 **声音信号到达**
电信号到达目的地后被传送到电话接收器。接收器解调信号，从中提取有用的信息，并重现语音。

2 **光纤**
信号与光纤电缆传输的激光束产生的光相结合。

塑料外涂层

包层保护内芯的光信号

放大器

光检测器

电信网络

电信网络是能够远距离交换信息的系统。这些网络由连接点组成，这些连接点通过电线、电缆、卫星和其他基础设施的系统传输信号。

电话网

在电话机出现的早期，电话机必须连接在一起，才能使打电话的人进行通话。但是现在，它们被连接到公用电话交换网中。在通话过程中，PSTN在两部电话机之间建立临时连接，允许语音信息高速交换。这个庞大的网络由世界性的、全国性的和区域性的电话网组成，这些电话网与交换机相连，使得大多数电话机之间可以互相通信。

第一个电信网络是什么呢?

电报网是第一个使远距离通信成为可能的网络。第一条横跨大西洋的电缆于1858年完工。

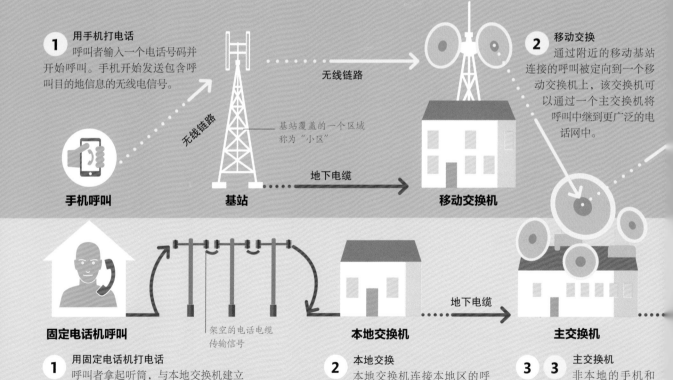

1 用手机打电话
呼叫者输入一个电话号码并开始呼叫。手机开始发送包含呼叫目的地信息的无线电信号。

无线链路

基站覆盖的一个区域称为"小区"

地下电缆

手机呼叫　　**基站**

2 移动交换
通过附近的移动基站连接的呼叫被定向到一个移动交换机上，该交换机可以通过一个主交换机将呼叫中继到更广泛的电话网中。

移动交换机

固定电话机呼叫

架空的电话电缆传输信号

地下电缆

本地交换机　　**主交换机**

1 用固定电话机打电话
呼叫者拿起听筒，与本地交换机建立连接。当呼叫者输入一个电话号码时，指示呼叫目的地的信号就会沿着线路发送。

2 本地交换
本地交换机连接本地区的呼叫。如果它检测到一个更远的呼叫目的地，它会将呼叫中继到主交换机。

3 主交换机
非本地的手机和固定电话机呼叫被中继到一个主交换机上，这个交换机能够实现更远距离的呼叫。

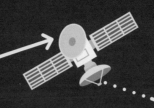

6 通信卫星

卫星接收地面基站发送的无线电信号，然后将电信号发送回地球的另一个交换站。由于信号存在延迟，卫星很少应用于电话呼叫。

上行链路

下行链路

5 国际交换

国际电话交换机将国家电话网络与PSTN的其余部分连接起来，从而实现国际拨号，进行跨境通信。

国际交换机

海底电缆

国际交换机

海底电缆可以在陆地基站之间进行电话通信，这些陆地基站可能被整个海洋隔开

4 中继塔

高高的中继塔接收和重新传输电信号，以便在远距离电话交换机之间建立无线通信信道。

电话的基础设施

手机和固定电话机呼叫共享大部分相同的基础设施，包括主交换机。然而，为了覆盖进行国际通话所需的巨大距离，可能需要通过水下电缆或偶尔使用无线电波来传输信号，而许多固定电话机仅使用电力电缆和光纤电缆传输信号。

中继塔

拨号上网

拨号是一种使用PSTN的互联网接入形式。用户的计算机通过电话线将信息通过因特网服务提供商发送到因特网上。这个过程需要调制解调器（调制器-解调器的简称）来对电话线上的音频信号进行编码和解码。直到现在，生活在偏远地区的数百万人依然使用拨号上网。

光纤电缆

本地交换机

本地交换机连接到路边的机柜，该机柜通过固定电话连接到每家每户

路边的机柜

通常，地下光纤电缆（见第190～191页）连接主交换机和本地交换机

4 接听来电

当呼叫到达目的地时，接收方的电话铃声响起。当接收方拿起电话机听筒时，连接建立并且会话开始（见第184～185页）。

调制解调器

电视广播

电视广播使任何人都能用电视机收看视频内容。电视节目在出现在观众的屏幕上之前，通过三种途径进行传输：地面天线、卫星或电缆。

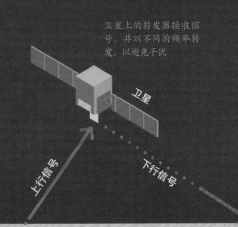

卫星上的转发器接收信号，并以不同的频率转发，以避免干扰

卫星

上行信号

下行信号

从演播室到银幕

电视场景是由摄像机和麦克风捕捉的，它们将视频和音频信息以电信号的形式记录下来。这些包含关于电视机如何准确地重建场景指令的信号，经过调制（见第182～183页），并通过卫星、地面天线或电缆传到观众家中。每个电视频道都使用不同频率的信号传送节目。

圆盘式卫星天线将特定频率的调制信号传送给通信卫星

卫星广播
卫星电视通过通信卫星传送到各家各户，通信卫星将信号以无线电波的形式传送到观众的卫星天线上。卫星电视即使在偏远地区也能收看，而且比地面广播提供更多的频道。

卫星天线

将场景转换为信号
现代摄像机将光线聚焦到电荷耦合元件上，该元件测量并记录帧内每一点的光线。这些信息连同记录的声音，被转换成准备传输的电信号。

电视广播

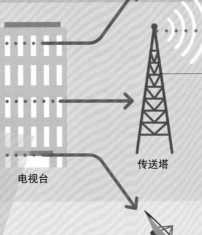

地面发射塔以无线电波的形式传输模拟信号或数字信号

地面广播
地面广播是指从电视台直接传送到家庭的信号。直到20世纪50年代，地面电视仍是唯一可用的电视广播方式。

传送塔

电视台

有线广播
有线电视通过地下光缆传输的光信号传送给用户（见第184～185页）。同样的电缆也可以用于互联网接入和电话连接。

不同电缆信道的信号在前端设备上进行调制和分配

中央数据转发器

模拟与数字

广播公司正处于从模拟电视完全转换到数字电视的过程中，数字电视将数据转换成二进制代码，然后再重新组合回原始形式。数字电视可以改善图像质量，更有效地利用无线电频谱，因此比模拟电视有更多的频道选择。

模拟信号	数字信号
模拟信号在频率、幅度或两者上连续变化	数字信号表示一系列脉冲：开（1）或关（0）
拷贝时视频质量下降	拷贝时视频质量不会改变
未压缩的视频会浪费带宽	压缩后节约更多的信道资源
纵横比（屏幕宽度：高度）是4：3	纵横比为更具电影效果的16：9
传输大量冗余信息	只传输有用的信息
观众会看到干扰或听到"噪声"	能抑制干扰

观众家里的卫星天线接收下行信号

卫星电视

当太阳在卫星后面时，它的微波会淹没信号，导致信号中断。

录制电视节目

20世纪80年代，观众可以用流行的盒式录像机把电视节目录在磁带上，以后再播放。现在的视频几乎都是以数字方式存储的。如今，许多电视节目在播出中、播出后都可以点播，这意味着观众可以在方便的时候在线观看节目。

智能点播电视盒

天线 天线

与电视相连的天线，在发射塔的覆盖范围内（见第180—181页）接收信号

地面电视

光信号从中央数据转发器传输到区域数据转发器，供本地分发

区域数据转发器

在本地节点上，光信号在传输的最后阶段被转换成电信号。

节点

电缆将电信号传送到观众家中

有线电视

电视机

电视机由接收器、显示器和扬声器组成，可再现广播公司传送的视频和音频（见第188～189页）。科技的进步创造了更薄的电视机，这样的电视机可以产生更高清晰度的图像，并可以连接到互联网。

超薄屏幕

几十年前，阴极射线管（CRT）电视机是唯一的电视类型，它使用真空管将电子束偏转到屏幕上以产生图像。这些笨重的设备现在已被超薄电视机所取代。液晶显示（LCD）技术利用液晶的光学特性产生图像，被应用于超薄电视机中。在有机发光二极管（OLED）超薄屏幕中，一层有机物质响应电流而产生光。每个发光二极管都是单独发光的，因此与液晶屏幕不同，它们可以自主发光，无须背光光源。

1 供电
薄膜晶体管（TFT）阵列被放置在OLED面板下面。面板上的每个像素至少有三个OLED，每个OLED都由各自的晶体管供电。

OLED超薄屏幕上橙色像素的累积

薄膜封装能保护精密的元件，它能形成防水和防空气的屏障

OLED 电视机

薄膜封装

TFT阵列

阴极

发射层

导电层

每个TFT元件至少包含三个晶体管，每种原色各一个

OLED面板

OLED超薄屏幕的工作原理
当电子在电子多的材料和电子少的材料之间移动时，LED就会发光。OLED的工作原理也类似，但它是用有机材料制成的。

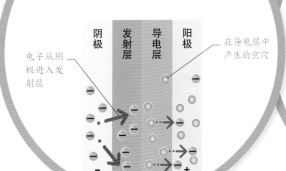

2 电子迁移
电源向阴极和发射层提供电子，使后者带负电荷。阳极和导电层失去电子，留下空穴，使导电层带正电。

阴极　发射层　导电层　阳极

电子从阴极进入发射层

在导电层中产生的空穴

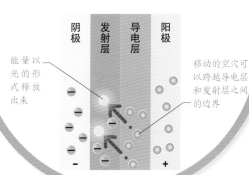

3 发光
导电层中带正电的空穴向发射层"跳跃"，在那里它们与电子重新结合形成分子。这些分子进入"激发态"，当它们放松时，能量就以光的形式释放出来。

阴极　发射层　导电层　阳极

能量以光的形式释放出来

移动的空穴可以跨越导电层和发射层之间的边界

OLED面板包含位于阳极和阴极两个电极之间的导电层和发射层

分辨率是多少？

分辨率用以描述屏幕上可以显示多少像素。例如，高清（HD）指垂直分辨率大于等于720P的图像或视频。

智能电视机

智能电视机本质上还是电视机，但它可以连接到互联网和其他设备上。除了播放广播电视节目，它还允许用户观看网络电视、在线播放视频及下载用于其他服务的应用程序。应用程序既可以预装到智能电视上，也可以通过应用程序商店获取。

提供电视直播和点播服务的应用程序

智能电视机

基板由耐用的透明塑料或玻璃制成，用以支撑OLED面板

滤色器

红色

绿色

蓝色

4 滤色器
产生白光的OLED面板可以通过添加滤色器来产生彩色像素。这些滤色器至少包含红、绿、蓝三个单独的滤色片，它们只允许特定频率的可见光通过。调节每个滤色片后面OLED面板发射的光的数量，可以产生不同的颜色。

5 滤色器
在这个例子中，红光为最大亮度、绿光降低到50%的亮度，且没有蓝光，这个颜色组合能产生橙色。

没有光提供给滤色器的蓝色部分

显示器上铺设硬质玻璃层，以保护电子元器件

玻璃屏幕

像素

只有红色的光可以通过这个滤色器

通过滤色器的颜色组合产生橙色

8 294 400个
——超高清电视机屏幕的像素数。

防御
军事卫星有多种用途，如监视、导航和发送加密信息。

天文
太空望远镜是观测太空的理想选择，它们与地面望远镜不同，不受地球大气层的阻碍。

电话
卫星电话用人造卫星而不是地面蜂窝信号塔交换信号，它们通常用于没有地面信号覆盖的偏远地区。

电视
许多电视台通过人造卫星传送节目。观众通过安装在室外的卫星天线接收信号。

人造卫星的用途

虽然第一批人造卫星是在冷战期间出于空间探索和防御目的被发射的，但它们现在有着广泛的军事和民用用途。大多数人每天在使用人造卫星，但却对此没有意识。

收音机
通过人造卫星转播无线电节目意味着信号可以传遍整个国家。

气象
有些人造卫星被设计用于监测地球天气和气候特征。它们把数据传回地球以进行分析。

GPS导航
导航设备可以通过与人造卫星交换信息来确定它们在地球上的位置（见第194～195页）。

互联网
卫星网络可以覆盖偏远地区，但由于信号传输距离远，服务可能会延迟。

人造卫星

人造卫星是专门发射到地球和太阳系其他行星轨道上的人造航天器。因为它们可以接收来自地面的信号，并将信号放大后重新转发到地球上其他遥远的地方，所以它们在通信中至关重要。

通信卫星

通信卫星用于发送和接收携带音频、视频和其他类型数据的无线电信号。通过卫星转播电信号可以实现远距离快速通信。固定频率的电信号由地面站发射到太空，由卫星天线接收，经转发器处理并增强后，被转发给地球上其他地面站。

"斯普特尼克1号"是苏联于1957年10月4日发射的第一颗人造地球卫星。

通信卫星的剖析
通信卫星具有极其精密的设备，可以在太空的极端条件下长时间工作，在这种条件下，对其进行维护或维修几乎是不可能的。

光学太阳反射器控制人造卫星的温度

静止的等离子体推进器产生推力来控制人造卫星的位置

加压液体推进剂箱为推进器提供燃料

太阳能电池板发电为人造卫星提供动力

废旧人造卫星该怎么处理？

虽然有一些人造卫星安全返回了地球，但仍有许多废旧人造卫星作为"太空垃圾"留在了轨道上，它们对其他航天器构成了威胁。

反射器接收传入的无线电信号并将其重定向到天线馈源

天线馈源将传入的无线电信号引导至转发器进行处理，并通过反射器将传出的信号发回地球

遥测、跟踪和指挥天线允许地面站监视和控制人造卫星的运行

无线电信号

地面站向人造卫星发送无线电信号

高椭圆轨道

用于通信卫星；其高度对于服务北纬60°以上的地区是很有用的

卫星轨道
如果人造卫星以足够快的速度发射，它就能克服地球表面的引力，然后与太空中较弱的引力达到平衡，从而进入轨道。许多通信卫星在地球静止轨道上。它们以与地球自转相同的速度从西向东移动，所以从赤道上的某一点上看，它们是静止的。有些人造卫星有极地轨道，在绕地球的旅程中穿过两极。

同步轨道

近地轨道

因为可以清楚地看到地球表面，故该轨道上的人造卫星主要用于监测地球

通信和监测天气模式的理想轨道

极地轨道

轨道类型
环绕地球的轨道主要有四种类型，区别主要在于形状、角度和高度。大多数卫星在近地轨道上，距离地表不到2 000千米。

主要用于观察地球

卫星导航

卫星导航系统，如全球定位系统（GPS），可以提供关于位置的精确信息。它们依靠环绕地球轨道的卫星网络，利用无线电信号与智能手机和其他导航设备进行通信。

卫星3

卫星导航

卫星导航系统使用许多小型轨道卫星来确定位置，这些卫星在世界上任何地方都是"可见的"。被称为"地面站"的地面无线电台会跟踪卫星的路径。卫星向地球发送包含时间和位置数据的无线电信号。接收器接收这些信号，并计算每个信号到达它所花费的精确时间，然后计算出它与卫星的距离，并估算出它的位置。

卫星2

时间2

高度为20 000千米的轨道卫星

卫星1

时间1

GPS星座

GPS卫星每天环绕地球两圈。为了确保至少有四颗卫星可以在地球上的任何地方被探测到，它们被安排在六个大小相同的轨道平面上，每个轨道平面包含四颗卫星。

地球

地面站

1 地面跟踪
地面站通过卫星收集数据，并将观测结果传递给指挥中心。

指挥中心

2 计算和导航
指挥中心处理来自整个卫星网络的信号。它计算出所有卫星的确切位置，并向它们发送导航指令。

三边测量的数学原理

计算与一颗卫星的距离相当于将接收器置于以卫星为球心的球面上。通过再计算与其他卫星的距离，可以将其可能的位置缩小到球体相交的区域。这个过程叫作"三边测量"。

卫星1
计算与单颗卫星的距离时，需要将接收器置于与一个巨大球体相交的地面区域内。

接收器位于以卫星为球心的球面上

地球

卫星2
找到与第二颗卫星的距离，将接收器可能的位置区域缩小到相交线上的两点处。

位置缩小到两点中的其中之一

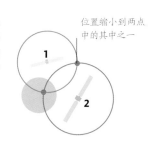

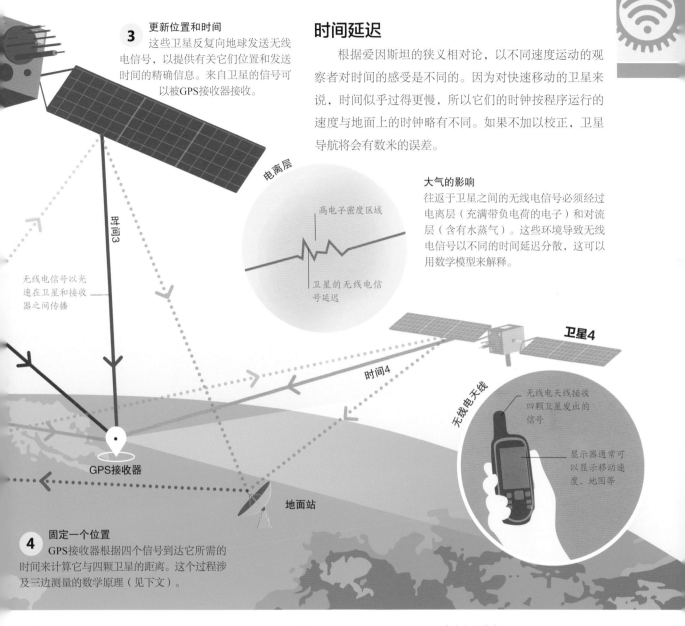

3 更新位置和时间
这些卫星反复向地球发送无线电信号，以提供有关它们位置和发送时间的精确信息。来自卫星的信号可以被GPS接收器接收。

时间延迟

根据爱因斯坦的狭义相对论，以不同速度运动的观察者对时间的感受是不同的。因为对快速移动的卫星来说，时间似乎过得更慢，所以它们的时钟按程序运行的速度与地面上的时钟略有不同。如果不加以校正，卫星导航将会有数米的误差。

大气的影响
往返于卫星之间的无线电信号必须经过电离层（充满带负电荷的电子）和对流层（含有水蒸气）。这些环境导致无线电信号以不同的时间延迟分散，这可以用数学模型来解释。

电离层

高电子密度区域

卫星的无线电信号延迟

时间3

无线电信号以光速在卫星和接收器之间传播

时间4

卫星4

无线电天线

无线电天线接收四颗卫星发出的信号

显示器通常可以显示移动速度、地图等

GPS接收器

地面站

4 固定一个位置
GPS接收器根据四个信号到达它所需的时间来计算它与四颗卫星的距离。这个过程涉及三边测量的数学原理（见下文）。

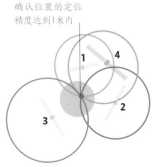

卫星3
当它计算与第三个可见卫星的距离时，接收机将其位置缩小到一个点。

接收器的位置现在只能是一个单点

卫星4
该卫星用于校正接收器指示的不准确位置，因为内置在接收器中的时钟与卫星时钟不完全同步（见上文）。

确认位置的定位精度达到1米内

互联网

互联网是一个由相互连接的计算机组成的全球网络，这些计算机使用一套通用的规则来交换数据。它支持重要的应用程序，如电子邮件和万维网。

移动互联网接入
大多数现代手机可以无线上网。手机通过连接互联网的移动信号塔交换数据。

手机装有用于发送和接收数据的天线

手机与移动信号塔进行无线通信

互联网主干网

计算机网络

用户可以通过智能手机或计算机等终端访问互联网。这些设备通常通过互联网服务提供商（ISP）连接到互联网，ISP将它们添加到自己的网络中，并为每个设备分配一个唯一的IP地址。这些网络依次连接到其他网络，形成更大的网络。互联网是所有这些相互连接的计算机网络的集合，这意味着互联网上的任何计算机都可以连接到任何其他计算机。当计算机交换数据时，软件层控制将数据划分为数据包的过程，数据包通过电线、光纤电缆和无线连接等到达它们的最终目的地。

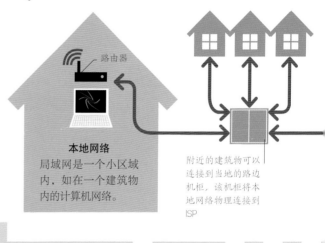

路由器

本地网络
局域网是一个小区域内，如在一个建筑物内的计算机网络。

附近的建筑物可以连接到当地的路边机柜，该机柜将本地网络物理连接到ISP

数据的路由

以往的电信网络依靠电路交换来发送和接收数据，这意味着在交换过程中，终端之间会形成直接的有线连接。现在，分组交换是在线交换数据的主要方式。软件把数据分成数据包，数据包上标有目标IP地址和重组指令。这些数据包通过不同的路由定向到它们的端点，然后在目的地被重新组装。分组交换允许更有效地使用通信信道，因为不同的数据包可以同时通过它们。

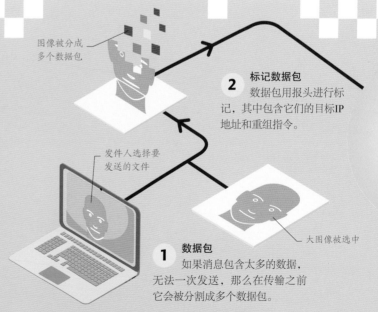

图像被分成多个数据包

2 标记数据包
数据包用报头进行标记，其中包含它们的目标IP地址和重组指令。

发件人选择要发送的文件

大图像被选中

1 数据包
如果消息包含太多的数据，无法一次发送，那么在传输之前它会被分割成多个数据包。

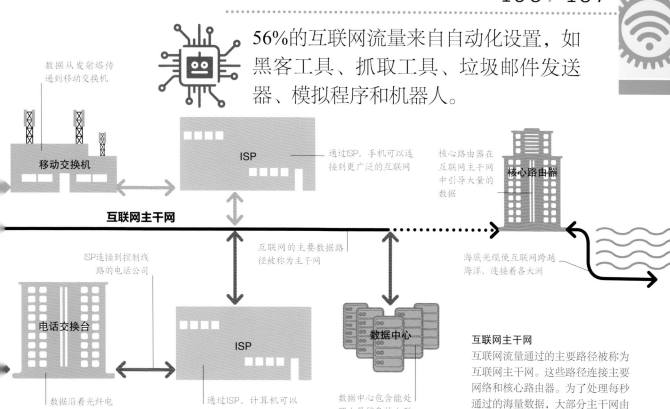

56%的互联网流量来自自动化设置，如黑客工具、抓取工具、垃圾邮件发送器、模拟程序和机器人。

数据从发射塔传递到移动交换机

移动交换机

ISP

通过ISP，手机可以连接到更广泛的互联网

核心路由器在互联网主干网中引导大量的数据

核心路由器

互联网主干网

互联网的主要数据路径被称为主干网

海底光缆使互联网跨越海洋，连接着各大洲

ISP连接到控制线路的电话公司

电话交换台

ISP

数据中心

数据沿着光纤电缆或电话线传输

通过ISP，计算机可以访问互联网

数据中心包含能处理大量信息的大型计算机系统

互联网主干网

互联网流量通过的主要路径被称为互联网主干网。这些路径连接主要网络和核心路由器。为了处理每秒通过的海量数据，大部分主干网由大束光纤电缆组成。

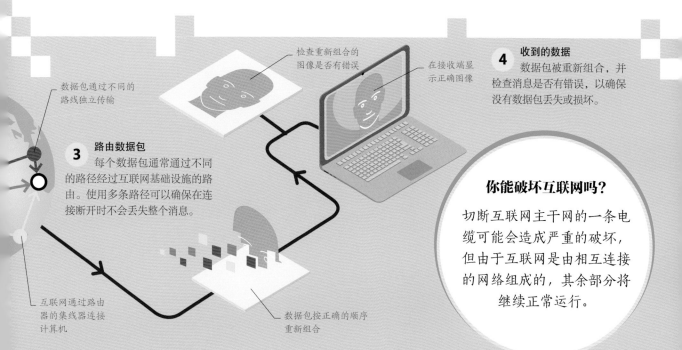

检查重新组合的图像是否有错误

在接收端显示正确图像

4 **收到的数据**
数据包被重新组合，并检查消息是否有错误，以确保没有数据包丢失或损坏。

数据包通过不同的路线独立传输

3 **路由数据包**
每个数据包通常通过不同的路径经过互联网基础设施的路由。使用多条路径可以确保在连接断开时不会丢失整个消息。

你能破坏互联网吗？

切断互联网主干网的一条电缆可能会造成严重的破坏，但由于互联网是由相互连接的网络组成的，其余部分将继续正常运行。

互联网通过路由器的集线器连接计算机

数据包按正确的顺序重新组合

万维网

万维网是通过互联网访问的信息网络（见第196~197页）。它由用通用语言格式化及唯一地址标识的相互链接的网页组成。

万维网工作的过程

万维网是一个由多媒体网页组成的庞大网络，使用称为"浏览器"的程序进行导航和下载。网页是相互链接的。拥有共同域名的链接和相关网页的集合构成了一个网站。每个网页都由唯一的统一资源定位符（URL）来标识，该定位符指定了网页的位置。浏览器从服务器检索这些页面，将其作为使用超文本标记语言（HTML）格式化的文档，并将其呈现为可读的多媒体页面。超文本传送协议（HTTP）规定了万维网浏览器和服务器之间的通信程序。

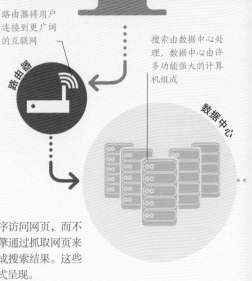

1 用户搜索
访问搜索引擎的用户在点击搜索按钮或点击"回车"开始搜索之前，需要输入一个或多个相关的搜索词。

路由器将用户连接到更广阔的互联网

搜索由数据中心处理，数据中心由许多功能强大的计算机组成

路由器

数据中心

2 请求
搜索词由路由器发送到更广泛的互联网上。它们被导向搜索引擎的服务器。

3 搜索索引
计算机会扫描搜索引擎的索引，找出包含这些搜索词的最相关的页面。

搜索网络
我们通常使用搜索引擎程序访问网页，而不是直接输入网址。搜索引擎通过抓取网页来创建索引，该索引用于生成搜索结果。这些结果以相关链接列表的形式呈现。

超文本标记语言

HTML是一种用来设计网页的语言。浏览器从Web服务器接收HTML文档，并将其呈现为包含文本和其他媒体的可读网页。称为"HTML标签"的代码被用于添加和构造页面中的内容。例如，<img>引入图像，<a>定义超链接，用于从一个页面链接到另一个页面。

```
<!DOCTYPE HTML>
<HTML>
<BODY> </BODY>
</HTML>
```

互联网协议

超文本传送协议是万维网使用的通用规则集。HTTP是处理Web文档以及服务器、浏览器和其他代理如何响应命令的基础。当用户输入网址访问网页时，他们的浏览器会使用域名系统（DNS）查找Web服务器的互联网地址。然后，它向Web服务器发送请求，该服务器发出带有状态代码的响应，状态代码包含诸如URL是否有效等信息，以便加载页面。请求和响应的序列被称为"HTTP会话"。

超文本传输安全协议
超文本传输安全协议（HTTPS）使用传输层安全协议（TLS）进行加密。这保障了用户在线浏览时的隐私和安全性。

超文本传送协议（HTTP） + 传输层安全协议（TLS） = 超文本传输安全协议（HTTPS）

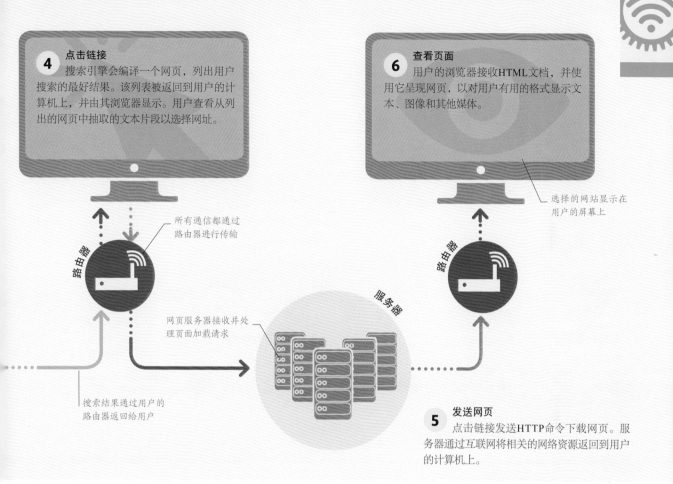

4 点击链接
搜索引擎会编译一个网页，列出用户搜索的最好结果。该列表被返回到用户的计算机上，并由其浏览器显示。用户查看从列出的网页中抽取的文本片段以选择网址。

6 查看页面
用户的浏览器接收HTML文档，并使用它呈现网页，以对用户有用的格式显示文本、图像和其他媒体。

所有通信都通过路由器进行传输

路由器

选择的网站显示在用户的屏幕上

路由器

服务器

网页服务器接收并处理页面加载请求

搜索结果通过用户的路由器返回给用户

5 发送网页
点击链接发送HTTP命令下载网页。服务器通过互联网将相关的网络资源返回到用户的计算机上。

HTTP状态码		
状态码	英文名称	中文描述
200	OK	请求已成功
201	Created	请求已经被实现，新的资源已经依请求的需要而建立
301	Moved Permanently	请求的资源已被永久移动到新的URL
400	Bad Request	语义错误，服务器无法理解；请求参数有误
404	Not Found	未找到客户请求的文档
500	Internal Server Error	服务器遇到意外情况，无法完成对请求的处理
503	Service Unavailable	由于服务器宕机或过载，服务器当前无法处理请求
504	Gateway Timeout	上游服务器未能在允许的时间内响应

75%的人只看搜索结果的第一页。

第一个网站是什么？

第一个网站是由蒂姆·伯纳斯-李爵士于1991年为欧洲核子研究组织（CERN）创建的。

电子邮件

电子邮件（E-mail）是一种使用计算机和其他设备交换信息的方法。通过连接到电子邮件服务器，用户可以发送和接收消息及以附件形式存在的其他文件。

如何发送电子邮件

电子邮件的交换是根据一套规则进行的，即简单邮件传送协议（SMTP），它允许在不同的设备和服务器之间通信。当用户发送电子邮件时，邮件被上传到SMTP服务器，在邮件被发送前，SMTP服务器会与域名服务器（DNS）通信，检查收件人的服务器地址。互联网域名是由个人或组织控制的一组地址。

计算机

SMTP服务器

DNS服务器

邮件

1 **电子邮件发送**
发送者使用客户端编写邮件，该客户端是用于编写、发送和阅读电子邮件的应用程序。用户还需输入收件人的电子邮箱地址，点击发送按钮，邮件传送过程就开始了。

2 **SMTP服务器**
邮件被发送到相当于在线邮局的SMTP服务器上。在此服务器上，邮件传送代理（MTA）检查收件人的邮箱地址，然后查找它的域名。

3 **DNS服务器**
MTA必须与DNS服务器通信，DNS服务器将域名转换为IP地址，然后检查收件人的域名以找到他们的邮件服务器。如果找不到，则返回一个错误消息。

垃圾邮件和恶意软件

因为发送电子邮件非常便宜，所以电子邮件经常被用来同时向许多用户发送信息。一些垃圾邮件仅仅会令人厌烦，但另一些垃圾邮件可能会传播恶意软件。这些恶意软件一经下载，便会禁用、劫持或改变计算机功能、监控活动、要求付款、加密或删除数据，或传播到其他计算机那里。电子邮件过滤器扫描收到的电子邮件，查找垃圾邮件和恶意软件的内容。

僵尸网络是如何运作的
一个想匿名在网上进行恶意活动的黑客可能会破坏连接设备的安全性，从而创建一个由他们控制的设备组成的网络——僵尸网络。

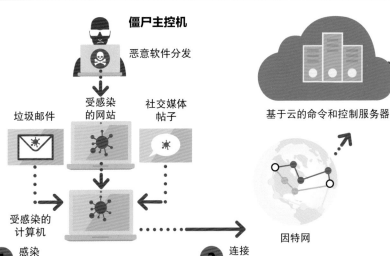

僵尸主控机

恶意软件分发

垃圾邮件

受感染的网站

社交媒体帖子

基于云的命令和控制服务器

受感染的计算机

因特网

1 **感染**
黑客使用包含僵尸程序的恶意软件，即执行自动化任务的应用程序。恶意软件是分布式的，一旦被下载，它便会感染用户的计算机。

2 **连接**
僵尸程序会谨慎地指示受感染的计算机连接到命令与控制（C&C）服务器。黑客利用这个服务器来监视和控制僵尸网络。

电子邮件检索协议

计算机采用SMTP协议发送电子邮件，但是收件人使用遵循邮局协议（POP）或互联网消息访问协议（IMAP）的电子邮件客户端来接收电子邮件。这两套规则以不同的方式处理收到的电子邮件。

互联网消息访问协议（IMAP）

- 邮件客户端与服务器同步
- 电子邮件可以跨多台设备访问和同步
- 电子邮件和附件不会自动下载到设备上
- 发送和接收的原始邮件存储在服务器上

邮局协议（POP3）第三版

- 邮件客户端和服务器未同步
- 电子邮件只能通过单个设备访问
- 邮件会自动下载到设备上，然后从服务器上删除
- 发送和接收的邮件存储在设备上

呼叫转移　因特网　邮件投递代理　你有邮件!　收件人的电脑

4 邮件发送给投递代理
如果找到收件人的邮件服务器，DNS便使用SMTP描述的传输过程将消息传输给他们的邮件投递代理（MDA）。在那之前，邮件可能会先通过几个邮件传送代理。

5 投递代理传递电子邮件
MDA在这个过程中执行最后的传输：从MTA接收邮件并将其发送给收件人，然后将其归档到用户正确的电子邮箱收件箱中。

6 收到电子邮件
收件人打开收件箱并阅读新邮件。访问电子邮件的方式取决于用户的邮件客户端所采用的协议（见上文）。

身份盗窃　生物医学盗窃　电子邮件攻击
拒绝服务攻击　银行盗窃
勒索软件　病毒
僵尸主控机
僵尸网络

3 控制与添加
黑客通过他们的C&C服务器向僵尸网络发送命令，指示计算机执行恶意活动。与此同时，黑客继续向僵尸网络中添加计算机。

电子邮件加密

电子邮件通过使用公钥加密来防止其被预期收件人以外的任何人读取。加密的电子邮件只能使用正确的数学密钥来解密。最简单的做法是，发送方使用接收方的公钥来加密消息，只有接收方可以用其私钥解密。

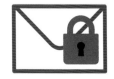

Wi-Fi

无线局域网（Wi-Fi）利用无线电波使附近的设备，如手机、平板电脑、笔记本电脑、台式机、打印机、数字扬声器和智能电视机，形成连接并无线交换数据。这是最受欢迎的移动通信方式。

处于盲点的设备可能会出现通信中断的现象

智能电视机

游戏控制板

信号增强器增加信号的强度、扩大其范围

盲点，即接收不到信号的地方

信号增强器

智能扬声器

平板

信号强度随着与信号增强器距离的增大而减小

Wi-Fi波段
Wi-Fi使用2.4GHz和5GHz两个频段。尽管5GHz能提供更快的数据传输速度，但它很难穿透墙壁等固体物体。相比之下，2.4GHz可以覆盖更广的区域，但可能会受到使用相同波段的其他电子设备的干扰。

智能手机

智能电视机

无线路由器和信号增强器周围的区域称为"热点"

Wi-Fi路由器

连接到本地网络

Wi-Fi的工作原理

使用Wi-Fi将设备连接到互联网需要一个内置的无线适配器，比如手机上的天线，来将数字数据转换为无线电信号。当用户发送某种形式的媒体，如文本信息或照片时，适配器将其数字形式编码成无线电信号，并将其传输到路由器上。然后，路由器将无线电信号转换回数字数据，并通过有线连接将其传输到互联网上。这个过程以同样的方式反向工作，从而实现设备和互联网之间的无线数据交换。

天线发送和接收无线电信号

天线

Wi-Fi路由器
路由器在连接的设备和互联网之间传输数据。它通过广域网（WAN）端口连接到互联网，并通过局域网（LAN）端口或无线连接到局域网中的设备。

多个端口可以同时连接多个有线设备

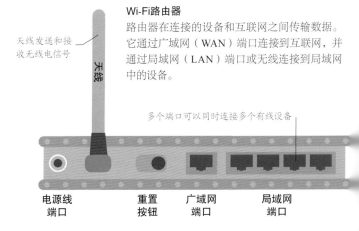

电源线端口　　重置按钮　　广域网端口　　局域网端口

什么是带宽？

带宽指在一定时间内可以传输的数据量。更高的带宽连接意味着更快的数据传输速度。

这个区域没有Wi-Fi信号

Wi-Fi波段
- 2.4 GHz
- 5 GHz

Wi-Fi覆盖范围的极限

微波炉发出2.4GHz频段的高功率信号，可能会干扰Wi-Fi信号

笔记本电脑

微波炉

Wi-Fi信号

Wi-Fi信号的强度随着设备和路由器之间距离的增大而迅速下降。无线网络的覆盖范围通常在几十米内，但也会根据频率、传输功率和天线而变化。由于存在墙壁等障碍物，因此，尽管可以使用信号增强器来增强信号，但Wi-Fi信号在室内的覆盖范围仍然较小。

14个信道中只有3个不与其他信道重叠

信道：　　1　　　6　　　11
频率：　2.412 GHz　2.437 GHz　2.462 GHz

2.4GHz频段
数据使用多个设备共享的特定频率（信道）传输。使用多个信道可以实现更高效的通信，但在2.4 GHz频段（如上图所示），许多信道会重叠，从而造成干扰。

目前未使用5.350GHz到5.470GHz之间的频段

无信道重叠，可防止干扰

频率
5.150　　　　　5.350　　5.470　　　　　5.725　　　5.825
GHz　　　　　GHz　　　GHz　　　　　　GHz　　　　GHz

5GHz频段
5GHz频谱有24个非重叠信道，利用更高的频率。这意味着数据可以通过多个信道同时传输，从而提高效率和速度。欧洲的Wi-Fi系统可以使用5.725～5.875GHz的频段，但仅限于短程、低功耗设备。

攻击Wi-Fi

无线网络连接很容易受到黑客的攻击，因为黑客无须在同一栋大楼内或突破防火墙就能访问Wi-Fi网络。黑客可以通过各种方式破坏Wi-Fi安全，例如，收集设备传输和接收的信息。无线网络可以通过Wi-Fi保护访问来保证安全。这依赖于用户输入经过验证的密码，并通过为每个数据包生成新的加密密钥。

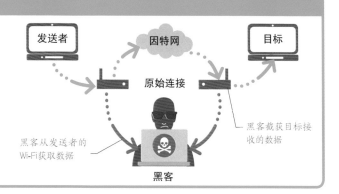

发送者

因特网

目标

原始连接

黑客从发送者的Wi-Fi获取数据

黑客截获目标接收的数据

黑客

移动设备

移动设备是一种小型便携式计算设备。大多数现代移动设备可以连接互联网（见第196～197页）和其他设备，并使用平板触摸屏操作。

驱动线提供跨越电网的小电流

手指带有电荷

传感线通过检测电流的变化来找到触点

手指接触对驱动线周围电场产生影响

较小的电流流过手指触摸的传感线；这些信息被传递给处理器

移动设备组件

电容式触摸屏由一层驱动线和一层传感线组成，它们在玻璃基板上形成网格。这个网格位于液晶显示器的顶部，连接着触摸屏控制器芯片和设备的主处理器。

保护涂层
防护罩
黏结层
驱动线
传感线
移动设备

1　屏幕触摸

当指尖触碰屏幕时，一小股电荷被拉向导电手指。电网上的电流下降，从而记录下触摸。

触摸屏

触摸屏主要有两种类型：电容式和电阻式。两者都允许用户通过简单的触摸和手势直接与设备上显示的元素进行交互。移动设备的触摸屏最常见的是电容式触摸屏。它依赖指尖或触控笔的导电特性，比其他触摸屏对手势更敏感。电阻式触摸屏依赖对屏幕的外层施加的压力，压力使由透明电极薄膜制成的两个导电层接触。

蓝牙是以10世纪丹麦国王的名字命名的，它的目的是统一设备间的通信。

移动设备类型

移动设备有很多类型，它们能满足一系列的应用需求。一些移动设备可以实现多种功能，比如平板电脑；而另一些则是为特定目的，比如玩游戏或拍摄视频而设计的。为了方便收集人体每日运动数据，一些移动设备可以被戴在身上。

平板电脑

平板电脑是平板移动计算机。它们比智能手机大，但与智能手机有相似之处。

智能手机

智能手机也具有计算功能，能连接到互联网和蜂窝网络。

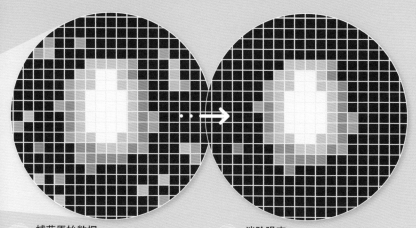

2 捕获原始数据
测量电网每一点上电流的变化。指尖正下方的点电流的下降幅度最大。

3 消除噪声
必须过滤掉电磁干扰或噪声，以确保强而稳定的触摸响应。这种噪声可能来自外部，如充电器等。

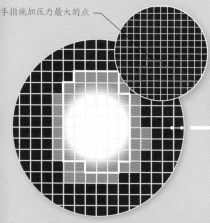

手指施加压力最大的点

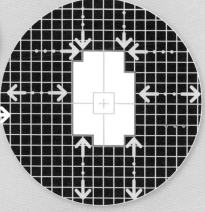

4 测量压力点
识别与用户指尖接触的网格区域的大小和形状，以确定施加最大压力的点。

5 计算确切的坐标
来自网格上每个点的电信号被发送到设备的处理器，处理器使用这些数据来计算指尖的精确位置。

连通性

能够与附近的其他设备连接和通信是移动设备最有用的特性之一。这些设备可以是物理连接的，但也可以使用无线电信号进行无线数据交换，这通常更方便。

蓝牙
蓝牙技术利用无线电波进行短距离通信。它允许移动设备使用无线电信号与其他设备进行无线连接，如蓝牙耳机。

无线局域网（Wi-Fi）
Wi-Fi（见第202～203页）允许本地网络设备通过路由器进行无线通信，路由器也可以连接到互联网。

无线射频识别（RFID）
射频识别标签通常贴在商店或工厂的物品上，能发出独特的无线电波，从而使移动设备能够识别物品。

近场通信（NFC）
NFC允许两个非常近的设备进行通信，用于非接触式支付系统和钥匙卡。

智能手表
智能手表具有智能手机的大部分功能。

游戏平台
装有游戏系统的设备，包含屏幕、控件、扬声器和控制台。

电子书阅读器
电子书阅读器是为阅读电子书而设计的。许多阅读器采用电子纸技术（见第208～209页）。

个人数字助理（PDA）
PDA是信息管理器。大部分可以接入互联网，像手机一样工作。

智能手机

智能手机是一种手持计算机，拥有广泛的硬件和软件功能。它们通常使用正面覆盖的触摸屏（见第204～205页）进行操作。智能手机运行移动操作系统，可以通过下载和安装应用程序进行定制。

智能手机能做什么

智能手机结合了电话机和小型计算机的功能。它们可以通过蜂窝网络、Wi-Fi、蓝牙和GPS进行通信，并配有摄像头、麦克风、扬声器和传感器，而应用商店中有数百万种不同的服务。这些功能强大、方便的设备的兴起，导致了许多专用设备的消亡。

扬声器
手机内置微型扬声器，为通话和播放媒体提供声音。它还支持免提通话的扬声器功能。

麦克风
这使得智能手机具有电话机的功能。它还具有录音功能，可以与数字助理进行通信。

照相机
几乎所有的智能手机都有小型、低功耗的前后摄像头，且大多数有数码变焦功能和由发光二极管组成的闪光灯。

蓝牙
蓝牙芯片可以让智能手机通过无线电信号与其他设备进行无线连接。它还可以让智能手机与蓝牙耳机连接。

卫星导航
卫星导航芯片连接到轨道上的卫星网络，如美国的全球定位系统。卫星导航服务是通过应用程序访问的。

世界上第一款智能手机是什么？

IBM的Simon是第一款智能手机，于1994年发布。它重510克，带有一个用于发送和接收传真的调制解调器。

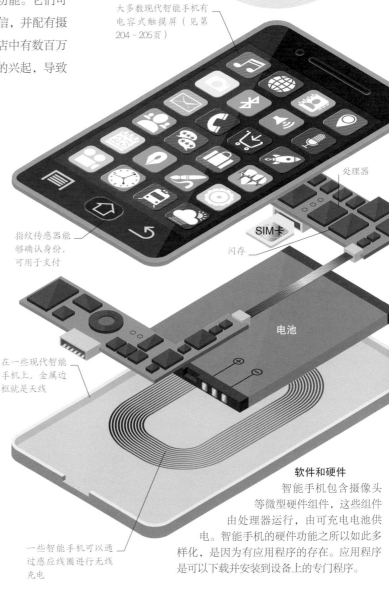

大多数现代智能手机有电容式触摸屏（见第204～205页）

处理器

指纹传感器能够确认身份，可用于支付

SIM卡

闪存

电池

在一些现代智能手机上，金属边框就是天线

一些智能手机可以通过感应线圈进行无线充电

软件和硬件
智能手机包含摄像头等微型硬件组件，这些组件由处理器运行，由可充电电池供电。智能手机的硬件功能之所以如此多样化，是因为有应用程序的存在。应用程序是可以下载并安装到设备上的专门程序。

信息传送

短信包括通过移动网络发送和接收的电子信息。大多数短信是通过短信息中心（SMSC）交换的，该中心允许发送不超过160个字符的短信息。然而，多媒体信息业务（MMS）使用移动网络来交换包含照片、视频和音频的消息。

短信是如何发送的？

发件人的文本通过蜂窝信号塔传送到移动交换中心（MSC），该中心找到发件人短消息中心的地址，并将文本转发到那里。SMSC检查收件人是否空闲。如果有空，它将通过MSC传递文本。否则，它会一直存储文本，直到收件人空闲为止。

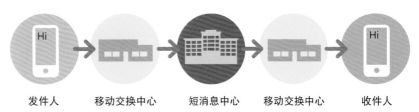

发件人　　移动交换中心　　短消息中心　　移动交换中心　　收件人

每一部智能手机都含有金、银和铂等贵金属。

联网
智能手机可以通过Wi-Fi或蜂窝网络连接到互联网。大多数手机现在使用4G，即第四代移动技术，它支持更快的加载速度。

游戏站
智能手机可以用作便携式游戏机。与电玩主机不同，它们没有专用显卡，但是拥有强大的图形处理单元，可以渲染图像、动画和视频。

通讯录
大多数智能手机有记录联系信息的电子通讯录。使用者可以通过社交媒体网站和电子邮件账户获取信息，也可以通过语音命令进入数字助理页面进行访问。

支付系统
智能手机可以通过多种方式进行非接触式支付，包括无线电信号和类似银行卡磁条的磁信号。支付通常需要一个验证过程来确认身份。

音乐
音乐可以从应用程序中下载，通过Wi-Fi或手机连接传输，也可以从用户的收藏中导入。智能手机支持多种文件格式，包括MP3、AAC、WMA和WAV。

加速度传感器

许多智能手机有微型加速度传感器，可以测量加速度。这些传感器用于检测设备的方向，因此显示屏可以根据手持设备的方式在横向和纵向模式之间切换。它们也可以作为计步器和手机游戏的输入。

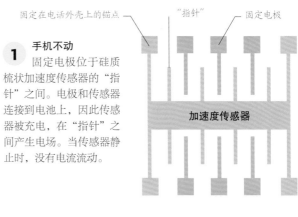

固定在电话外壳上的锚点　　"指针"　　固定电极

1 **手机不动**
固定电极位于硅质梳状加速度传感器的"指针"之间。电极和传感器连接到电池上，因此传感器被充电，在"指针"之间产生电场。当传感器静止时，没有电流流动。

加速度传感器

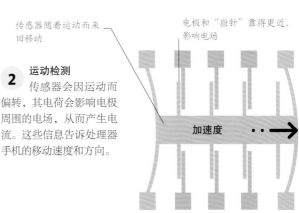

传感器随着运动而来回移动

电极和"指针"靠得更近，影响电场

2 **运动检测**
传感器会因运动而偏转，其电荷会影响电极周围的电场，从而产生电流。这些信息告诉处理器手机的移动速度和方向。

加速度

电子纸的工作原理

　　电子纸内部有数千个微小的微囊体，每个微囊体中都含有黑色的颜料颗粒和白色的颜料颗粒，它们位于透明的油性液体中。黑色颗粒带负电荷，白色颗粒带正电荷。若显示器下的晶体管提供的是正电荷，则它可以吸引黑色颗粒，排斥白色颗粒。如果提供的是负电荷，则情况相反。设备的计算机控制电荷出现的位置，在显示屏上形成黑白图像和文本。如果一个微囊体的电荷一边是负电荷，另一边是正电荷，那么它就会呈现出半白半黑的灰色。

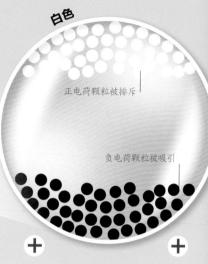

白色

正电荷颗粒被排斥

负电荷颗粒被吸引

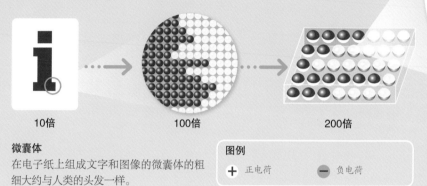

10倍　　　　　100倍　　　　　200倍

微囊体
在电子纸上组成文字和图像的微囊体的粗细大约与人类的头发一样。

图例
　＋ 正电荷　　　　－ 负电荷

1 黑色颗粒带负电荷，而白色颗粒带正电荷。显示屏下的正电荷吸引黑色颗粒。

电子纸

　　一些电子阅读器使用电子纸制成的屏幕显示文本页面。和真正的纸一样，电子纸也能反射光线，这使得它更适合阅读文本，因为它可以减少眼睛疲劳，并且在阳光下也适合阅读。

睡前阅读电子纸平板电脑比液晶平板电脑更好吗？

可能是这样的。使用平板电脑会让人更难入睡，因为它发出的蓝光会干扰调节睡眠的褪黑激素的作用。

在黑暗中阅读

　　电子纸不像电脑屏幕那样需要自己的光源。然而，为了在黑暗中也适合阅读，许多电子阅读器在屏幕的一侧有LED灯，以照亮屏幕。光穿过透明屏幕的内部，向下散射到电子纸上。

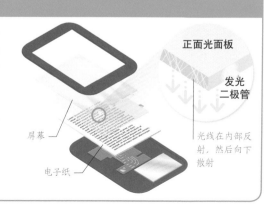

正面光面板

发光二极管

屏幕

电子纸

光线在内部反射，然后向下散射

电子墨水技术正在被用于开发图案不断变化的服装。

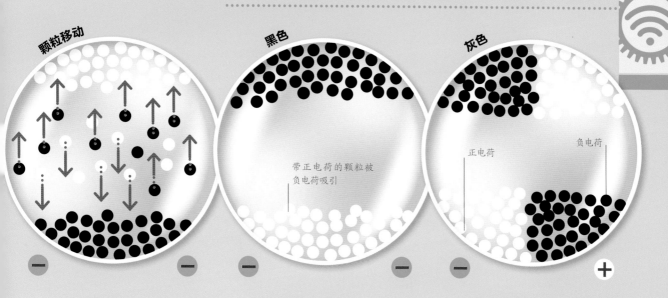

颗粒移动　　　　　　**黑色**　　　　　　**灰色**

带正电荷的颗粒被
负电荷吸引

正电荷　　　　　　负电荷

2 当在显示屏下施加负电荷时，带
正电荷的白色颗粒与黑色颗粒交
换位置。

3 白色颗粒被负电荷吸引，而带负电
荷的黑色颗粒被排斥。

4 设备内的计算机控制着不同类型
的电荷出现的位置。黑色和白色
颗粒的区域将呈现灰色。

电润湿显示技术

　　与电子纸一样，电润湿显示技术的原理也是反射
光。电润湿显示技术能显示彩色，也可以显示视频，这
是因为它的变化比电子纸快得多。在反光的白色塑料板
上有成千上万个小隔间，每个小隔间里都有一小滴黑色
液体。来自计算机的信号施加一个电压，使液体像窗帘
一样来回移动，吸收光或反射光。

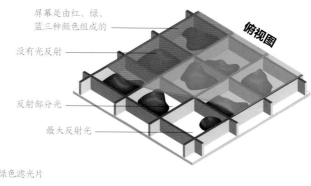

屏幕是由红、绿、
蓝三种颜色组成的

没有光反射

反射部分光

最大反射光

俯视图

侧视图

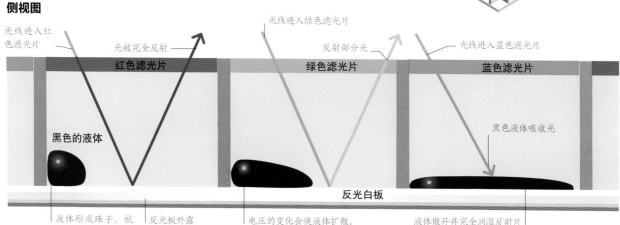

光线进入红
色滤光片

光被完全反射

光线进入绿色滤光片

反射部分光

光线进入蓝色滤光片

红色滤光片　　　　　　绿色滤光片　　　　　　蓝色滤光片

黑色的液体

黑色液体吸收光

反光白板

液体形成珠子，就
像蜡上的水

反光板外露

电压的变化会使液体扩散，
吸收部分光

液体散开并完全润湿反射片

8

农业与
食品技术

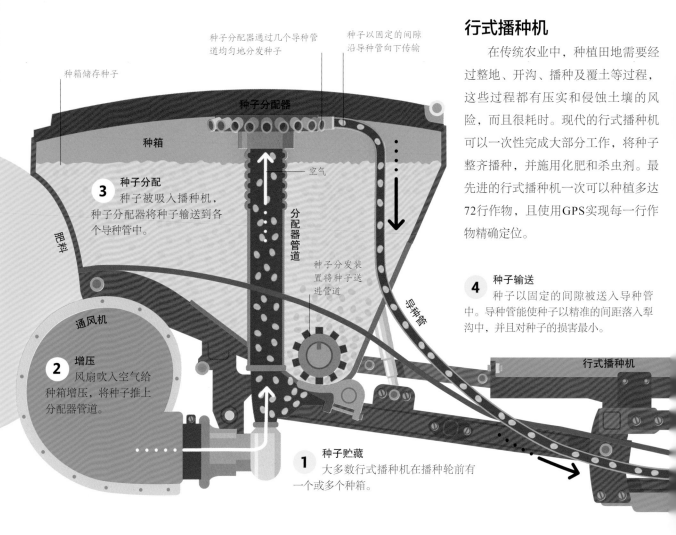

种子分配器通过几个导种管道均匀地分发种子

种子以固定的间隙沿导种管向下传输

种箱储存种子

种子分配器

种箱

空气

3 种子分配
种子被吸入播种机，种子分配器将种子输送到各个导种管中。

肥料

分配器管道

种子分发装置将种子送进管道

导种管

通风机

2 增压
风扇吹入空气给种箱增压，将种子推上分配器管道。

1 种子贮藏
大多数行式播种机在播种轮前有一个或多个种箱。

行式播种机

在传统农业中，种植田地需要经过整地、开沟、播种及覆土等过程，这些过程都有压实和侵蚀土壤的风险，而且很耗时。现代的行式播种机可以一次性完成大部分工作，将种子整齐播种，并施用化肥和杀虫剂。最先进的行式播种机一次可以种植多达72行作物，且使用GPS实现每一行作物精确定位。

4 种子输送
种子以固定的间隙被送入导种管中。导种管能使种子以精准的间距落入犁沟中，并且对种子的损害最小。

行式播种机

种植作物

用于播种的机器已经存在了数百年。然而，现代的播种机在播种面积和容量上都有了很大的提高，可以一次覆盖大片土地，大大缩短了播种作物的时间。

运动的方向

拖拉机　　　行式播种机

26.27 亿吨——2017年世界粮食总产量。

灌溉

一些农民依靠自然降雨来灌溉作物，但在某些气候条件下，作物可能也需要灌溉系统。从简单的重力灌溉法到直接给植物根部浇水，灌溉的方法多种多样。然而，灌溉可能也会带来问题，例如：水可能会被浪费；如果使用未经处理的废水，作物可能会受到污染，土壤中的盐分也会增加。智能技术可以将水输送到最需要的地方，而不是全面覆盖。

地面灌溉

水浸润整个地表，并借重力或沟渠流入犁沟。地面灌溉是一项劳动密集型工作，而且大量的水会因蒸发和径流而流失，还有可能导致内涝。

滴灌

滴灌系统使用由多孔材料或穿孔材料制成的管道，这些管道被放置在地面或地下，能将水直接浇到作物的根部。

中心枢轴

洒水装置在轮式塔上做圆周运动。这种方法可以在相对较短的时间内浇灌大面积土地。

地下灌溉

地下多孔管道系统可以提高地下水位或将水直接排到根部区域。

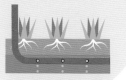

洒水器

水由顶部的高压洒水器或移动平台上的喷枪分配。然而，喷洒时水会有所流失。

播种机开沟器

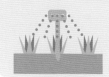

肥料管

压实轮将种子轻轻压入土壤

由闭合轮形成的脊

在犁沟两侧施加肥料

肥料从土壤中渗入

肥料管

轨距轮用于设定犁沟深度

压实轮将种子周围的土壤压实

开沟轮切割V形犁沟

倾斜的闭合轮

施用液体肥料

耙线

5 犁沟
为将土壤刨开至合适的深度和形状，行式播种机使用轮子或刀片切割犁沟。种子以固定的间隙落在开沟轮后面，有时其旁边还会被添加肥料或者杀虫剂。

6 压实种子
压实轮通过滚动或滑动动作将种子压入犁沟，以增加其与土壤和犁沟底部水分的接触。它还可以防止种子反弹出去。

7 闭合和肥料输送
倾斜的闭合轮将种子周围的土壤紧紧压实。如果之前没有施肥，就把肥料加在犁沟的一侧或两侧，然后用滚轴或耙子把表面整平。

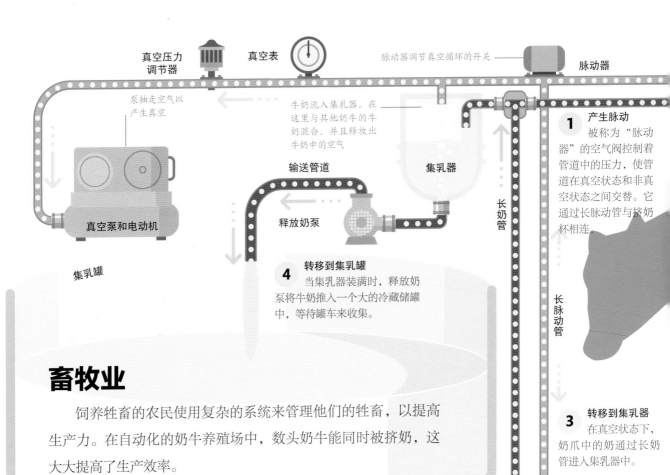

真空压力调节器

真空表

脉动器调节真空循环的开关

脉动器

泵抽走空气以产生真空

牛奶流入集乳器，在这里与其他奶牛的牛奶混合，并且释放出牛奶中的空气

1 产生脉动
被称为"脉动器"的空气阀控制着管道中的压力，使管道在真空状态之间交替。它通过长脉动管与挤奶杯相连。

输送管道

集乳器

释放奶泵

真空泵和电动机

长奶管

集乳罐

长脉动管

4 转移到集乳罐
当集乳器装满时，释放奶泵将牛奶推入一个大的冷藏储罐中，等待罐车来收集。

畜牧业

　　饲养牲畜的农民使用复杂的系统来管理他们的牲畜，以提高生产力。在自动化的奶牛养殖场中，数头奶牛能同时被挤奶，这大大提高了生产效率。

3 转移到集乳器
在真空状态下，奶爪中的奶通过长奶管进入集乳器中。

粪便中的甲烷

　　奶牛养殖场会产生大量的废物，主要有粪便、牛舍和挤奶厅的冲洗污水。与来自水果和蔬菜作物的农业废弃物一样，这些废物也需要被处理。许多大型农场使用厌氧沼气池将废物转化为可用作肥料的无菌污泥，或是可用作燃料的甲烷气体。一些农民还种植玉米等其他作物，他们将这些作物添加到沼气池中，以增加天然气产量和能源输出。

 禽畜排泄物

 农作物

 废水

 牛舍废弃物

气体

厌氧分解
沼气池是大型的、无空气的容器，里面的厌氧细菌（可以在没有氧气的情况下生存的微生物）将大型有机化合物分解成更小的分子，如水、氨、甲烷和二氧化碳。

搅拌器

流体区域

沉积物

空气管道

连接其他奶牛的牛奶输送管道

挤奶机

挤奶机使用真空泵从奶牛的乳房中轻轻地抽取牛奶。牛奶被吸入四个内衬有橡胶的奶杯中。这些衬垫在乳头和短管之间形成密封，将牛奶输送给奶爪。之后牛奶通过长奶管被输送到集乳器，最后进入大容量集乳罐。

挤奶杯

挤奶杯簇

挤奶杯簇由四个挤奶杯和奶爪组成，并与长奶管和脉动管相连

挤奶杯

母牛的乳房

脉动室内的空气压力产生压力差，从而关闭管路

橡胶衬套

真空环境下的脉动室；衬垫打开

短脉动管输送空气

用短脉动管排出空气

长脉动管

牛奶通过短奶管吸入

长奶管处于恒定真空状态

牛奶在爪中被收集

2 挤奶

在挤奶阶段（右），脉动器使脉动室中产生真空。由于衬垫的内部受到长奶管恒定的真空作用，因此衬垫的两侧没有压力差，可将牛奶从奶嘴中抽出。衬垫在非工作阶段关闭（左）。

图例

→ 空气/真空运动

⇢ 牛奶运动

一台挤奶机每小时可以给100头奶牛挤奶，而手工挤奶每小时只能挤6头。

加热 电力 燃料 气体

沼气

沼气池产生的气体可以直接用于农场，为沼气池本身加热，或转化为电力为农业机械提供动力。

生物膜

或者可以将气体运走，转化为车辆燃料、加热过程或工业处理中的原料气体。

机器人在奶牛养殖中有什么用途？

机器人的传感器可以扫描奶牛的ID标签，以检测它最近是否被挤过奶，而机器人的机械臂可以取出并使用挤奶杯。

沼渣、沼液存储罐

沼气池产生的液体，或废物分解液，通常通过压制或离心分离器进行分离和更多的处理。然后，湿的部分和干的部分分别被存储在容器中。

肥料

来自沼气池的固体可以用作土壤调节剂，或者经过去除病原体的处理之后，作为动物寝具；液体可以喷到田里。

收割机

使用机器收割大量作物极大地减少了对体力劳动者的需求。最新的机器人技术可以用于采摘水果和蔬菜等作物，目前这些作物大部分是手工采摘的。

联合收割机

联合收割机是农业机械中最大的设备之一，它每小时可以收集大约70吨谷物。联合收割机得名于将收割（切割）、脱粒（旋转作物以分离谷物）和簸谷（吹气以去除外壳或谷壳）等多个功能组合在一起。最后，联合收割机还会将麦秆放回地里。

1 切割
收割机的头部是可拆卸的，可以根据不同的作物更换。一个标准的收割头装有一个刀杆。被切断的作物落下时，会被一个旋转的卷筒卷进头部的割台螺旋推运器，紧接着被传送带送到脱粒滚筒内。

2 脱粒
在脱粒滚筒中，一组滚筒高速旋转，将谷粒、谷壳和细小的碎屑从秸秆中分离出来，而秸秆则落在秸秆助行器上。

卷筒

向上输送的作物

传送带

卷筒旋转

割台螺旋推运器

运动的方向

刀杆

切好的作物是用割台螺旋推运器收集的

收割的未来发展

机器人采摘可能是未来水果和蔬菜采摘的主要方式。一些原型的采摘机器人使用传感器来评估作物是否可以被收割。还有一些机器人则将这一功能与探测作物颜色的照相机相结合。采摘农产品需要精细处理；对于像苹果这样的水果，采摘机器人使用真空手臂来吸走水果，而对于其他水果，采摘机器人则使用工具小心翼翼地将水果从茎上剪下来。

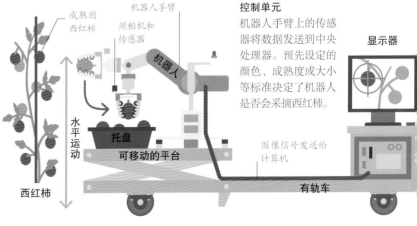

成熟的西红柿

机器人手臂

照相机和传感器

机器人

水平运动

托盘

可移动的平台

西红柿

控制单元
机器人手臂上的传感器将数据发送到中央处理器。预先设定的颜色、成熟度或大小等标准决定了机器人是否会采摘西红柿。

显示器

图像信号发送给计算机

有轨车

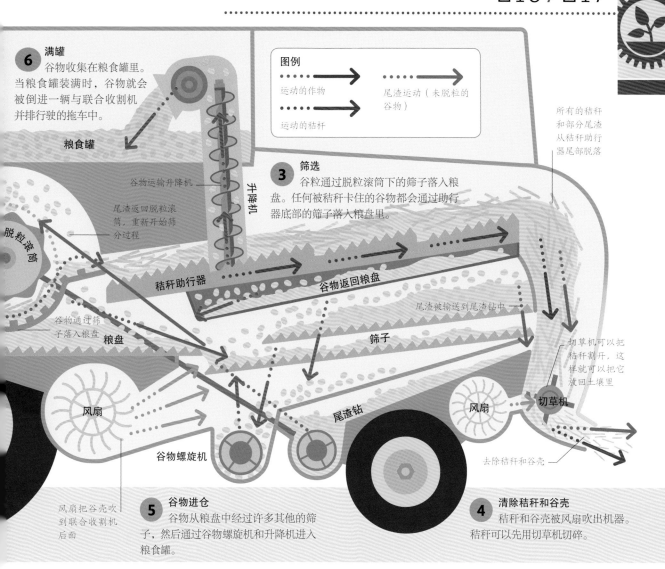

6 满罐
谷物收集在粮食罐里。当粮食罐装满时，谷物就会被倒进一辆与联合收割机并排行驶的拖车中。

粮食罐

谷物运输升降机

升降机

尾渣返回脱粒滚筒，重新开始筛分过程

脱粒滚筒

谷物通过筛子落入粮盘

粮盘

图例
- ·····▶ 运动的作物
- ·····▶ 尾渣运动（未脱粒的谷物）
- ·····▶ 运动的秸秆

所有的秸秆和部分尾渣从秸秆助行器尾部脱落

3 筛选
谷粒通过脱粒滚筒下的筛子落入粮盘。任何被秸秆卡住的谷物都会通过助行器底部的筛子落入粮盘里。

秸秆助行器

谷物返回粮盘

尾渣被输送到尾渣钻中

筛子

切草机可以把秸秆割开，这样就可以把它放回土壤里

风扇

尾渣钻

风扇

切草机

谷物螺旋机

去除秸秆和谷壳

风扇把谷壳吹到联合收割机后面

5 谷物进仓
谷物从粮盘中经过许多其他的筛子，然后通过谷物螺旋机和升降机进入粮食罐。

4 清除秸秆和谷壳
秸秆和谷壳被风扇吹出机器。秸秆可以先用切草机切碎。

常见的机器

棉花收割机
棉花收割机有两种类型。棉花采摘机用旋转的锭子或尖头从作物上直接摘取纯棉花。脱棉机可以将整个棉花拔出，然后再用另一台机器去除不需要的部分。

甜菜收割机
旋转刀片先去除叶子，然后轮子将甜菜抬到收割机上。甜菜通过清洁辊被刷去土壤，然后被放到一个储存箱中。

机械摇树机
机械摇树机一般用于收割橄榄、坚果和其他不易碰伤的作物。这些机器使用一个液压缸来抓住树干并摇晃树干使果实落下，然后收集这些落下的果实。

42个
——一蒲式耳小麦可以制成的面包的数量。

无土耕种

为了满足人们对食物不断增长的需求，农民正在设计更有效的种植方法。无土耕种使农民几乎可以在任何地方种植作物，且可以更精细地控制作物的生长条件，并将耕种对环境的影响降到最低。

 水培农场的用水量仅为传统农场的10%。

水栽培

在水培系统中，作物是在没有土壤的情况下生长的。水培系统通过溶解在水中的营养物质对作物进行施肥，这些营养物质通常由泵输送。营养水平可以根据作物类型进行调整，光照、通风、湿度和温度也很容易控制。常见的水培系统有以下几种类型。

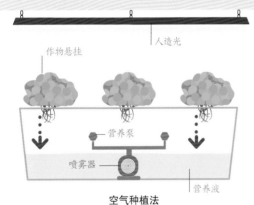

空气种植法

植物的根部悬挂在水箱上，并被用营养泵输送的雾化营养液润湿。雾化营养液每隔几分钟喷洒一次，以防止根部干燥。

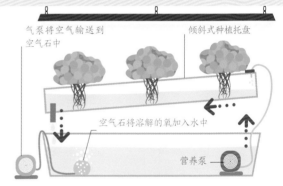

营养液膜技术

营养液被泵入一个种植托盘，并不断地从根尖流过。托盘呈一定的角度倾斜，可以使水在重力作用下回流到水箱中。

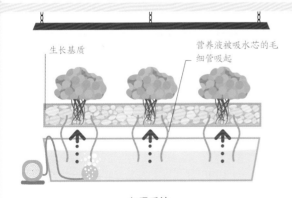

虹吸系统

作物生长在珍珠岩、椰油或蛭石等介质中。吸水芯的毛细管将贮槽中的营养液抽到生长基质中。

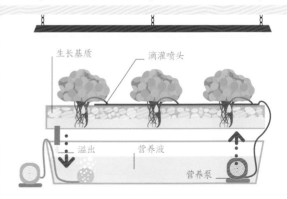

滴灌系统

定期将营养液滴到每棵植物周围的生长基质上。多余的营养液流出，返回系统中。

养耕共生

该系统结合了水培和水产养殖（在水箱中养殖鱼类或海产品）。来自鱼缸的水通过生长床循环。鱼排出的营养物质用来给作物施肥，净化后的水返回鱼缸。这些作物是自然施肥的，不需要除草剂或杀虫剂，也没有土壤传播疾病的风险。鱼也可以被食用。

水培农业能节省多少空间？

农民可以在与传统农场相同的空间里用水培方法种植4~10倍的植物。

储水罐

2 滴灌
污水被泵入储水罐，然后滴入下方的生长床，并被生长基质吸收。

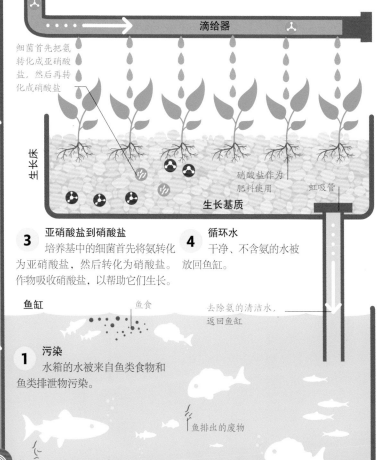

滴给器

细菌首先把氨转化成亚硝酸盐，然后再转化成硝酸盐

生长床

硝酸盐作为肥料使用

生长基质

虹吸管

3 亚硝酸盐到硝酸盐
培养基中的细菌首先将氨转化为亚硝酸盐，然后转化为硝酸盐。作物吸收硝酸盐，以帮助它们生长。

4 循环水
干净、不含氨的水被放回鱼缸。

鱼缸

鱼食

去除氨的清洁水，返回鱼缸

1 污染
水箱的水被来自鱼类食物和鱼类排泄物污染。

鱼排出的废物

被污染的水被抽出

水泵

垂直耕种

有朝一日，城市农场可能会在摩天大楼里安装无土系统。人们可以在垂直的货架系统或轻型甲板上种植作物。机器人将照料和收割作物，而传感器将监测作物的生长。

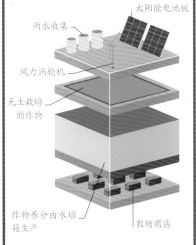

太阳能电池板

雨水收集

风力涡轮机

无土栽培的作物

作物养分由水培箱生产

农场商店

图例

🔱 氨 　🌀 细菌

🔱 亚硝酸盐 🔱 硝酸盐

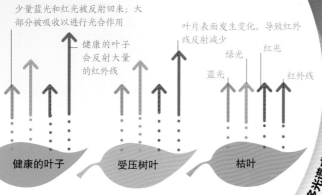

日光

少量蓝光和红光被反射回来；大部分被吸收以进行光合作用

健康的叶子会反射大量的红外线

叶片表面发生变化，导致红外线反射减少

蓝光　绿光　红光　红外线

健康的叶子　　受压树叶　　枯叶

多光谱成像

叶子表面反射光线的方式取决于它的物理状态。健康的叶子会吸收大部分的蓝光和红光作为光合作用的能量，但也会反射大量的绿光和红外线。然而，当作物受到外部压力影响（如由于疾病或自身脱水）时，它的生理特性会变化，所反射的绿光和红外线将减少。

1 远程成像

无人机用于陆地的航空勘测。许多无人机使用多光谱相机，有多个镜头。这使它们能够在红外线和可见光波段调查，以检测土壤中的水位和作物的叶绿素含量。

日光

无人机

蓝光　绿光　红光　红外线

光被作物反射到无人机上

数字农田地图可以显示某一区域的干旱程度、杂草生长严重程度、营养水平，以及预测潜在的作物产量

精准农业

　　农业正日益数字化。农民现在可以利用通信技术和计算机技术收集作物和牲畜的数据，然后利用这些数据更有效地管理他们的农场，并远程控制各种机械。

监测作物

　　精准农业使农民能够利用从田间传感器到无人机和卫星等各种来源的数据来提高作物产量和减少浪费。利用全球定位系统的数据可以计算出精确的位置，从而对农田的每个部分进行精确管理。农民可以下载田间特定地点的信息，如杂草分布或土壤pH值水平，并对每个地点进行单独处理。接入互联网的农业设备使农民能够远程管理他们的农场。

监控牲畜

　　牲畜身上可以附带各种传感器，为农民提供有用的信息。芯片和标签方便对牲畜进行追踪，这对寻找走失动物的农民很有用；农民也可以通过监管和零售系统精确识别动物。传感器还可以提醒农民关注牲畜的医疗问题，或指示它们是否准备好交配或分娩。

电子耳标包含牲畜的数据

颈圈可以监测头部是否有疾病迹象

标签跟踪牲畜的运动

内部传感器测量胃酸

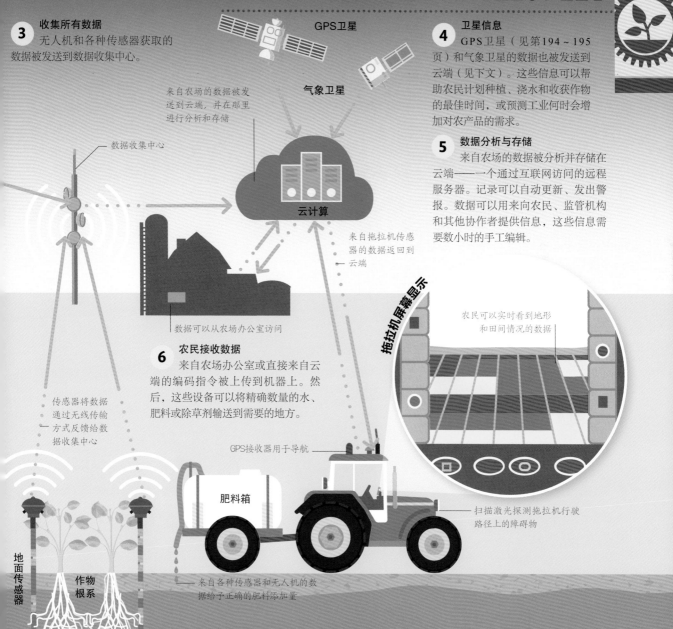

3 收集所有数据
无人机和各种传感器获取的数据被发送到数据收集中心。

GPS卫星

来自农场的数据被发送到云端，并在那里进行分析和存储

数据收集中心

气象卫星

4 卫星信息
GPS卫星（见第194～195页）和气象卫星的数据也被发送到云端（见下文）。这些信息可以帮助农民计划种植、浇水和收获作物的最佳时间，或预测工业何时会增加对农产品的需求。

5 数据分析与存储
来自农场的数据被分析并存储在云端——一个通过互联网访问的远程服务器。记录可以自动更新、发出警报。数据可以用来向农民、监管机构和其他协作者提供信息，这些信息需要数小时的手工编辑。

云计算

来自拖拉机传感器的数据返回到云端

数据可以从农场办公室访问

拖拉机屏幕显示

农民可以实时看到地形和田间情况的数据

传感器将数据通过无线传输方式反馈给数据收集中心

6 农民接收数据
来自农场办公室或直接来自云端的编码指令被上传到机器上。然后，这些设备可以将精确数量的水、肥料或除草剂输送到需要的地方。

GPS接收器用于导航

肥料箱

扫描激光探测拖拉机行驶路径上的障碍物

地面传感器

作物根系

来自各种传感器和无人机的数据给予正确的肥料添加量

传感器测量植物根系周围电导率的差异

2 从地面收集数据
地面传感器可以用来监测土壤中水、养分和肥料的水平。它们的工作原理是探测离子浓度以显示化学成分的变化。还有一些传感器被用来检测土壤的压实度和透气性。

智能机器

现在许多拖拉机配备了传感器，且与互联网连接，可以在田地周围精确地导航。联合收割机里的计算机可以记录每块田地的谷物收获量，并提醒农民哪里的产量低，以便施肥。未来农民可能会使用一队队的农业机器人来参与生产，它们可以夜以继日地工作。栽培方法可以因人而异。水和肥料可以根据需要施用，杂草可以用激光而非除草剂去除，收割时可以只收割作物的有用部分，而非直接收割整株作物。

分类和包装

农民一旦收获了作物，就必须为运送作物到目的地做好准备。为了达到现代的质量控制标准，作物必须经过分类、清洗、分级和包装，以达到最佳状态。

干燥通道

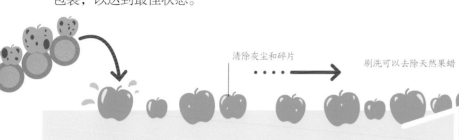

清除灰尘和碎片

刷洗可以去除天然果蜡

包装过程

为了向顾客提供新鲜的农产品，农产品需要经过清洗、分级和包装过程。这些劳动密集型的工作现在越来越多地由光学识别系统和分拣设备等自动化技术来完成。从笨重、泥泞的土豆到精致的葡萄，这些系统和技术适用于各种水果和蔬菜。

1 洗涤
清洗是通过在水箱中浸没或通过高架喷雾器完成的。添加温和的洗涤剂有助于去除农药、病原体和污垢。

2 干燥和刷洗
作物在经过旋转刷的时候被干燥，旋转刷能清除在清洗过程中没有被清除掉的表面沉积物。

旋转刷

冷却和储存

7 冷却和储存
在配送前，箱子被堆放到货叉上，之后被送到仓库进行冷却和储存。

光学分类

包装厂经常使用光学分拣机来处理农产品。无论在传送带上，还是在自由落体分拣机（右）中，农产品在下落时都会从传感器上方或下方通过。传感器与图像处理系统相连，将通过的农产品与预定义的选择标准进行比较。不合格的农产品会触发分离系统：不合格的产品将被丢弃，而其余的农产品继续进行进一步的处理。

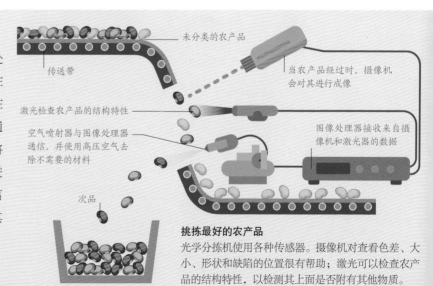

未分类的农产品

传送带

当农产品经过时，摄像机会对其进行成像

激光检查农产品的结构特性

空气喷射器与图像处理器通信，并使用高压空气去除不需要的材料

图像处理器接收来自摄像机和激光器的数据

次品

挑拣最好的农产品
光学分拣机使用各种传感器。摄像机对查看色差、大小、形状和缺陷的位置很有帮助；激光可以检查农产品的结构特性，以检测其上面是否附有其他物质。

3 上蜡
打蜡可以补充农产品在清洗过程中丢失的天然蜡。也可以通过浸泡在杀菌剂中或辐照来减少农产品上面有机物的生长。

4 手工挑选
经验丰富的工人将损坏或"患病"的农产品挑选出来，同时会移除未成熟和畸形的农产品。

光学分拣机每小时可以处理35吨农产品。

打蜡装置

将不达标的农产品从生产线上移除

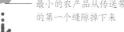

最小的农产品从传送带的第一个缝隙掉下来

传送带上的缝隙越来越大，所以落下的农产品也就越来越大

工人把农产品装箱

5 机械分级
基本尺寸是通过机械方式确定的，农产品会从传送带的缝隙中掉落或被转移到另一条线上。

6 包装
农产品被送到包装流水线上。针对批量订单的农产品，工人要小心地用大箱子或托盘进行包装。针对单独出售的农产品，工人会在密封和加盖日期印章前称重并包装在袋子或其他容器中。

小的　　　　中等　　　　大的

首次将纸板用于包装是什么时候？

纸板发明于1856年，但直到1903年，它才首次被制成盒子并用于包装。

气调包装

　　一些水果和蔬菜的呼吸速率很高，或者会释放催熟气体，从而导致保质期变短。改变包装内的空气可以减缓这一过程发生的速度。真空包装去除了里面的空气，有助于减少酶反应和细菌生长。气体冲洗用改良气体混合物替代空气，可以防止食品腐败。可渗透的包装材料可以让产品产生的气体扩散出去，并与环境水平保持平衡。

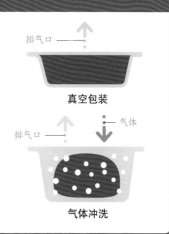

排气口

真空包装

排气口　　气体

气体冲洗

食物保存

食物很容易受到细菌、酶等的攻击。它们会将食物降解，直到食物变得不能食用。几千年来，人们发明了各种方法来尽可能地抑制这些情况发生。

巴氏灭菌法

巴氏灭菌法是一种用于牛奶、酱汁和果汁等液体的保存工艺。其具体流程是，在高温下加热一小段时间后再将其冷却。温度越高，液体加热的时间就会越短。因为高温足以杀死病原体、酵母和真菌，并使原本会分解液体的酶失去活性。加热时间过长，会使牛奶等产品的稠度发生变化，所以经巴氏灭菌的牛奶等产品必须冷藏保存。

4 检查加热牛奶
牛奶流进一个固定管，并在那里被保存一段时间。管子顶部的导流泵确保只有经巴氏灭菌的牛奶才能流出。如果牛奶温度太高，就需开始冷却过程。

3 二次加热
生牛奶经过一个加热区，在那里，由热水泵供应的充满热水的管道进一步加热牛奶。这个长环状的管子可以确保牛奶在合适的温度下保持足够长的时间。

导流泵

热水泵

离开保温管的牛奶被下面管道中的生牛奶冷却

热水管加热牛奶

保温管

加热区

蓄热器

1 存储的生牛奶
生牛奶被储存在一个平衡罐中。在巴氏灭菌前，牛奶的温度要保持在4℃~5℃。

如果牛奶的温度不正确，它将回到平衡罐中重复这个过程

贮奶罐出奶

泵

平衡罐

上方管道中出的热牛奶蓄热器里的奶温度升高

冷的生牛奶储存在平衡罐中

2 初始加热
泵把牛奶吸进一个叫作"蓄热器"的热交换器中。进入的冷的生牛奶通过上面的管道进行预热，管道上方装有加热过的牛奶，这些牛奶在这个过程中还会被继续加热。

图例

水	产品
热的	生的
冷的	巴氏消毒的

6 冷却
经过处理的牛奶在冷却区由冷水泵提供的充满冷水的管道迅速冷却。

肉毒中毒是什么？

肉毒中毒是指因摄入含有肉毒杆菌产生的外毒素的食物而引起的急性中毒。肉毒中毒可能是致命的。

冷水泵

排放孔

冷却、灭菌后的牛奶流入储存罐中

储存罐

7 最终的存储
巴氏灭菌后的牛奶被送到一个储存罐中，在包装之前冷却到4℃~5℃。

牛奶

— 装满冷水的管道降低了牛奶的温度

5 初始冷却
加热的牛奶从保温管流到蓄热器的下半部分。它被下面管道里进来的冷牛奶冷却。

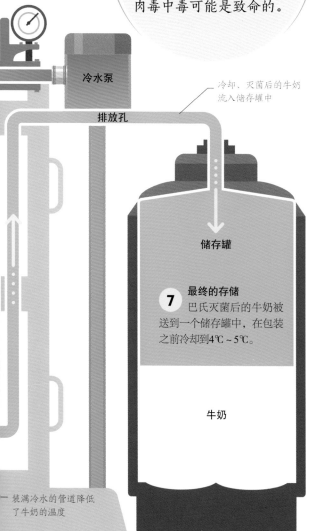

保存方法

一些保存食物的方法从古代就开始被人们使用，现在仍在使用中。腌制、加糖、发酵、烟熏、冷藏、冷冻、装罐，甚至掩埋，所有这些都创造了不利于微生物生存的条件。近年来，商业加工催生了新的保鲜技术的发展。

辐照
电离辐射可以杀死真菌、细菌和昆虫，高剂量的电离辐射可以给食物杀菌，并减缓水果的成熟速度。

真空包装
食物被密封在真空的塑料袋里。这可以防止食物被氧化，抑制细菌繁殖。

增压
密封的食物被放在一个容器里，然后往容器中加满液体，产生高压，从而令微生物失活。

食品添加剂
抗菌剂和抗氧化剂等物质被添加到产品中，以抑制微生物的生长和防止食物腐败。

改变气体
用二氧化碳或氮气替代空气，可以抑制微生物的生长，并使昆虫窒息。

生物防腐剂
天然存在的微生物或抗菌剂可用于保存食物。这类方法常用于肉类和海产品的加工。

障碍技术
为微生物设置一系列需要克服的生存挑战，如高酸度、添加剂和无氧环境。

脉冲电场
在使用电脉冲处理食物时，电脉冲会使细菌细胞膜穿孔而破裂，从而导致微生物失活。

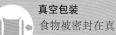

谷物在高二氧化碳环境中可以储存5年。

食品加工

　　为了延长食品保质期或让顾客能更方便地食用，大多数待售的食品经过了某种加工。即使是新鲜的农产品，也要经过基本的加工流程。

即食食品

　　即食食品是加工食品的典型代表，主食和配菜经加热后就可以食用。即食食品源于高度自动化的生产线，在一个连续的过程中，准备好的原料被烹饪和包装。制作一道如千层面这样精致的菜肴，一般需要好几条生产线。

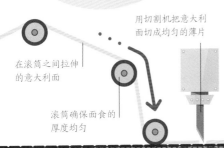

用切割机把意大利面切成均匀的薄片

在滚筒之间拉伸的意大利面

滚筒确保面食的厚度均匀

① 准备面团
揉好的面团通过滚筒被压成连续的薄片，然后被煮熟、清洗、冷却和切割，最后沿着意大利面输送机移动。

意大利面从上方的输送机上掉落到下面的托盘中

意大利面输送机

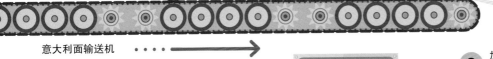

肉酱配料装置

添加煮好的肉酱

② 托盘输送机
被分开的塑料托盘或金属托盘在一段时间后掉落到托盘输送机上，当托盘从容器下方经过时，容器中的配料将掉落到托盘中。

③ 加入肉酱的意大利面
意大利面输送机在托盘输送机上方运行，当托盘从下面经过时，意大利面片掉入托盘中。

意大利面片加到肉酱层上方

托盘输送机

⑥ 包装
托盘通过一个卷有薄膜的滚筒，薄膜被热封到托盘上，并且对四周进行修剪。然后，托盘被写有生产日期和食品配料表的纸板套筒或纸盒包裹起来。

纸板套筒

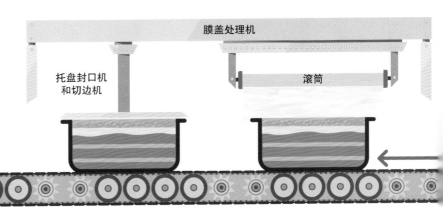

膜盖处理机

托盘封口机和切边机

滚筒

添加剂

食品添加剂通常被认为是不健康的东西，但是能够保持加工食品外观、味道或延长其保质期的添加剂在很多时候又是必要的。加工过程会破坏食品的营养物质、颜色以及味道，所以必须使用添加剂进行"弥补"。常见的添加剂有膨松剂、防腐剂、增稠剂、酸化剂（增加酸度）、甜味剂和着色剂。许多添加剂是天然产物，所有的添加剂都必须符合监管标准。

乳化剂

它们能使酱汁变稠，防止油和水等不可混合的成分分离开来。它们存在于冰激凌、蛋黄酱和调味品中。

调味剂

盐和味精等调味剂是用于改善食品天然风味的添加剂，而食品的天然风味在食品加工的过程中通常会流失。

营养素

加工过程会使食品中的营养物质和维生素流失，因此加工之后需要将其补充回来。例如，早餐麦片中通常会添加B族维生素和叶酸。

4 **配料装置添加调味品**

托盘沿着传送带继续移动，从配料装置和意大利面输送机下方经过，配料装置提供多层酱料，意大利面输送机则添加更多的面片。

最后给千层面撒上碎奶酪

肉酱配料装置 　白酱配料装置 　碎奶酪配料装置

1953年，为了用完感恩节滞销的火鸡，美国人发明了即食餐。

5 **保持冷却**

冷却装置/速冻机

成品是通过冷却装置还是速冻机，取决于它会被新鲜食用还是被冷冻保存。

托盘输送机

飞机餐

由于在高空中我们的嗅觉和味觉能力下降，因此飞机上的即食食品必须添加额外的添加剂。在气压低、湿度大的机舱内，盐和糖的味道很难被尝出来，因此飞机餐经常添加香料以增加口感。

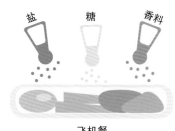

盐　糖　香料

飞机餐

转基因

转基因作物和动物已经对农业产生了巨大的影响。尽管人们经常认为这是应对巨量人口增长的唯一方法，但世界多个地方的人们对此技术的使用仍存在异议。

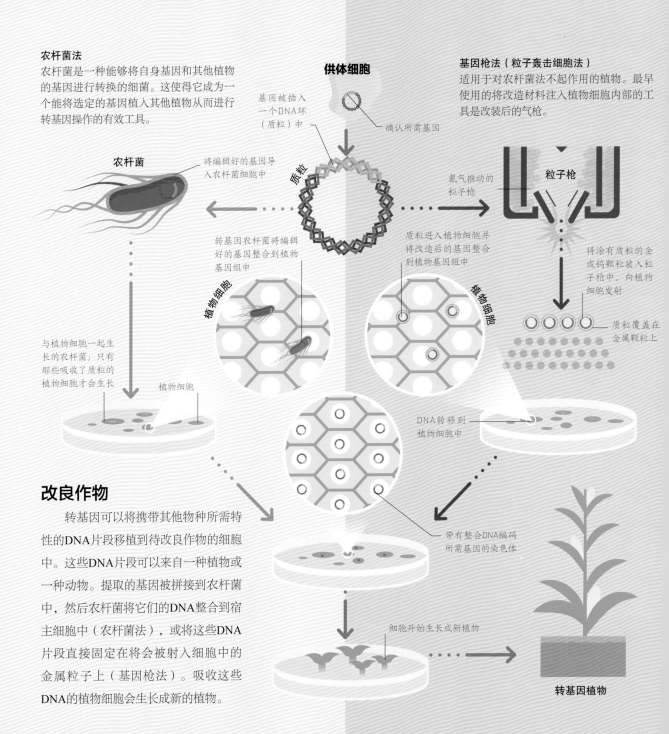

农杆菌法

农杆菌是一种能够将自身基因和其他植物的基因进行转换的细菌。这使得它成为一个能将选定的基因植入其他植物从而进行转基因操作的有效工具。

供体细胞

基因被插入一个DNA环（质粒）中

确认所需基因

基因枪法（粒子轰击细胞法）

适用于对农杆菌法不起作用的植物。最早使用的将改造材料注入植物细胞内部的工具是改装后的气枪。

农杆菌

将编辑好的基因导入农杆菌细胞中

质粒

氦气推动的粒子枪

粒子枪

转基因农杆菌将编辑好的基因整合到植物基因组中

质粒进入植物细胞并将改造后的基因整合到植物基因组中

将涂有质粒的金或钨颗粒装入粒子枪中，向植物细胞发射

植物细胞

植物细胞

质粒覆盖在金属颗粒上

与植物细胞一起生长的农杆菌；只有那些吸收了质粒的植物细胞才会生长

植物细胞

DNA转移到植物细胞中

改良作物

转基因可以将携带其他物种所需特性的DNA片段移植到待改良作物的细胞中。这些DNA片段可以来自一种植物或一种动物。提取的基因被拼接到农杆菌中，然后农杆菌将它们的DNA整合到宿主细胞中（农杆菌法），或将这些DNA片段直接固定在将会被射入细胞中的金属粒子上（基因枪法）。吸收这些DNA的植物细胞会生长成新的植物。

带有整合DNA编码所需基因的染色体

细胞开始生长成新植物

转基因植物

转基因动物

虽然转基因作物已经在一些地方实现了商业化种植，但大多数转基因动物仍处于研究阶段。人们正在培育转基因牲畜，以使牲畜身上具有重要商业价值的特性得到强化，如更好的生长率、抗病能力、肉质或后代存活率。例如，转基因鲑鱼的生长速度是传统鲑鱼的两倍。

第一种在市场上出售的转基因作物是西红柿。

转基因动物

转基因牲畜已经开始产出少数农牧产品，而其他农牧产品的转基因生产正在研发中。转基因动物指在动物的DNA中插入另一个物种的基因。转基因动物的一种用途是生产药品。饲养动物并从它们身上提取药物比建立一条制药生产线生产药物要便宜，但目前，开发人员仅限于从牛奶、鸡蛋或其他对动物本身无害的产品中提取药物。动物尿液也有研究潜力，因为它不受限于动物的性别或年龄。

动物	用途
奶牛 	转基因奶牛可以用来生产多种产品，如含有人乳铁蛋白的牛奶，这种蛋白质可以被用于治疗感染。科学家还生产出了适合乳糖不耐受患者饮用的乳糖含量较低的转基因牛奶。
猪	科学家正在研究如何改造猪的基因，以使这种动物的器官适用于人体器官移植。猪经过转基因改造还可以产生植酸酶，这种酶可以减少猪的磷排泄量，从而减少养殖废物污染。
山羊 	转基因山羊可以产生人类抗凝血酶，这是一种防止血液凝固的蛋白质（见下图）。科学家通过将蜘蛛体内的丝蛋白基因植入山羊的DNA中，培育出了能够产出含丝蛋白基因羊奶的山羊。
绵羊	科学家通过在绵羊的DNA中插入一个与脂肪酸产生相关的蛔虫基因，培育出了肉中含有大量ω-3脂肪酸的绵羊。有的绵羊经过基因改造，携带了亨廷顿病的基因，使科学家可以在羊身上研究这种疾病。

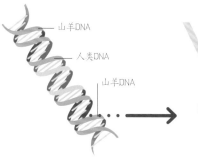
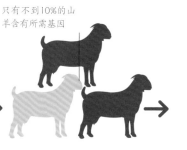

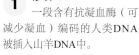

1 修改DNA
一段含有抗凝血酶（可减少凝血）编码的人类DNA被插入山羊DNA中。

2 植入DNA
修改后的DNA链被注射到山羊受精卵的细胞核中，然后受精卵被植入母山羊体内，母山羊将胚胎培育到足月。

3 测试后代
对后代进行测试，看它们是否携带抗凝血酶基因。那些携带该基因的山羊将被培育成一群转基因山羊。

4 提取蛋白质
将转基因山羊的奶进行过滤和纯化，一只转基因山羊一年可以产生的抗凝血酶相当于从9万份由人类所献的血中所提取的量。

9

医疗技术

心脏起搏器

心脏起搏器是一种植入人体胸部后通过电池供电的设备，它通过向心脏发送电脉冲来纠正心跳异常。

正常心脏活动

当神经信号使心肌收缩时，心跳便会产生。信号来自心脏里的神经组织。每次心跳都从窦房结（天然起搏器）发出信号开始，以使上腔室（心房）收缩；然后信号传递到房室结，并向下到达下腔室（心室），使其收缩。

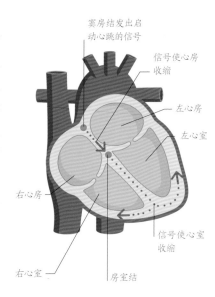

窦房结发出启动心跳的信号

信号使心房收缩

左心房

左心室

右心房

信号使心室收缩

右心室

房室结

无铅起搏器

一些心脏起搏器不需要导线也能工作。这些微小的装置通过导管直接植入右心室。它们包含一个电池和一个可以感知并在必要时纠正心律的微芯片。该微芯片还能将数据传输到安装在皮肤上的电极上，使心脏活动能够被外部设备监测到。

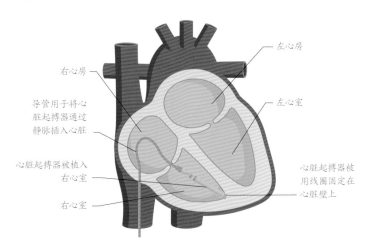

右心房

左心房

左心室

导管用于将心脏起搏器通过静脉插入心脏

心脏起搏器被植入右心室

右心室

心脏起搏器被用线圈固定在心脏壁上

我有心脏起搏器，还可以使用手机吗？

可以，但手机应该与心脏起搏器保持至少15厘米的距离。没有证据表明Wi-Fi或其他无线网络设备会干扰心脏起搏器工作。

心脏起搏器的工作原理

在一些心脏疾病中，心脏的神经组织不能正常工作，因此心脏跳动得太慢、太快，或者跳动节奏异常。心脏起搏器可以植入患者的胸部，调节心跳。有些心脏起搏器作用于心脏的一个腔室，而有些心脏起搏器作用于两个或三个腔室，以确保各个腔室都以正常节奏工作。

双心室同步起搏器

这种设备被用于患有心脏衰竭等疾病的人。他们的心室不能同时收缩。双心室同步起搏器有三条导线，同时向右心房和两个心室发送信号，使心室的收缩同步。双心室同步起搏器治疗有时也被称为"心脏再同步治疗"（CRT）。

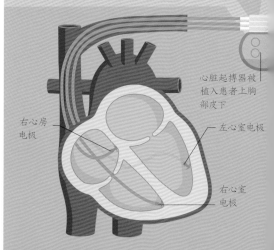

心脏起搏器被植入患者上胸部皮下

右心房电极

左心室电极

右心室电极

全世界每年有超过100万个心脏起搏器被植入人体。

双心腔起搏器

这个装置有两根导线：一根用于右心房，一根用于右心室。它用于纠正来自心脏神经组织的错误信号，这些信号会导致异常的心跳节奏。通过发送校正信号，双心腔起搏器使心室以正常节奏收缩。

1 **双心腔起搏器监控心脏**
心脏腔室内的电极不断监测心脏内的电信号，并将有关这一活动的数据发送给双心腔起搏器内的微处理器。微处理器会识别信号异常或丢失。

植入型心律转复除颤器（ICD）

植入型心律转复除颤器适用于因心律失常而随时有生命危险的人。与心脏起搏器一样，ICD可以监测到非常快或混乱的心跳；在这种情况下，ICD给心脏一个小的电击（心脏转复）或一个大的电击（除颤）来重建正常的心律。有时，ICD会与心脏起搏器结合使用。

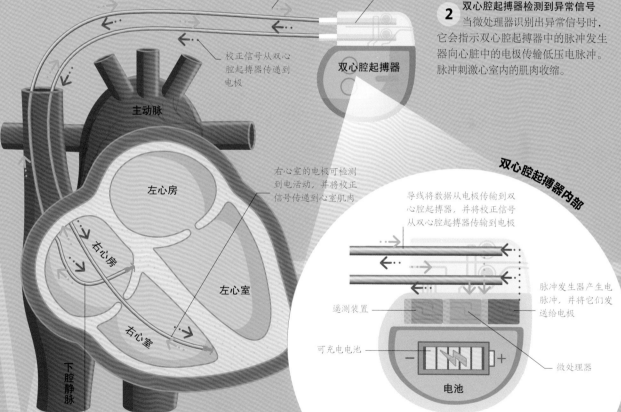

电极的信息传递到
双心腔起搏器

双心腔起搏器被植入上胸部皮下

校正信号从双心腔起搏器传递到电极

双心腔起搏器

2 **双心腔起搏器检测到异常信号**
当微处理器识别出异常信号时，它会指示双心腔起搏器中的脉冲发生器向心脏中的电极传输低压电脉冲。脉冲刺激心室内的肌肉收缩。

主动脉

左心房

右心室的电极可检测到电活动，并将校正信号传递到心室肌肉

双心腔起搏器内部

导线将数据从电极传输到双心腔起搏器，并将校正信号从双心腔起搏器传输到电极

右心房

左心室

遥测装置

脉冲发生器产生电脉冲，并将它们发送给电极

可充电电池

微处理器

右心室

电池

下腔静脉

右心房的电极能探测到心房的电活动，并将校正信号传递给心房肌肉

3 **纠正异常心跳活动**
一旦心跳恢复正常，双心腔起搏器就会停止发送电脉冲。但是，它会继续监测心脏并收集数据。这些数据可以被传递到外部计算机上，使医生能够评估双心腔起搏器的工作情况。

微处理器可以调节脉冲发生器发出的电脉冲，它还包含一个存储器和一个监视器来收集心脏活动的数据。与微处理器相连的是一个遥测装置，它与外部计算机交换数据。电源由可充电电池提供。

X射线成像技术

X射线成像技术用于观察身体内部组织和检测疾病，如骨折或肿瘤。尽管X射线成像技术需要人体暴露在辐射中，但是它通常是快捷且无痛的。

数字X射线成像

被检查者被安置在X射线发生器和探测器之间。X射线发生器发出的X射线穿过人的身体到达探测器，探测器将捕获的X射线模式转换为数字信号。然后，这些信号被计算机处理成图像，显示在显示器上。

X射线会增加患癌症的风险吗？

是的，在应用X射线的同时，需注意其对正常机体的伤害，采取防护措施。平均来说，对胸部、四肢或牙齿进行一次普通X射线检查，被检查者患癌症的风险增加不到百万分之一。

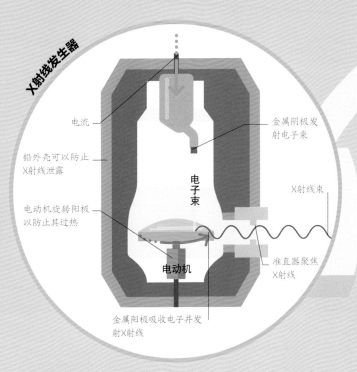

X射线发生器

电流

金属阴极发射电子束

铅外壳可以防止X射线泄露

电子束

电动机旋转阳极以防止其过热

X射线束

电动机

准直器聚焦X射线

金属阳极吸收电子并发射X射线

X射线发生器臂

发生器臂支撑X射线发生器，并包含X射线发生器的电源和控制电缆

X射线穿过人体，被不同密度的组织以不同的程度吸收

被检查者

1　产生X射线

X射线发生器在真空中有一个阴极和一个阳极。当高压电流通过阴极时，阴极会发射电子。这些电子撞击并被阳极吸收，导致阳极升温并发射X射线。X射线被一种叫作"准直器"的设备聚焦，然后以射线束的形式离开机器。

X射线

X射线是一种电磁辐射，但它们是不可见的（见第137页）。它们的能量比光高得多，因此可以穿过身体组织。当X射线射向人体时，它们很容易穿过较软的、密度较低的组织，如肌肉和肺组织，但不太容易穿过密度较高的组织，如骨骼。在数字X射线成像中，穿过人体的X射线由一个特殊的探测器接收，再由计算机处理成图像。传统的X射线成像使用胶片，但目前这种方法已很少见了。

铅的密度非常高，因此在屏蔽X射线方面特别有效。

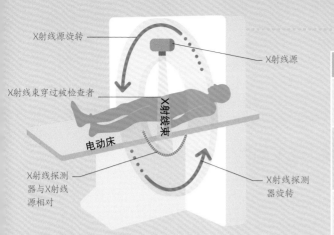

X射线源旋转

X射线源

X射线束穿过被检查者

X射线束

电动床

X射线探测器与X射线源相对

X射线探测器旋转

计算机断层扫描

计算机断层扫描（CT）采用的也是X射线成像技术。检查时，X射线源和探测器围绕被检查者旋转，被检查者躺在一张电动床上，每次扫描时床都向前移动。该探测器在接收X射线时非常敏感，其图像信号经计算机处理后会生成非常详细的人体组织3D图像。

其他类型的医用X射线

除了数字X射线成像和CT，X射线还有其他医疗用途，其中一些需要使用造影剂（对X射线不透明的物质）来突出特定的组织。

牙科X射线扫描
低剂量X射线扫描检查牙齿和颌骨，可以发现蛀牙、脓肿、牙龈或颌骨疾病等牙齿问题。

骨密度扫描
低剂量X射线扫描可以显示所有低骨密度区域；这一方式通常被用于扫描脊椎或骨盆，以检查是否患有骨质疏松症。

乳房X射线扫描
对乳房进行低剂量的X射线扫描，可以发现乳房的异常，如肿瘤；通常用于筛查女性乳腺癌。

血管造影术
注射液体造影剂后，对心脏和血管进行数字X射线成像，以清楚地显示这些结构的内部。

X射线透视检查
将X射线投射到荧光屏上，可以实时看到身体活动部位的情况，或者跟踪医疗设备在身体中的移动。

控制面板

电源和控制装置

来自X射线探测器的数字信号

监视器

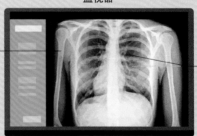

高密度组织呈白色或浅灰色

低密度组织呈深色

计算机把数字信号处理成图像

2 **探测X射线**
X射线探测器包含一个可以捕捉穿过身体的X射线的特殊的板，并将X射线模式转换为数字信号。然后，系统会将该信号发送到计算机上。

计算机

3 **产生X射线图像**
计算机将来自X射线探测器的数据处理成图像并显示在监视器上。图像会立即出现，不像传统的X射线胶片那样还需要先进行处理。有时，一幅数字图像可以经过计算机增强以显示特定的色彩特征。

磁共振成像

磁共振成像（MRI）是一种利用强大的磁场和无线电波产生身体内部结构细节图像的技术。

液氦将电磁铁冷却到−270℃

电磁铁

电流通过线圈会产生磁场，把线圈变成电磁铁。电流越强，磁场就越强。磁共振成像扫描仪中的超导电磁铁被液氦过度冷却，变得几乎没有电阻，因此允许非常高的电流流过电磁铁，并产生极强的磁场。

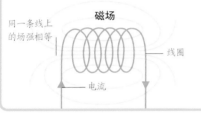

磁场

同一条线上的场强相等

线圈

电流

磁共振成像扫描仪的工作原理

磁共振成像扫描仪包含磁铁和射频线圈。电动床将被检查者移动到机器内。主电磁铁产生非常强的磁场，使人体细胞内的质子（原子中带正电荷的粒子）对齐。梯度磁铁改变磁场，以选择身体的特定区域进行成像。射频线圈发出无线电波来激发质子。质子发出的无线电信号被射频线圈检测到，并被发送给计算机，计算机将无线电信号数据处理成图像。MRI类似于数字X射线成像或CT（见第234～235页），但会显示更多的细节，尤其是软组织的细节。

扫描时被检查者躺在扫描仪内

电动床将被检查者送入扫描仪

扫描过程

磁共振成像作用于氢原子核中的质子，而氢是人体内最丰富的元素之一。它的工作原理是让质子与强磁场对齐，然后用无线电波激发它们，在它们回到原来位置时探测它们释放的能量。

磁共振成像扫描仪的电磁铁产生的磁场强度是地球磁场的4万倍。

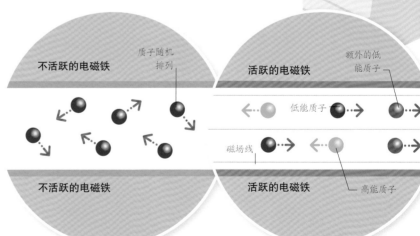

不活跃的电磁铁　质子随机排列

不活跃的电磁铁

活跃的电磁铁　额外的低能质子

低能质子

磁场线

活跃的电磁铁　高能质子

1 **正常态质子**
每个氢原子的原子核中均含有一个质子。每个质子都有一个微小的磁场，它绕着磁场的轴旋转。通常，质子自旋转的方向是随机的。

2 **电磁铁开启**
当电磁铁开启时，质子沿着磁场排列，它们可能与磁场方向相同（低能态），也可能相反（高能态）。正向排列的质子比反向排列的质子稍多一些。

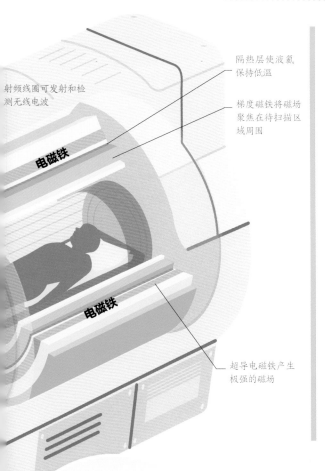

射频线圈可发射和检测无线电波

隔热层使液氦保持低温

梯度磁铁将磁场聚焦在待扫描区域周围

电磁铁

电磁铁

超导电磁铁产生极强的磁场

MRI的特殊用途

特定类型的磁共振成像扫描仪可以用来提供关于身体组织的额外信息。例如，造影剂（扫描显示为白色的物质）可以用来突出特定的组织。其他类型的MRI可以用于实时显示某些组织的生理功能或物理活动。

类型	用途
磁共振血管造影	将造影剂注入血液中以突出显示血管内部，并显示出所有阻塞、缩小或损坏的区域。
功能磁共振成像（fMRI）	用来检测大脑中的血液流量；血流量较高的区域，大脑活动活跃，反之亦然。
实时磁共振成像	用多个磁共振成像连续记录身体的活动，如心跳或关节的运动。
MRI和PET（正电子发射断层显像）联合	PET使用注入的放射性物质来显示组织的活性。MRI和PET联合可显示组织的结构和活性。

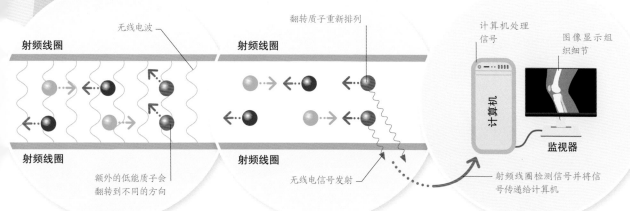

无线电波

射频线圈

射频线圈

额外的低能质子会翻转到不同的方向

翻转质子重新排列

射频线圈

射频线圈

无线电信号发射

计算机处理信号

图像显示组织细节

计算机

监视器

射频线圈检测信号并将信号传递给计算机

3 无线电波脉冲发射
射频线圈发出无线电波，使质子改变排列方向。所有的质子都会翻转，但额外的低能质子与其他质子的方向不同。

4 质子发射无线电信号
在激发的无线电波停止后，翻转的质子恢复到低能态并重新调整。在此过程中，它们将吸收的能量以无线电信号的形式释放出来，这些信号被射频线圈接收。

5 信号被处理成图像
信号被传送给计算机，计算机将其处理成图像。不同身体组织中的质子产生不同的信号，因此图像可以清晰、详细地显示组织。

微创手术

微创手术是在人体上切出较小开口而不用大开口的手术。微创手术也可以用一种从人体自然腔道（如口腔）插入的灵活内镜来开展。

微创手术是如何进行的

在皮肤上开一个小切口，然后在切口内插入被称为"套管针"的中空器械，以使内镜和其他器械能在切口保持打开的状态下使用。硬管内镜将光传输到手术部位，这样医生便可以直接通过目镜或显示器（如果目镜上装有摄像机的话）观察手术部位。手术器械通过不同的切口插入手术部位，这样医生就可以完成切割、缝合组织或夹住血管等任务。

硬管内镜
硬管内镜包括将光传输到手术部位的光纤电缆和将图像从手术部位传递到目镜的透镜。通常，目镜上连接着一个摄像机，图像可以传输到监视器上，为医生提供清晰的视野。

腹腔镜手术
腹腔镜手术是一种在腹部使用硬管内镜进行的微创手术。二氧化碳气体被泵入腹部给器官周围留出空间，然后医生插入硬管内镜来观察手术部位。进行手术的仪器可以通过腹部的其他小切口插入。

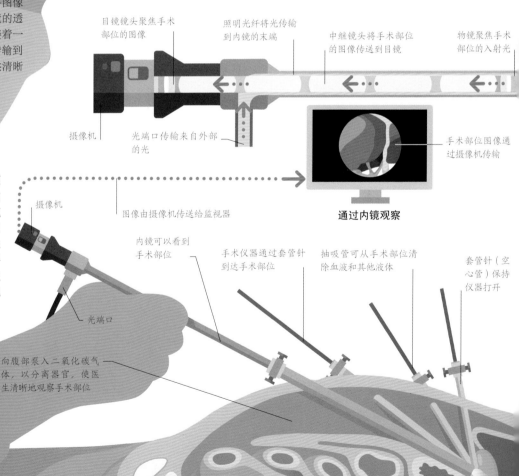

目镜镜头聚焦手术部位的图像

照明光纤将光传输到内镜的末端

中继镜头将手术部位的图像传送到目镜

物镜聚焦手术部位的入射光

摄像机

光端口传输来自外部的光

手术部位图像通过摄像机传输

图像由摄像机传送给监视器

通过内镜观察

摄像机

内镜可以看到手术部位

手术仪器通过套管针到达手术部位

抽吸管可从手术部位清除血液和其他液体

套管针（空心管）保持仪器打开

光端口

向腹部泵入二氧化碳气体，以分离器官，使医生清晰地观察手术部位

软管内镜检查

在这种形式的手术中，软管内镜通过口腔或其他人体自然腔道，如气管或肠道进入体内。软管内镜由将光传输到手术部位的光纤及在末端将图像从手术部位发回给监视器的摄像机组成。它还具有将空气、水和手术器械输送到手术部位的通道。

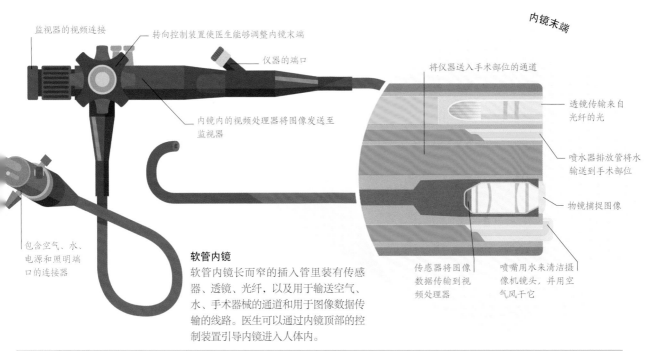

内镜末端

监视器的视频连接

转向控制装置使医生能够调整内镜末端

仪器的端口

将仪器送入手术部位的通道

透镜传输来自光纤的光

内镜内的视频处理器将图像发送至监视器

喷水器排放管将水输送到手术部位

物镜捕捉图像

包含空气、水、电源和照明端口的连接器

软管内镜
软管内镜长而窄的插入管里装有传感器、透镜、光纤，以及用于输送空气、水、手术器械的通道和用于图像数据传输的线路。医生可以通过内镜顶部的控制装置引导内镜进入人体内。

传感器将图像数据传输到视频处理器

喷嘴用水来清洁摄像机镜头，并用空气风干它

机器人辅助手术

现在，一些形式的微创手术可以在机器人系统的帮助下进行。机器人的机械臂被安装在患者旁边的手推车上。一只机械臂上的内镜将体内的视图传输到医生的控制台和视频监视器上，其他的机械臂持有手术仪器。外科医生使用控制台上的机械手来调整患者体内的仪器。机器人辅助手术的优点之一是可以减少抖动，从而能够更精确地控制仪器。

医生控制台包含显示手术部位的取景器和手术器械的控制装置

监视器显示手术部位的视图

内镜被安装在机械臂上

机械臂拿着手术仪器

医生在控制台上控制机器人

护士安放机械臂

假肢

假肢是一种用来取代缺失肢体并帮助使用者进行正常活动的装置。假肢的种类包括相对简单的机械装置，以及与使用者自身神经系统交互的复杂的电子或机械肢体。

触摸传感器

人们正在开发各种各样的假手来恢复使用者的触觉。这些系统不仅将信号从使用者的肌肉传递到假体上，还将信号从假体传回大脑。指尖上的传感器检测压力和振动，并将数据传递给计算机芯片。计算机芯片将数据转换成信号，然后传递给附着在使用者手臂神经上的植入物，再由植入物向大脑发送脉冲。

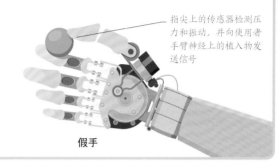

指尖上的传感器检测压力和振动，并向使用者手臂神经上的植入物发送信号

假手

从大脑到手臂肌肉的神经信号

肌电式假臂是如何工作的

电极可以检测残肢肌肉神经发出的电信号。这些电信号被传送到微处理器，微处理器将电信号转换成数据，用来下达指令给马达以控制手腕和手部的移动。

假臂

最简单的一种假臂是机械式的，它由连接到对侧肩膀的电缆操纵，并带有用于钩住物体的金属钩。更复杂的肌电式假臂使用电极接收来自残肢肌肉神经的脉冲信号，并将其转换为电信号，从而驱动马达来调动假臂和假手。那些失去大部分或全部手臂的人可以使用定向肌肉神经移植。失去手臂肌肉的神经被重新连接到身体的其他肌肉上；当使用者想要移动手臂时，该处的肌肉收缩，放置在肌肉上的传感器将信号传输给假臂。

1 传感器检测电信号
位于假臂接受腔内表面或植入残臂肌肉的传感器可以检测手臂肌肉神经发出的电信号。这些电信号是肌肉在受到来自大脑的神经信号刺激后收缩时发出的。

可充电电池为微处理器和移动手腕、拇指和手指的马达提供动力

微处理器将传感器的信号转换成移动手腕和手指的命令

马达

微处理器

马达旋转手腕

手臂肌肉

传感器

接受腔

当使用者的肌肉收缩时，皮肤上或肌肉内部的传感器可以检测并放大微小的电信号

假臂插座包住肢体的残余部分

使用跑步弹片的运动员必须不断运动以保持平衡。

人类首次使用假肢是什么时候？

至少在3000年前，人造的身体部位就开始被使用了。现存最古老的假肢是在一具古埃及木乃伊上发现的由木头和皮革制成的脚趾。

假腿

假腿不仅可以支撑使用者，而且可以模仿自然腿的一些功能。它们是由碳纤维等轻质材料制成的。在某些类型中，使用者的重量由钛塔承担，而在其他类型中，则由坚硬的外壳承担。同时，假腿可能包括一个用于推进的储能脚和一个由电脑控制的膝盖，以调节运动和稳定性。

膝上假肢
大多数假体有灵活的膝盖和脚踝。最简单的关节是机械的。还有一些假肢装有传感器和微处理器，可以操纵液压或气动系统来控制假肢。

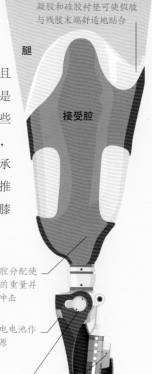

凝胶和硅胶衬垫可使假肢与残肢末端舒适地贴合

腿

接受腔

接受腔分配使用者的重量并吸收冲击

可充电电池作为电源

传感器检测膝关节的角度和运动速度

微处理器控制流体或空气的释放

活塞吸收冲击并提供支撑

支架可以根据使用者的高度进行调整

支架

脚袜

3 手部活动
手腕、手指由马达驱动。某些类型的假臂可以使手指一起活动以进行动力抓取，或者以协调的方式活动以进行精确的任务。

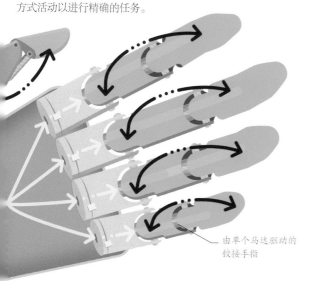

由单个马达驱动的铰接手指

2 数据发送给微处理器
肌肉神经发出的电信号被发送到微处理器，微处理器将这些数据转换成命令，启动手和手腕上的马达。不同的信号可以产生不同类型的握力。

跑步弹片

运动员使用的跑步弹片是由多层碳纤维黏合而成的，这使它们既轻便又坚固、灵活。鞋底有用于牵引的踏板或鞋钉。当运动员着地时，弹片弯曲，然后随着"脚"的转动，弹片反弹，释放能量来推动运动员前进。

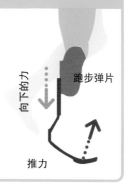

向下的力

跑步弹片

推力

储能脚

支架附着在踝关节上以支撑使用者的重量、吸收冲击，并使踝关节转动

后跟弹簧吸收冲击并产生能量

前足弹簧稳定脚

脚板在脚移动时分散重量并弯曲

储能脚的后跟有一个类似弹簧的结构。当使用者在上面施加重量时，弹簧就会压缩；当鞋跟抬起时，弹簧释放出的能量推动使用者向前移动。

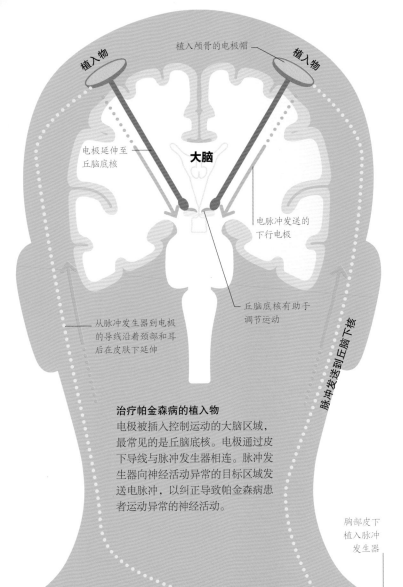

植入物　　植入颅骨的电极帽　　植入物

大脑

电极延伸至
丘脑底核

电脉冲发送的
下行电极

从脉冲发生器到电极
的导线沿着颈部和耳
后在皮肤下延伸

丘脑底核有助于
调节运动

脉冲发送到丘脑下核

治疗帕金森病的植入物
电极被插入控制运动的大脑区域，
最常见的是丘脑底核。电极通过皮
下导线与脉冲发生器相连。脉冲发
生器向神经活动异常的目标区域发
送电脉冲，以纠正导致帕金森病患
者运动异常的神经活动。

胸部皮下
植入脉冲
发生器

脉冲发生器

脑部植入物

　　脑部植入物是一种植入大脑的人工设备，它与一
个或多个其他设备一起工作，以改善或恢复人因受伤
或疾病而缺失的大脑功能。感官植入物通过神经系统
与大脑连接，可能有助于恢复听觉或视觉。这类植入
技术仍处于研究初期。

记忆植入物

　　科学家正在开发脑部植入物来改善记忆。
在一项研究中，科学家对已经有脑部植入物的
癫痫患者的大脑中一个叫作海马体的区域插入
了电极。当患者完成记忆测试时，他们的大脑
信号被记录了下来。随后，在他们进行类似的
测试时，科学家用之前被记录下来的大脑信号
来刺激他们的大脑。这种刺激使患者的记忆力
提高了三分之一。

海马体

海马体对记忆进
行编码和回忆

脑深部电刺激

　　对大脑深处特定神经细胞组的刺激，即脑深
部电刺激（DBS），可以帮助恢复帕金森病、某
些运动障碍或癫痫患者的正常大脑活动。电极被
植入大脑；一个被称为"脉冲发生器"的装置被
植入胸部或胃部，发出电脉冲来调节大脑的活
动。该装置可以连续工作，或者只有当电极检测
到异常神经信号（如癫痫发作）时才工作。装置
安装好后，专家对脉冲发生器进行编程，使它只
在必要时产生脉冲。

大脑电极是
由什么组成的？

植入大脑的电极是由金或铂
铱合金等物质制成的，它们
能很好地传导电脉冲，而且
不会伤害脑组织。

1 摄像机捕捉图像
使用者戴的眼镜架上装有微型摄像机。摄像机捕捉图像，并通过电线将图像传输到使用者佩戴的便携式视频处理器（VPU）上。

3 数据传输到视网膜植入物
发射器将信号传递给位于眼球一侧的接收器。接收器包括检测信号的天线和发送脉冲刺激视网膜植入物的电子装置。

4 植入物向大脑发送数据
植入物由附着在视网膜上的电极阵列组成。电极刺激视网膜上其余细胞，使其沿视神经向大脑中产生视觉感知的地方发送信号。

摄像机

摄像机信号传送到VPU

摄像机向VPU发送信号

视网膜植入物

接收器

接收器将信号从发射器传递给视网膜植入物

视网膜植入物产生电脉冲刺激视网膜

视网膜细胞受到刺激后产生的神经冲动，沿视神经传导至大脑

发射器

发射器将信号无线发送给眼球一侧的接收器

发送到发射器的处理信号

仿生眼
视网膜（眼底后部的感光层）细胞受损会导致视力丧失。视网膜植入物，比如仿生眼系统，可以将光转换为数据，绕过受损的视网膜细胞，将数据发送到大脑。

感官植入物

一些脑部植入物被用来恢复神经不能有效地向大脑发送信息的人的视力或听力。视网膜植入物可以通过刺激视神经向大脑发送神经冲动来帮助恢复视力。耳蜗内的植入物通过刺激听觉神经将神经冲动从内耳传递到大脑。如果听觉神经不工作，植入物可以被直接安装在脑干上来刺激细胞向大脑发送信号。

2 处理来自摄像机的视频数据
VPU将图像转换成像素化的"亮度图"，然后将其编码为数字信号。它会将这些信号发送给安装在用户眼镜一侧的发射器。

耳蜗植入物
在正常情况下，声音振动通过耳膜和中耳骨传到耳蜗。耳蜗结构中的毛细胞将这些振动转化为电信号，然后沿着听觉神经传递到大脑。如果耳蜗不能正常工作，那么可以在耳蜗内安装植入物，将信号直接传送给听觉神经。

接收器

发射器

接收器将信号转换成电脉冲，并将其发送到耳蜗电极上

发射器将信号发送到头骨内部的接收器上

听觉神经

电线

麦克风和音频处理器接收声波并将其转换为数字信号

耳蜗

耳道

耳蜗中的电极刺激神经细胞，将神经冲动发送给听觉神经

听觉神经将神经冲动传递给大脑，并在大脑中被感知为声音

用于脑深部电刺激的脉冲发生器的电池可以持续使用大约9年。

基因检测

基因是带有遗传信息的DNA——我们细胞中的一种特殊分子的片段，它提供了"指导"身体如何发育和发挥功能的编码。基因测试为的是识别任何可能导致基因给出错误指令的问题，包括任何可能由父母遗传给孩子的疾病。

人类细胞大约含有2万个基因。

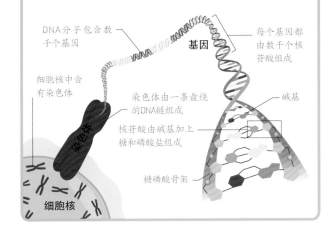

染色体和基因

每个人的体细胞中包含23对染色体，它们被细分为基因。每个基因都是由被称为"核苷酸"的单位组成的。这些单位有糖磷酸骨架和四种碱基之一：腺嘌呤(A)、胞嘧啶(C)、鸟嘌呤(G)或胸腺嘧啶(T)。腺嘌呤总与胸腺嘧啶配对，胞嘧啶与鸟嘌呤配对。碱基序列构成了DNA的编码。

DNA分子包含数千个基因

基因

每个基因都由数千个核苷酸组成

细胞核中含有染色体

染色体由一条盘绕的DNA链组成

碱基

核苷酸由碱基加上糖和磷酸盐组成

染色体

糖磷酸骨架

细胞核

染色体检测

每个人的体细胞中含有46条染色体——一半遗传自母亲，一半遗传自父亲。科学家可以对一个人全部的染色体进行研究，这种研究被称为"染色体组型"，以查看一个人体内是否有多余、缺失或异常的染色体。

准备一个染色体组型
在染色体组型分析中，当细胞分裂形成新的细胞时，染色体盘绕成独特的"X"形状。染色体被染色、配对并按大小顺序排列以产生染色体组型。

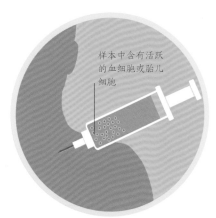

样本中含有活跃的血细胞或胎儿细胞

1 收集细胞样本
细胞样本取自人的血液或骨髓。对胎儿进行基因检测时，细胞取自孕妇的羊水或胎盘。

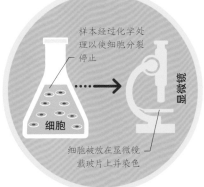

样本经过化学处理以使细胞分裂停止

显微镜

细胞

细胞被放在显微镜载玻片上并染色

2 提取染色体
当染色体盘绕时，分裂的细胞会被一种化学物质处理以阻止细胞分裂。细胞被放置在显微镜载玻片上并染色，以凸显染色体。

染色体按大小成对排列

1 2 3 4 5
6 7 8 9 10 11 12
13 14 15 16 17 18
19 20 21 22 23
染色体组型

性染色体

3 染色体被分类
染色体被分类并配对成22对常染色体（非性染色体）和一对性染色体（女性为XX，男性为XY），产生染色体组型。

基因检测

一些检测可以让科学家发现个别基因的异常，如多余或缺失物质，或碱基在错误的位置。异常的存在并不总是表明有问题；这可能是一种没有副作用的变异。然而，有些异常会影响健康，因此专家对检测结果的判断与解读很重要。

DNA测序

在一种被广泛使用的DNA测序方法中，科学家将改变过的荧光核苷酸碱基加到DNA链的末端，以突出每个碱基。荧光标记有四种类型——四种核苷酸碱基（A、T、C或G）分别对应一种。

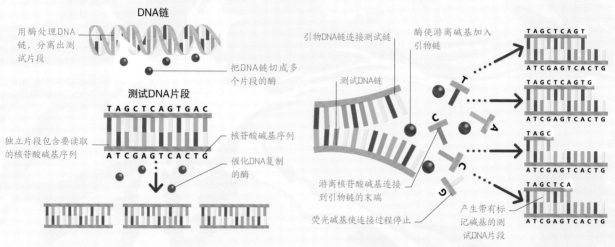

1 分离测试DNA片段

DNA样本的来源有多种，如脸颊细胞、唾液、头发或血液。样本用一种酶处理，这种酶把DNA切割成片段，以便分离出待分析的DNA片段。然后，使用另一种酶处理这个测试DNA片段，使其被复制数百次，以产生足够大的测试DNA链进行分析。

2 标记测试DNA中的碱基

测试DNA链与引物DNA链、一种酶、游离核苷酸碱基，以及用荧光标记的核苷酸碱基（荧光碱基）混合。引物DNA链连接到测试DNA链上，游离核苷酸碱基连接到引物的末端。当加入荧光碱基时，这个过程就停止了。每个产生的DNA片段最终都带有一个标记碱基，对应于测试DNA片段上的一个碱基。

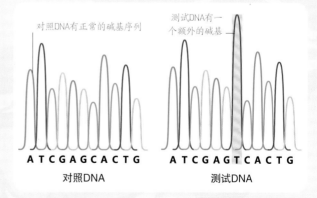

3 检测测试DNA片段中的标记碱基

测试DNA片段通过细管（毛细管）中的凝胶。电流使测试DNA片段移动，最终按长度排序；标记碱基的顺序反映了测试DNA片段上碱基的顺序。当每个测试DNA片段通过激光时，其标记的碱基会发出荧光，探测器会按顺序读取每个DNA片段。

4 计算机分析

探测器将测试DNA片段中的碱基序列传送给计算机。计算机利用这些数据生成一种称为"色谱图"的图像，在色谱图中，核苷酸序列以图像和字母的形式显示出来。将测试生成的DNA色谱图与一个正常的DNA色谱图进行对比以识别任何差异。

体外受精

体外受精，又称"试管受精"，指将哺乳动物的精子和卵子置于适宜的体外培养条件下以完成受精过程的技术。女性服用药物使卵巢产生比平时更多的卵子，卵子被收集起来，在实验室里与精子结合。如果有卵子受精，受精卵发育几天后会被放入女性的子宫里。多余的受精卵可以冷冻起来供以后使用。

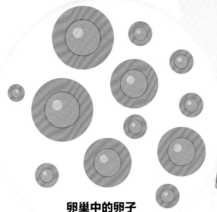

卵巢中的卵子

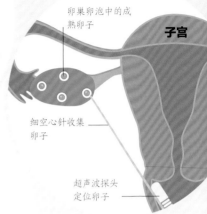

卵巢卵泡中的成熟卵子

子宫

细空心针收集卵子

超声波探头定位卵子

1 激素刺激
药物可以刺激卵巢中的卵泡成熟，并发育成卵子。当有足够的卵子后，再注射药物使卵巢排出卵子。

2 卵子被收集起来
将一个超声波探头插入阴道中来识别成熟的卵子，然后用一根非常细的空心针收集8~15个卵子。

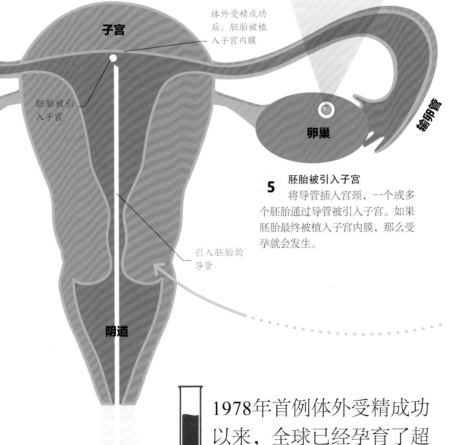

子宫

体外受精成功后，胚胎被植入子宫内膜

胚胎被引入子宫

引入胚胎的导管

卵巢

输卵管

5 胚胎被引入子宫
将导管插入宫颈，一个或多个胚胎通过导管被引入子宫。如果胚胎最终被植入子宫内膜，那么受孕就会发生。

胚胎由受精卵发育而来

胚胎

阴道

装有胚胎的注射器

1978年首例体外受精成功以来，全球已经孕育了超过800万个试管婴儿。

4 受精卵生长
受精卵被放置3天后生长为细胞群。为了最大限度地提高成功植入子宫的概率，这些细胞群需要先生长出8个左右的细胞（称为"胚胎"），然后才能被移植到女性体内。

辅助生育

辅助生育技术用来帮助人们怀上健康的婴儿。最常见的方法是宫内人工授精（IUI）和体外受精（IVF）。

宫内人工授精

正常情况下，受精发生在性交后精子与输卵管中的卵子融合时，由此产生的受精卵植入子宫内膜形成胚胎。在宫内人工授精过程中，精子通过导管（一种薄的空心管）进入子宫。如果女性不能自然怀孕，或男性没有足够的健康精子，需要使用捐赠的精子，则可以推荐采用宫内人工授精。

体外受精过程
一种方法是从女性身上采集卵子，从男性身上采集精子，在实验室里使精子和卵子结合在一起。另一种方法是将精子注射到卵子中以确保受精，这种技术被称为"卵细胞质内单精子注射"。无论采用哪种方法，最终受精卵会被植入子宫内膜。

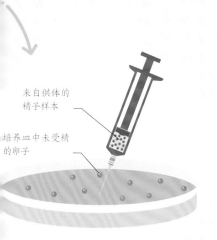

来自供体的精子样本

培养皿中未受精的卵子

培养皿

3 精子与卵子结合
检查卵子的质量，然后与精子结合，并在37℃的培养皿中培育。第二天要检查结合体，查看是否有受精的卵子。

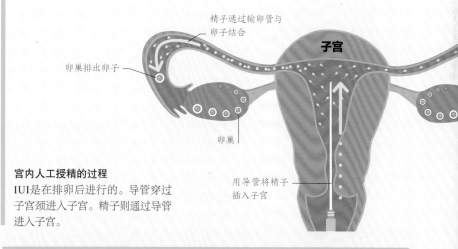

精子通过输卵管与卵子结合

子宫

卵巢排出卵子

卵巢

用导管将精子插入子宫

宫内人工授精的过程
IUI是在排卵后进行的。导管穿过子宫颈进入子宫。精子则通过导管进入子宫。

年龄会影响生育能力呢？

大约在25岁之后，女性的生育能力便会随着年龄的增长而下降，到35岁左右时下降得最厉害。男性的生育能力也从20多岁时开始下降，但降幅较小。

卵细胞质内单精子注射（ICSI）

进行卵细胞质内单精子注射时，男性提供精子样本。然后，从中选择一个健康的精子，直接注射到从女性体内取出的卵子中。ICSI主要用于治疗男性不育症。

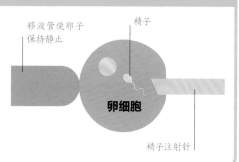

移液管使卵子保持静止

精子

卵细胞

精子注射针

原著索引

致谢

DK would like to thank the following people for help in preparing this book: Joe Scott for help with illustrations; Page Jones, Shahid Mahmood, and Duncan Turner for design help; Alison Sturgeon for editorial help; Helen Peters for indexing; Katie John and Joy Evatt for proofreading; Steve Connolly, Zahid Durrani, and Sunday Popo-Ola for their comments on the Materials and Construction Technology chapter; and Tom Raettig for his comments on engines and cars.

译者简介

　　肖悦，研究员，博士生导师。就职于电子科技大学通信抗干扰技术国家级重点实验室，研究方向是移动通信中的系统设计和信号处理技术。主持国家科技重大专项、国家高技术研究发展计划（863计划）、自然科学基金等国家级项目10余项，在国际期刊和会议上发表论文100多篇，拥有国家专利70多项，专著3部。Google学术引用6000余次，现担任IEEE Communications Letters高级副编辑。

　　付斌，1994年7月电子科技大学通信工程本科毕业，2008年6月电子科技大学电子商务研究生硕士毕业。1995年9月进入电子科技大学通信与信息工程学院和通信抗干扰国家级重点实验室工作至今。多年来一直承担无线与移动通信领域教学科研管理工作。